应用型本科　电气工程及自动化专业系列教材

电机与拖动基础

主　编　王步来　张海刚　陈岚萍

副主编　袁　琦　黄　坚　苗百春

西安电子科技大学出版社

内 容 简 介

本书包含电机学与电力拖动基础的主要内容，主要介绍了变压器、三相异步电
动机、直流电机的工作原理、结构特点及运行性能，分析了三相异步电动机、他励
直流电动机的机械特性及其起动、调速和制动的电力拖动原理与实施方法。

本书可供高等院校非电机专业的电类专业选用，因其主要特色在于强调应用技
术和电机及其拖动的基本原理，故对于应用技术类院校的电气类专业尤其适用，亦
可供有关工程技术人员参考。

图书在版编目(CIP)数据

电机与拖动基础/王步来,张海刚,陈岚萍主编. —西安：
西安电子科技大学出版社，2016.8(2024.1重印)
ISBN 978 - 7 - 5606 - 4138 - 6

Ⅰ. ①电…　Ⅱ. ①王…　②张…　③陈…　Ⅲ. ①电机
—高等学校—教材　②电力传动—高等学校—教材
Ⅳ. ①TM3　②TM921

中国版本图书馆 CIP 数据核字(2016)第 148264 号

策　　划　高樱
责任编辑　买永莲
出版发行　西安电子科技大学出版社(西安市太白南路2号)
电　　话　(029)88202421　88201467　　邮　编　710071
网　　址　www.xduph.com　　　　　　电子邮箱　xdupfxb001@163.com
经　　销　新华书店
印刷单位　广东虎彩云印刷有限公司
版　　次　2016 年 8 月第 1 版　2024 年 1 月第 4 次印刷
开　　本　787 毫米×1092 毫米　1/16　印张 15.5
字　　数　362 千字
定　　价　42.00 元
ISBN 978 - 7 - 5606 - 4138 - 6/TM

XDUP 4430001 - 4

＊＊＊如有印装问题可调换＊＊＊

前　　言

本书内容涉及电机学的基本原理与电力拖动基础知识，书中重点介绍和分析了各种电机的基本原理，以及电机的起动、调速和制动等电力拖动的基础知识与实施方法。

本书重点突出了理论知识的实际应用和实践能力的培养。根据目前生源的特点，本书不追求理论深度，配有较多图片和应用实例，使学生增加感性认识，因而更加通俗易懂。

本书的主要特色在于：

(1) 增加了许多电机、变压器等的图片，便于读者对电机、变压器有感性认识。

(2) 增加了变压器、电机运行性能及电机拖动的 MATLAB 仿真内容，便于读者对变压器、电机的运行原理和电机拖动原理的理解。

(3) 增加了变压器、电机的应用实例介绍，使读者对电机、变压器的应用有感性认识。

(4) 增加了永磁同步电机等有良好应用前景的高效电机的介绍，使读者对电机前沿技术有一定的了解。

为加深理解，各章都精心设计了结合实际和注重应用的例题，并在章末配有小结、思考与练习题等，便于读者复习提高。此外，各主要章节还增加了电机实际使用领域的介绍，并给出了应用实例；同时，对电机的起动、调速以及运行性能给出了 MATLAB 仿真实例。

本书建议学时为 48～72 学时，第 7、8 两章及标注星号（＊）的章节根据需要选讲。

本书主要编写人员有上海应用技术大学的王步来教授(第 3 章及本书统稿工作)、张海刚高工(第 1、5、6 章)、常州大学的陈岚萍副教授(第 4、8 章)、海南大学的袁琦教授(第 2 章)，上海电器研究院的教授级高工黄坚(附录)，以及大连海洋大学的苗百春老师(第 7 章)。

感谢西安电子科技大学出版社编辑的辛勤劳动！

由于编者水平有限，书中疏漏和不妥之处在所难免，恳望广大读者给予指正。

编　者

2016 年 2 月

目　　录

第1章　电机基础知识

1.1　电机的分类和应用

1.1.1　什么是电机

电能是一种广泛应用的能源。电能与其他能源相比，有突出的优点。首先，电能的生产与转换比较经济；其次，电能传输与分配比较容易；再者，电能的使用与控制比较方便，且易于实现自动化。在现代社会中，电能的应用已遍及各行各业。

在电能的生产、转换、传输、分配、使用与控制等方面，大量使用了能够进行能量（或信号）传递与变换的电磁机械装置，这些电磁机械装置被广义地称为电机。通常所说的电机，是指那些利用电磁感应原理设计制造而成的，用于实现能量（或信号）传递与变换的电磁机械的统称。按功能来分类，电机可分为：

（1）发电机：把机械能转变成电能；

（2）电动机：把电能转变成机械能；

（3）变压器、变频机、变流机、移相器等：分别用于改变电压、频率、电流及相位，即把一种类型的电能转变成另一种类型的电能；

（4）控制电机：应用于各类自动控制系统中的控制元件。

值得指出的是，从基本工作原理来看，发电机与电动机只是电机的两种不同的运行方式，从能量转换的观点来看，二者是可逆的。

上述的各种电机中，有些是静止的，如变压器；有些是旋转的，如各种类型的发电机与电动机。按电流的类型及工作原理的某些差异，旋转电机又可分为直流电机、交流异步电机、交流同步电机及各种具有专门用途的控制电机等。

1.1.2　电机及电力拖动的发展概况

始于19世纪60～70年代的第二次工业技术革命，是以电力的广泛应用为显著特点的。从此人类社会由蒸汽机时代步入了电气化时代。在法拉第电磁感应定律的基础上，一系列电气发明相继出现。1866年，德国工程师西门子制成发电机；1870年，比利时人格拉姆发明了电动机，电力开始成为取代蒸汽来拖动机器的新能源。随后，各种用电设备相继出现。1882年，法国学者德普勒发明了远距离送电的方法。同年，美国著名发明家爱迪生创建了美国第一个火力发电站，并把输电线结成网络，从此电力作为一种新能源而广泛应用。那时，电机刚刚在工业上初步应用，各种电机初步定型，电机设计理论和电机设计计算初步建立。社会生产的发展和科技的进步对电机也提出了更高的要求，如：性能良好、运行可靠、单位容量的重量轻、体积小等，而随着自动控制系统的发展要求，在旋转电机的理论基础上，又派生

1.2 常用的基本电磁定律

1.2.1 电路定律

各种电机、变压器内部均有电路，电路中各物理量之间的关系符合欧姆定律和基尔霍夫第一、二定律。

1. 欧姆定律

欧姆定律：流过电阻 R 的电流 I 的大小与加于电阻两端的电压 U 成正比，与电阻 R 的大小成反比。对于直流电路，其公式为

$$\left.\begin{array}{c} I = \dfrac{U}{R} \\ U = IR \\ R = \dfrac{U}{I} \end{array}\right\} \tag{1-1}$$

对于正弦交流电路，电阻 R 改为阻抗 Z，电压与电流以复数有效值表示，公式为

$$\dot{I} = \frac{\dot{U}}{Z} \tag{1-2}$$

2. 基尔霍夫第一定律(电流定律)

基尔霍夫第一定律(电流定律)：对电路中任意一个节点，电流的代数和等于零。对于直流电路，其公式为

$$\sum I = 0 \tag{1-3}$$

对于正弦交流电路，其公式为

$$\sum i = 0 \quad \text{或} \quad \sum \dot{I} = 0 \tag{1-4}$$

如设流进节点的电流为正，则流出节点的电流为负。

3. 基尔霍夫第二定律(电压定律)

基尔霍夫第二定律(电压定律)：对于电路中的任一闭合回路，所有电压降的代数和等于所有电动势的代数和。对于直流电路，其公式为

$$\sum U = \sum E \tag{1-5}$$

对于正弦交流电路，其公式为

$$\sum u = \sum e \quad \text{或} \quad \sum \dot{U} = \sum \dot{E}$$

式中，各个电压和电动势，凡是正方向与所取回路巡行方向相同者为正，相反者为负。

1.2.2 全电流定律(安培环路定律)

1. 电流磁效应

凡是电流均会在导体周围产生磁场，叫电流的磁效应，即所谓的电生磁。例如电流通过一根直的导体，在导体周围产生的磁场用磁力线表示时，磁力线是以导体为轴线的同心圆，

磁力线的方向可根据电流的方向由右手螺旋定则确定，即将右手四指轻握作螺旋状，大拇指伸直，若大拇指指向电流方向，则弯曲的四指所指方向即磁力线方向。如果是电流通过导体绕成的线圈，产生的磁场的磁力线方向仍可用右手螺旋定则确定，这时，使弯曲的四指方向与电流方向一致，则大拇指的方向即线圈内磁力线的方向。

2. 磁路的几个基本物理量

（1）磁感应强度 B。磁场中任意一点的磁感应强度 B 的方向，即过该点磁力线的切线方向，磁感应强度 B 的大小为通过该点与 B 垂直的单位面积上的磁力线的数目。磁感应强度 B 的单位为 T，工程上常沿用 Gs 为单位，其换算关系为

$$1\ \text{T} = 10^4\ \text{Gs} \tag{1-6}$$

（2）磁感应通量 Φ。穿过某一截面 S 的磁感应强度 B 的通量，即穿过某截面 S 的磁力线的数目，故称为磁感应通量，简称磁通。

$$\Phi = \int_s B \cdot \mathrm{d}S \tag{1-7}$$

磁场均匀且与截面垂直时，上式可简化为

$$\Phi = BS$$

磁通 Φ 的单位为 Wb，有时沿用 Mx 为单位，其换算关系为

$$1\ \text{Wb} = 10^8\ \text{Mx}$$

由上式可知，磁场均匀，且磁场与截面垂直时，磁感应强度的大小可用下式表示：

$$B = \frac{\Phi}{S} \tag{1-8}$$

为此，磁感应强度 B 又称为磁通密度。其单位与磁通和面积的单位相对应，即

$$1\ \text{T} = 1\ \text{Wb/m}^2,\ 1\ \text{Gs} = 1\ \text{Wb/cm}^2$$

（3）磁场强度 H。磁场强度 H 是为建立电流与由其产生的磁场之间的数量关系而引入的物理量，其方向与 B 相同，其大小与 B 之间相差一个导磁介质的磁导率 μ，即

$$H = \frac{B}{\mu} \tag{1-9}$$

μ 为导磁介质的磁导率，反映导磁介质性能的物理量，磁导率 μ 大则导磁性能好。磁导率 μ 的单位为 H/m，真空中的磁导率为

$$\mu_0 = 4\pi \times 10^{-7}\ \text{H/m}$$

其他导磁介质的磁导率通常用 μ_0 的倍数来表示，即

$$\mu = \mu_0 \mu_r \tag{1-10}$$

铁磁性材料的相对磁导率 $\mu_r \approx 2000 \sim 6000$，但不是常数，非铁磁性材料的相对磁导率 $\mu_r \approx 1$，且为常数。

磁场强度 H 的单位为 A/m，工程上沿用 A/cm 为单位。

3. 全电流定律

磁场中沿任一闭合回路的磁场强度 H 的线积分等于该闭合回路所包围的所有导体电流的代数和，即

$$\oint_l H \mathrm{d}l = \sum I \tag{1-11}$$

这就是全电流定律。当导体电流的方向与积分路径的方向符合右手螺旋关系时为正,反之为负。

1.2.3 磁路及磁路定律

所谓磁路,即磁通流经的路径。

1. 磁路的欧姆定律

将全电流定律用于图 1-2 所示的无分支磁路,可得

$$\sum Hl = \sum I = Ni$$

$$Hl = \frac{\Phi l}{\mu A} = Ni \qquad (1-12)$$

$$\Phi = \frac{Ni}{\dfrac{l}{\mu A}} = \frac{F}{R_m} = F\Lambda_m$$

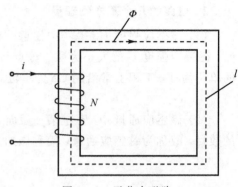

图 1-2 无分支磁路

磁路中的磁通 Φ 与作用在该磁路上的磁动势成正比,与磁路的磁阻成反比,称为磁路的欧姆定律。

磁阻为

$$R_m = \frac{l}{\mu A} \qquad (1-13)$$

磁导为

$$\Lambda_m = \frac{1}{R_m} \qquad (1-14)$$

2. 磁路的基尔霍夫第一定律

对任一封闭曲面而言,穿入的磁通等于穿出的磁通,这是磁通连续原理。对有分支的磁路,在磁通汇合处的封闭曲面上磁通的代数和等于零,即

$$\sum \Phi = 0$$

图 1-3 中,

$$\Phi_1 + \Phi_2 - \Phi_3 = 0$$

3. 磁路的基尔霍夫第二定律

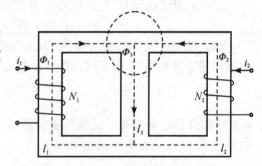

图 1-3 磁路的基尔霍夫第一定律

将全电流定律应用到任一闭合磁路上,有

$$\oint \overline{H} d\overline{l} = \sum Hl = \sum Ni = \sum F = \sum \Phi R_m \qquad (1-15)$$

磁压降的代数和等于磁动势的代数和。

图 1-3 中,有

$$F_1 - F_2 = N_1 i_1 - N_2 i_2 = H_1 l_1 - H_2 l_2 = \Phi_1 R_{m1} - \Phi_2 R_{m2}$$

磁路和电路的差别:

(1)电路可以有电势无电流,磁路中有磁动势必然有磁通;

(2)电路中有电流就有损耗($I^2 R$),恒定磁通下,磁路中无损耗;

(3)$G_导 \approx G_绝 \times 10^{20}$,而 $\mu_{Fe} = (10^3 \sim 10^4)\mu_0$,磁路中必须考虑漏磁通;

(4)电阻率 ρ 在一定温度下恒定不变,而铁磁材料构成的磁路中,μ 随 B 变化,即 R_m 随

饱和度增加而增加。

1.2.4　电磁感应定律

磁场变化会在线圈中产生感应电动势，感应电动势的大小与线圈的匝数 N 和线圈所交链的磁通对时间的变化率 $\mathrm{d}\Phi/\mathrm{d}t$ 成正比，这是电磁感应定律。当按惯例规定电动势的正方向与产生它的磁通的正方向之间符合右手螺旋关系时，感应电动势的公式为

$$e = -\frac{\mathrm{d}\Phi}{\mathrm{d}t} = -N\frac{\mathrm{d}\Phi}{\mathrm{d}t} \tag{1-16}$$

闭合电路的一部分导体在磁场里作切割磁感线的运动时，导体中就会产生电流，这种现象叫电磁感应，产生的电流称为感应电流。这是初中物理课本为便于学生理解所定义的电磁感应现象，但不能全面概括电磁感应现象。闭合线圈面积不变，改变磁场强度，磁通量也会改变，也会发生电磁感应现象。所以电磁感应准确的定义如下：因磁通量变化产生感应电动势的现象。

电动势的方向（公式中的负号）由楞次定律提供。楞次定律指出：感应电流的磁场要阻碍原磁通的变化。对于动生电动势，可用右手定则判断感应电流的方向，进而判断感应电动势的方向。传统上有两种改变通过电路的磁通量的方式。对于感应电动势，改变的是自身的磁场。对于动生电动势，改变的则是磁场中的整个或部分电路的运动。

感应电动势的大小由法拉第电磁感应定律确定：$e = -N\dfrac{\mathrm{d}\Phi}{\mathrm{d}t}$。对这种情况也可用 $e = Blv$ 来求。

1. 变压器电动势

线圈与磁通之间没有相对切割关系，仅由线圈交链的磁通发生变化而引起的感应电动势称为变压器电动势。这类电动势又分为自感电动势和互感电动势两种。

（1）自感电动势 e_L。线圈中流过交变电流 i 时，由 i 产生的与线圈自身交链的磁链亦随时间发生变化，由此在线圈中产生的感应电动势称为自感电动势，用 e_L 表示，则公式为

$$e_L = -N\frac{\mathrm{d}\Phi_L}{\mathrm{d}t} = -\frac{\mathrm{d}\psi_L}{\mathrm{d}t} \tag{1-17}$$

式中：Φ_L——自感磁通；

　　$\psi_L = N\Phi_L$——自感磁链。

线圈中流过单位电流所产生的自感磁链称为线圈的自感系数 L，即

$$L = \frac{\psi_L}{I}$$

自感系数 L 为常数时，自感电动势的公式可改为

$$e_L = -\frac{\mathrm{d}\psi_L}{\mathrm{d}t} = -L\frac{\mathrm{d}i}{\mathrm{d}t} \tag{1-18}$$

（2）互感电动势 e_M。在相邻的两个线圈中，当线圈 1 中的电流 i_1 交变时，由它产生并与线圈 2 相交链的磁通 Φ_{21} 亦发生变化，由此在线圈 2 产生的感应电动势称为互感电动势，用 e_M 表示，则其公式为

$$e_{M2} = -N\frac{\mathrm{d}\Phi_{21}}{\mathrm{d}t} = -\frac{\mathrm{d}\psi_{21}}{\mathrm{d}t} \tag{1-19}$$

式中：e_{M2}——线圈 2 中产生的互感电动势；

$\psi_{21} = N_2 \Phi_{21}$——线圈 1 产生而与线圈 2 交链的互感磁链。

2. 运动电动势(速率电动势)

若磁场恒定,构成线圈的导体切割磁力线,使线圈交链的磁通发生变化,导体中感应的电动势称为运动电动势,三方向互相垂直时,其大小为

$$e = Blv \qquad\qquad (1-20)$$

式中:B——磁场的磁感应强度;

l——导体切割磁力线部分的有效长度;

v——导体切割磁力线的线速度。

运动电动势的方向可由右手定则确定,即将右手掌摊平,四指并拢,大拇指与四指垂直,让磁力线指向手掌心,大拇指指向导体切割磁力线的运动方向,则四个手指的指向就是导体中感应电动势的方向。

1.2.5 电磁力定律

载流导体在磁场中要受到电磁力的作用,三方向互相垂直时,其大小为

$$f = Bli \qquad\qquad (1-21)$$

这就是通常所说的电磁力定律,也叫毕奥萨伐电磁力定律。式中,电磁力 f、磁场 B 和载流导体 i 的关系由左手定则(又称电动机定则)确定。

显然,当磁场与载流导体相互垂直时,由式(1-21)计算的电磁力有最大值。普通电机中,电流通常沿轴线方向,而 B 在径向方向,正是出于这种考虑。这种考虑与产生最大感应电动势的基本设计准则完全一致,实际上隐含了电机的可逆性原理。

由左手定则可知,电磁力作用在转子的切线方向,因而就会在转子上产生转矩。

1.2.6 能量守恒定律

能量守恒定律(Energy Conservation Law)即热力学第一定律,是指在一个封闭(孤立)系统中的总能量保持不变。其中总能量一般说来已不再只是动能与势能之和,而是静止能量(固有能量)、动能、势能三者的总量。

能量守恒定律可以表述为:一个系统的总能量的改变只能等于传入或者传出该系统的能量的多少。总能量为系统的机械能、热能及除热能以外的任何内能形式的总和。

如果一个系统处于孤立环境,即不可能有能量或质量传入或传出系统。对于此情形,能量守恒定律表述为:孤立系统的总能量保持不变。

能量既不会凭空产生,也不会凭空消失,它只会从一种形式转变为另一种形式,或者从一个物体转移到其他物体,而能量的总量保持不变。能量守恒定律是自然界普遍的基本定律之一。

宏观物体的机械运动对应的能量形式是动能;分子运动对应的能量形式是热能;原子运动对应的能量形式是化学能;带电粒子的定向运动对应的能量形式是电能;光子运动对应的能量形式是光能;等等。除了这些,还有风能、潮汐能等。当运动形式相同时,物体的运动特性可以采用某些物理量或化学量来描述。物体的机械运动可以用速度、加速度、动量等物理量来描述;电流可以用电流强度、电压、功率等物理量来描述。但是,如果运动形式不相同,物质的运动特性唯一可以相互描述和比较的物理量就是能量,能量是一切运动着的物质的共同特性。

机械能、化学能、热能、电(磁)能、辐射能、核能等不同类型的能量之间相互转变的方式

多种多样。例如，最常见的电能(交流电和电池)可以由多种其他形式的能量转变而来，如机械能-电能的转变(水力发电)、核能-热能-机械能-电能的转变(核能发电)、化学能-电能的转变(电池)等。

1.3　磁路计算的仿真

[**例题 1 - 1**]　绘制磁化曲线问题。用 M 语言编写绘制磁化曲线的 MATLAB 程序如下：

```
clc
clear
Hdata=[38，59，67，71，77，83.5，88，97，100，112，120，…
135，147，165，183，196，210，237，300，375，…
410，533，600，750，900，1250，2000];                    %磁场强度 H 值
Bdata=0.2：0.05：1.50；                                  %磁感应强度 B 值
ydata=0：0.001：1.6；                                    %y 坐标 0～1.6
xdata=interp1(Bdata，Hdata，ydata，'spline')；           % 采用样条插值的方法分析数据
plot(Hdata，Bdata，'*')；                                % 用"＊"描点绘制磁化曲线
hold on                                                  %保持当前坐标轴和图形
plot(xdata，ydata)；                                     %绘制 x，y 坐标
hold on                                                  %保持当前坐标轴和图形
title('磁化曲线')                                        %标题为"磁化曲线"
xlabel('{\itH}(A/m)')                                    % x 坐标标签为"H(A/m)"
ylabel('{\itB}(T)')                                      %y 坐标标签为"B(T)'"
ylim([0，1.80])                                          %y 坐标标注为 0～1.8
```

其仿真结果如图 1 - 4 所示。

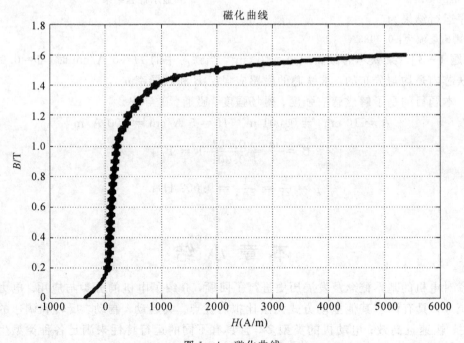

图 1 - 4　磁化曲线

[**例题 1-2**]　用 MATLAB 计算励磁电流，已知铁心截面积为 0.008 平方米，叠片系数为 0.94。程序如下：

```
clc                                    %清除主程序窗口
clear                                  %清除变量空间的变量
A=0.8*1e-2;                            %已知铁心截面积(m²)
kFe=0.94;                              %已知铁心叠片系数
Ph=1*1e-3;                             %需产生的磁通量(Wb)
u0=4*pi*1e-7;                          %已知空气磁导率(H/m)
l1=0.08;l2=0.1;l3=0.034;l4=0.04;l5=0.1;  %已知各段磁路长度(m)
N=2000;                                %已知励磁绕组匝数
d=0.006;                               %已知气隙长度(m)
Ak=kFe*A;                              %计算净截面积(m²)
B=Ph/Ak;                               %计算铁心磁通密度
uFe=1900*u0;                           %计算铁心磁导率
Hc=B/uFe;                              %计算铁心磁场强度
Fc=Hc*(l1+l2+l3+l4+l5);                %计算铁心的磁压降
Ha=Ph/u0/A;                            %计算气隙磁场强度
Fa=Ha*d;                               %计算气隙的磁压降
F=Fc+Fa;                               %计算总磁压降
i=F/N;                                 %计算励磁电流
s=num2str(i);                          %将数字转换成字符串
s1='励磁电流为：';                       %定义字符串
s=strcat(s1,s,'A');                    %合并字符串
disp(s);                               %显示计算结果
```

程序运行结果为

励磁电流为：0.3083A

[**例题 1-3**]　某铁芯的截面积 $A = 10\ \text{cm}^2$，当铁芯中的 $H = 5\ \text{A/cm}$ 时，$\Phi = 0.001\ \text{Wb}$，磁通在铁芯内是均匀分布的，求铁芯的磁感应强度 B 和磁导率 μ。

解　本题目的是了解磁感应强度、磁场强度、磁通、磁导率。

$$A = 10\ \text{cm}^2 = 0.001\ \text{m}^2,\ H = 5\ \text{A/cm} = 500\ \text{A/m}$$

$$B = \frac{\Phi}{A} = \frac{0.001}{0.001}\ \text{T} = 1\ \text{T}$$

$$\mu = \frac{B}{H} = \frac{1}{500} = 0.002\ \text{H/m}$$

本 章 小 结

本章对电机的基本概念及发展历史进行了回顾，介绍了电机的分类与应用。电力拖动技术发展至今，具有许多其他拖动方式无法比拟的优点。其起动、制动、反转和调速的控制简单、方便、快速且高效；电动机的类型多，且具有不同的运行特性来满足各种类型生产机械的要求；整个系统各参数的检测和信号的变换与传送方便，易于实现最优控制。因此，电力

拖动技术已成为国民经济电气自动化的基础。电机与拖动原理涉及电路的基本定律以及电磁学的基本定律，如电生磁的安培环路定理、磁生电的电磁感应定律、电磁力定律以及磁路的欧姆定律、能量守恒定律等。电机的磁路是由磁性材料组成的，磁性材料性能的优劣将直接决定电机的运行性能。

思考与练习题

1-1　电机中涉及哪些基本电磁定律？试说明它们在电机中的主要作用。

1-2　永久磁铁与软磁材料的磁滞回线有何不同？其相应的铁耗有何差异？

1-3　什么是磁路饱和现象？磁路饱和对磁路的等效电感有何影响？

1-4　求下述两种情况下铸钢中的磁场强度和磁导率：

(1) $B=0.5$ T；

(2) $B=1.3$ T。

并比较饱和与不饱和两种情况下谁的 μ 大。

1-5　在一铸钢制成的闭合磁路中，有一段 $l_0=1$ mm 的空气隙，铁芯截面积 $A=16$ cm²，平均长度 $l=50$ cm，问：磁通势 $NI=1116$ A，磁路中磁通为多少？

1-6　一交流铁芯线圈电路，线圈电压 $U=380$ V，电流 $I=1$ A，功率因数 $\lambda=\cos\varphi=0.6$，频率 $f=50$ Hz，匝数 $N=8650$ 匝，电阻 $R=0.4$ Ω，漏电抗 $X=0.6$ Ω。求线圈中的电动势和主磁通最大值。

1-7　一铁芯线圈，加上 12 V 直流电压时，电流为 1 A；加上 110 V 交流电压时，电流为 2 A，消耗的功率为 88 W，求后一种情况下线圈的铜损耗、铁损耗和功率因数。

1-8　某交流铁芯线圈电路，$U=220$ V，$R=0.4$ Ω，$X=0.6$ Ω，$R_0=21.6$ Ω，$X_0=119.4$ Ω。求电流 I、电动势 e、铜损耗 p_{Cu} 和铁损耗 p_{Fe}。

1-9　一台直流电动机和一台直流发电机，它们的下述额定值相同：$P_N=7.5$ kW，$U_N=220$ V，$\eta_N=85\%$。求它们的额定电流。

第 2 章 变 压 器

2.1 概 述

2.1.1 变压器的用途和分类

变压器是一种在电力系统、电子工业等部门中广泛应用的静止的电气设备,它根据电磁感应原理制成,具有变换电压、变换电流和变换阻抗的功能。

在电力系统中,由于输电线路存在电阻,输电线路上将产生损耗和线路压降。当输送容量一定时,输电线路的电压愈高,线路中的电流就愈小。然而,由于受工艺技术的限制,发电机的输出电压不可能很高(通常为 10.5~20 kV),若就此电压直接输送,输电线路上将产生很大的功率损耗和压降,在输电距离较远的情况下,电能可能送不到用电区,因此,输电时必须采用升压变压器将电压升高。当电能输送到用电区后,考虑到用电的安全,以及用电设备的制造成本,高电压必须利用降压变压器降低到用电设备所需要的电压等级后才能使用。图 2-1 为电力系统示意图,系统中使用的变压器称作电力变压器,起升压或降压的作用,用来满足电能的输送和使用要求。

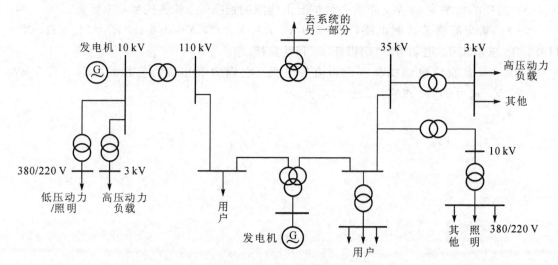

图 2-1 电力系统示意图

除电力变压器外,还有各种专门用途的特殊变压器。例如,在电子线路中,用于变换电压、耦合电路、传递信号、实现阻抗匹配的电子变压器,给电焊机供电的电焊变压器,给炼钢炉供电的电炉变压器,给直流电力机车供电的整流变压器,以及用于测量方面的仪用变压器(互感器)等。

2.1.2　变压器的基本工作原理

变压器虽然种类繁多，但其基本工作原理是相同的，即利用电磁感应原理，将一种等级交流电压的电能转换成相同频率的另一种等级交流电压的电能。图 2-2 为双绕组变压器工作原理图，它由两个匝数不等且相互绝缘的线圈和一个闭合铁芯组合而成。一次侧绕组（又称原边绕组）的匝数为 N_1，二次侧绕组（又称副边绕组）的匝数为 N_2。当一次绕组 AX 接上交流电压 u_1 时，一次侧绕组中便有交流电流 i_1 流过，并在铁芯中产生交变磁通 Φ，该磁能交变的频率与交流电压 u_1 的频率相同。磁通 Φ 同时交链一次侧绕组和二次侧绕组，根据电磁感应定律，交变的磁通便在一、二次侧绕组中分别感应出电动势 e_1 和 e_2。按右手螺旋关系规定 e 和 Φ 的正方向时，有

$$e_1 = -N_1 \frac{\mathrm{d}\Phi}{\mathrm{d}t} \tag{2-1}$$

$$e_2 = -N_2 \frac{\mathrm{d}\Phi}{\mathrm{d}t} \tag{2-2}$$

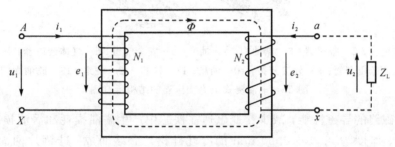

图 2-2　双绕组变压器工作原理图

感应电动势大小与绕组匝数成正比。因为一、二侧绕组交链的是同一磁通，磁通变化率相等，所以

$$\frac{e_1}{e_2} = \frac{N_1}{N_2} \tag{2-3}$$

忽略一次侧绕组电阻及漏磁通时，有

$$\frac{u_1}{u_2} \approx \frac{e_1}{e_2} = \frac{N_1}{N_2} \tag{2-4}$$

可见，改变一、二次侧绕组的匝数之比，便可改变二次侧绕组的电压，达到改变电压的目的。

当二次侧绕组接上负载后，在电动势 e_2 的作用下，便向负载供电，从而实现了不同电压等级电能的传递。

2.1.3　变压器的基本结构

变压器主要由铁芯、绕组及其他附件等组成。如图 2-3 所示，下面以油浸式电力变压器为例来介绍变压器的基本结构。

1. 铁芯

铁芯是耦合一、二次侧绕组的磁路，同时又是套装绕组的机械骨架，铁芯由芯柱和铁轭两部分组成。芯柱用来套装绕组，铁轭则将芯柱连接起来，起闭合磁路的作用。

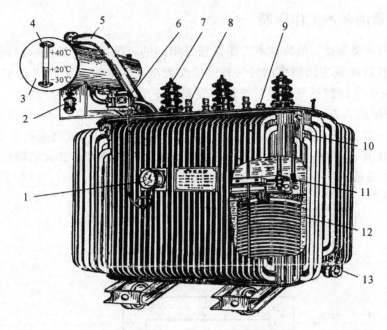

1—信号式温度计；2—吸湿器；3—储油柜；4—油表；5—安全气道；6—气体继电器；7—高压套管；
8—低压套管；9—分接开关；10—油箱；11—铁芯；12—绕组；13—放油阀门

图 2-3 油浸式电力变压器的结构示意图

为了提高磁路的导磁性能，减少交变磁通在铁芯中产生磁滞损耗和涡流损耗，铁芯一般用含硅量较高、厚度为 $0.35 \sim 0.50$ mm 的冷轧硅钢片叠装而成。硅钢片两面涂有 $0.01 \sim 0.013$ mm厚的漆膜，以避免片间短路。

变压器铁芯结构分为芯式和壳式两类。芯式结构的特点是铁芯柱被绕组所包围，铁轭靠着绕组的顶面和底面，如图 2-4(a)所示。壳式结构的特点是铁芯包围绕组的顶面、底面和侧面，如图 2-4(b)所示。芯式结构比较简单，绕组装配比较方便，绝缘比较容易，铁芯用材也较少，因此，这种结构多用于大容量变压器，如电力变压器。壳式结构的机械强度较好，但制造工艺较复杂，铁芯用材较多，因此，这种结构常用于低电压、大电流的变压器或小容量的变压器，如电子变压器(或电源变压器)。

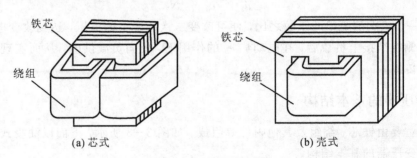

图 2-4 变压器结构

2. 绕组

绕组是变压器的电路部分，它由包有绝缘材料的绝缘扁导线或圆导线绕成。

在变压器中,与高压电网相连接的绕组称为高压绕组,与低压电网相连接的绕组称为低压绕组。按高、低压绕组在铁芯柱上的排列方式,变压器绕组可分为同心式和交叠式两类。同心式绕组的高、低压绕组都做成圆筒式,同心地套装在同一铁芯柱上,如图 2-5 所示。为了减小绝缘距离,通常低压绕组套在靠近铁芯柱处,高压绕组套在低压绕组外面,两个绕组之间留有油道。同心式绕组按其结构又可分为圆筒式、螺旋式、连续式、纠结式等几种形式。

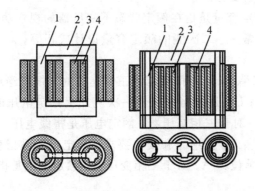

1—铁芯柱;2—铁轭;3—高压绕组;4—低压绕组

图 2-5 同心式变压器绕组

交叠式绕组都做成圆饼式,高、低绕组沿铁芯柱高度方向互相交叠地放置,如图 2-6 所示。为了减小绝缘距离,通常最上层和最下层放低压绕组,即靠近铁轭处放低压绕组。

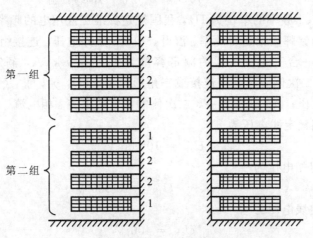

1—低压绕组;2—高压绕组

图 2-6 交叠式变压器绕组

同心式绕组结构简单,制造方便,电力变压器多采用这种结构。交叠式绕组漏抗较小,机械强度好,引出线布置方便,低电压、大电流的电焊变压器、电炉变压器、壳式变压器多采用这种结构。

3.其他附件

铁芯和绕组是变压器的主要部件,除了干式变压器外,还有油箱、绝缘套管、储油柜(又叫油枕)、测量装置、气体继电器、安全气道、调压装置、散热器等附件。

2.1.4　变压器的铭牌数据和主要系列

1. 变压器的铭牌数据

每一台变压器出厂时，制造厂都会提供相应的铭牌数据，这些数据是用户选用变压器的依据。变压器的铭牌数据主要有：

(1) 额定容量 S_N。额定容量是指在额定状态下变压器的视在功率，单位为 VA 或 kVA。由于变压器效率很高，通常一、二次侧的额定容量设计成相等。对于三相变压器，额定容量是指三相容量之和。

(2) 额定电压 U_{1N} 和 U_{2N}。U_{1N} 是指变压器正常运行时，根据绝缘强度和散热条件，规定加于一次侧绕组的端电压；U_{2N} 是指当变压器一次侧加上额定电压时二次侧的空载电压。额定电压的单位为 V 或 kV。对于三相变压器，额定电压是指线电压。

(3) 额定电流 I_{1N} 和 I_{2N}。根据绝缘和发热要求，额定电流是指变压器一、二次侧绕组长期允许通过的安全电流，单位为 A。对于三相变压器，额定电流是指线电流。

单相变压器中，

$$I_{1N} = \frac{S_N}{U_{1N}}, \quad I_{2N} = \frac{S_N}{U_{2N}}$$

三相变压器中，

$$I_{1N} = \frac{S_N}{\sqrt{3}\,U_{1N}}, \quad I_{2N} = \frac{S_N}{\sqrt{3}\,U_{2N}}$$

(4) 额定频率 f_N。频率的单位为 Hz，我国规定标准工业用电的频率为 50 Hz。

此外，变压器的铭牌数据还有效率、温升、相数、短路电压、连接组号等。

[例题 2-1]　一台三相变压器的额定容量为 $S_N = 600$ kVA，额定电压为 $U_{1N}/U_{2N} = 10\ 000/400$ V，一、二次侧绕组分别连接成三角形和星形(D, y)，求：(1) 变压器一、二次侧的额定线电压、相电压；(2) 变压器一、二次侧的额定线电流、相电流。

解　(1) 一次侧额定线电压为

$$U_{1N} = 10\ 000 \text{ V}$$

一次侧额定相电压为

$$U_{1N\varphi} = U_{1N} = 10\ 000 \text{ V}$$

二次侧额定线电压为

$$U_{2N} = 400 \text{ V}$$

二次侧额定相电压为

$$U_{2N\varphi} = \frac{U_{2N}}{\sqrt{3}} = \frac{400}{\sqrt{3}} = 230.9 \text{ V}$$

(2) 一次侧额定线电流为

$$I_{1N} = \frac{S_N}{\sqrt{3}\,U_{1N}} = \frac{600 \times 1000}{\sqrt{3} \times 10\ 000} = 34.6 \text{ A}$$

一次侧额定相电流为

$$I_{1N\varphi} = \frac{I_{1N}}{\sqrt{3}} = \frac{34.6}{\sqrt{3}} = 20 \text{ A}$$

二次侧额定线电流为

$$I_{2N} = \frac{S_N}{\sqrt{3}\,U_{2N}} = \frac{600 \times 1000}{\sqrt{3} \times 400} = 866.0 \text{ A}$$

二次侧额定相电流为

$$I_{2N\varphi} = I_{2N} = 866.0 \text{ A}$$

2. 变压器的主要系列

变压器按冷却介质和冷却方式不同，可分为油浸式变压器、干式变压器和充气式变压器。油浸式变压器主要有 S9、S11、S13、S15 等系列。其中，S9 系列已经被淘汰，S15 是最新系列，目前常用的是 S11 和 S13 系列。系列数字越大，表示损耗越低。按照油箱类型，变压器又分为全密封变压器和带呼吸器变压器。全密封变压器主要用于小容量变压器，标号后面加上字母 M 以示区别，如 S11-M-×××（容量）。

干式变压器主要包括环氧树脂浇注式变压器和浸渍式变压器，常用的是环氧树脂浇注式变压器，其标号为 SC。如果是箔绕，再在后面加上字母 B。环氧树脂浇注式变压器分为 9 型和 10 型两种，目前主要使用 10 型，如 SCB10-×××（容量）。

电力变压器按容量系列来分，有 R8 容量系列和 R10 容量系列两大类。R8 系列是我国老的变压器容量大小划分采用的系列，其容量递增倍数是按 R8≈1.33 来进行的。如 100 kVA、135 kVA、180 kVA、240 kVA、320 kVA、420 kVA、560 kVA、750 kVA、1000 kVA 等。R10 系列是我国新的变压器容量大小划分采用的系列，其容量等级按 R10≈1.26 倍数递增，与 R8 系列相比，该系列容量等级较密，如 100 kVA、125 kVA、160 kVA、200 kVA、250 kVA、315 kVA、400 kVA、500 kVA、630 kVA、800 kVA、1000 kVA 等。R10 系列便于用户合理选用，是国际电工委员会（IEC）推荐采用的系列。

2.2　单相变压器的空载运行

2.2.1　变压器空载运行时的磁场

变压器空载运行是指变压器一次侧绕组 AX 接到额定电压、额定频率的交流电源上，二次侧绕组 ax 开路时的运行状态。图 2-7 是单相变压器空载运行时的示意图。此时一次侧绕组中便有一个很小的交流电流 i_0 流过，这个电流称为变压器的空载电流。空载电流 i_0 产生磁动势 $F_0 = N_1 i_0$，并产生交变磁通，建立起空载时的磁场。磁通分成两部分，一部分是磁力线

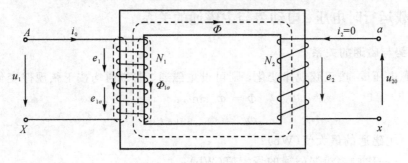

图 2-7　单相变压器空载运行示意图

沿铁芯闭合，同时与一次侧绕组、二次侧绕组相交链的磁通，能量传递主要依靠这部分磁通，故称为主磁通，用 Φ 表示；另一部分是磁力线主要沿非铁磁材料（变压器油、空气隙）闭合，仅与一次侧绕组相交链的磁通，这部分磁通称为漏磁通，用 $\Phi_{1\sigma}$ 表示。Φ 与 $\Phi_{1\sigma}$ 是 F_0 作用在两种性质的磁路中产生的两种磁通，因此，两者性质不同。从图 2-7 可见，Φ 经过铁芯而闭合，铁磁材料存在着饱和现象，Φ 与 i_0 呈非线性关系；$\Phi_{1\sigma}$ 是经过非铁磁材料而闭合，磁阻为常数，$\Phi_{1\sigma}$ 与 i_0 呈线性关系。

由于变压器铁芯是采用高导磁硅钢片叠成的，导磁系数远比空气或油的大，所以，空载运行时，主磁通 Φ 占总磁通的大部分，约99％以上，漏磁通 $\Phi_{1\sigma}$ 仅占很小的一部分，小于总磁通的1％。主磁通同时交链一、二次侧绕组，因此，在变压器中，从一次侧到二次侧的能量传递过程就是依靠主磁通作为媒介来实现的。

变压器空载运行时的电磁关系如下：

$$u_1 \longrightarrow i_0 \longrightarrow Ni_0=F_0 \longrightarrow \Phi\ (>\text{总磁通的99\%})$$
$$\Phi_{1\sigma}\ (<\text{总磁通的1\%})$$

2.2.2 变压器各电磁量的正方向

变压器中的电磁量包括电压、电流、磁通、感应电动势等，它们的大小和方向都随时间而变化，为了正确表示它们之间的数量和相位关系，必须先规定各量的正方向。正方向原则上可以任意规定，因各物理量的变化规律是一定的，并不会因为正方向的选择不同而改变。但正方向规定得不同，同一电磁过程所列出的方程式和绘制的相量图也将会不同。为避免出错，变压器各电磁量正方向遵循下列原则：

（1）一次侧绕组中电流的正方向与电源电压的正方向一致。

（2）磁通的正方向与产生它的电流的正方向符合右手螺旋定则。

（3）感应电动势的正方向与产生它的磁通的正方向符合右手螺旋定则。

（4）二次侧绕组中电流的正方向与二次侧绕组电动势的正方向一致。

根据以上原则，可得出变压器各量的正方向如图 2-7 所示。在一次侧，当 u_1 和 i_0 同时为正或同时为负时，功率为正，表示一次侧绕组从电网吸收功率，所以变压器一次侧遵循电动机惯例。在二次侧，u_2 和 i_2 的正方向是由 e_2 的正方向决定的。当 u_2 和 i_2 同时为正或同时为负时，电功率从二次侧绕组输出，二次侧绕组看作电源，遵循发电机惯例。

2.2.3 空载运行时电压、电动势与主磁通的关系

1. 电动势与磁通的关系

由于电源电压 u_1 按正弦规律变化，则可设主磁通、漏磁通均按正弦规律变化，即

$$\left.\begin{array}{l}\Phi = \Phi_m \sin\omega t \\ \Phi_{1\sigma} = \Phi_{1\sigma m}\sin\omega t\end{array}\right\} \tag{2-5}$$

式中，Φ_m——主磁通的最大值（Wb）；

$\Phi_{1\sigma m}$——一次侧绕组漏磁通的最大值（Wb）；

$\omega=2\pi f$——电源的角频率（rad/s）。

根据电磁感应定律和图 2 - 7 的正方向规定，一、二次侧绕组中感应电动势的瞬时值为

$$
\left.
\begin{aligned}
e_1 &= -N_1 \frac{\mathrm{d}\Phi}{\mathrm{d}t} = -\omega N_1 \Phi_\mathrm{m} \cos\omega t = \sqrt{2} E_1 \sin(\omega t - 90°) \\
e_2 &= -N_2 \frac{\mathrm{d}\Phi}{\mathrm{d}t} = -\omega N_2 \Phi_\mathrm{m} \cos\omega t = \sqrt{2} E_2 \sin(\omega t - 90°) \\
e_{1\sigma} &= -N_1 \frac{\mathrm{d}\Phi_{1\sigma}}{\mathrm{d}t} = -\omega N_1 \Phi_{1\sigma\mathrm{m}} \cos\omega t = \sqrt{2} E_{1\sigma} \sin(\omega t - 90°)
\end{aligned}
\right\}
\tag{2-6}
$$

$$
\left.
\begin{aligned}
E_1 &= \frac{\omega N_1 \Phi_\mathrm{m}}{\sqrt{2}} = 4.44 f N_1 \Phi_\mathrm{m} \\
E_2 &= \frac{\omega N_2 \Phi_\mathrm{m}}{\sqrt{2}} = 4.44 f N_2 \Phi_\mathrm{m} \\
E_{1\sigma} &= \frac{\omega N_1 \Phi_{1\sigma\mathrm{m}}}{\sqrt{2}} = 4.44 f N_1 \Phi_{1\sigma\mathrm{m}}
\end{aligned}
\right\}
\tag{2-7}
$$

式中，E_1—— 一次侧绕组感应电动势有效值(V)；

$\qquad E_2$—— 二次侧绕组感应电动势有效值(V)；

$\qquad E_{1\sigma}$—— 一次侧绕组的漏感应电动势有效值(V)。

用相量表示时，一、二次侧绕组中感应电动势分别为

$$
\left.
\begin{aligned}
\dot{E}_1 &= -\mathrm{j}4.44 f N_1 \dot{\Phi}_\mathrm{m} \\
\dot{E}_2 &= -\mathrm{j}4.44 f N_2 \dot{\Phi}_\mathrm{m} \\
\dot{E}_{1\sigma} &= -\mathrm{j}4.44 f N_1 \dot{\Phi}_{1\sigma\mathrm{m}}
\end{aligned}
\right\}
\tag{2-8}
$$

2. 空载运行时的电动势平衡方程式

按图 2 - 7 所规定的正方向，根据基尔霍夫第二定律，空载时，一次侧的电动势平衡方程式为

$$
u_1 = -e_1 - e_{1\sigma} + i_0 R_1 \tag{2-9}
$$

式中，R_1—— 一次侧绕组的电阻。

用相量表示时，一次侧电动势平衡方程式为

$$
\dot{U}_1 = -\dot{E}_1 - \dot{E}_{1\sigma} + \dot{I}_0 R_1 \tag{2-10}
$$

由于 $\Phi_{1\sigma}$ 与 i_0 呈线性关系，故两者之间的关系可采用反映漏磁通的绕组的漏电感来表示，即

$$
L_{1\sigma} = \frac{N_1 \Phi_{1\sigma}}{\sqrt{2} I_0} \tag{2-11}
$$

式中，$L_{1\sigma}$——一次侧绕组中单位励磁电流产生的漏磁链数，称为一次侧绕组的漏电感。

因此，将一次侧绕组的漏感应电动势写成电压降的形式，则可表示为

$$
\dot{E}_{1\sigma} = -\mathrm{j}\dot{I}_0 \omega L_{1\sigma} = -\mathrm{j}\dot{I}_0 X_{1\sigma} \tag{2-12}
$$

式中，$X_{1\sigma} = \omega L_{1\sigma}$——一次侧绕组的漏电抗，由于 $\Phi_{1\sigma}$ 通过变压器油或空气隙闭合，磁路不会饱和，所以 $X_{1\sigma}$ 为一常数。

将式(2 - 12)代入式(2 - 10)，可得到

$$
\dot{U}_1 = -\dot{E}_1 + \mathrm{j}\dot{I}_0 X_{1\sigma} + \dot{I}_0 R_1 = -\dot{E}_1 + \dot{I}_0 (R_1 + \mathrm{j}X_{1\sigma}) = -\dot{E}_1 + \dot{I}_0 Z_1 \tag{2-13}
$$

2.2.5 变压器空载运行时的相量图与等效电路

1. 空载运行时的相量图

由于变压器运行时一、二次侧对应的各电磁量均为频率相同的正弦量，为了更直观地反映变压器空载运行时各电磁量之间的大小和相位关系，可采用如图 2-11 所示相量图加以描述。作相量图的具体步骤如下：

(1) 画出主磁通 $\dot{\Phi}_\mathrm{m}$ 相量，并以它作为参考相量。

(2) 画出 $\dot{E}_1$、$\dot{E}_2$，使它们滞后于 $\dot{\Phi}_\mathrm{m}$ 90°。空载时，$\dot{U}_{20}=\dot{E}_2$。

(3) 画 $\dot{I}_{0r}$ 与 $\dot{\Phi}_\mathrm{m}$ 同相位，画 $\dot{I}_{0a}$ 与 $-\dot{E}_1$ 同相位，由 $\dot{I}_{0r}+\dot{I}_{0a}=\dot{I}_0$ 求得 $\dot{I}_0$。

(4) 由 $\dot{U}_1=-\dot{E}_1+\dot{I}_0(R_1+jX_{1\sigma})$ 求得一次侧电压相量 $\dot{U}_1$。

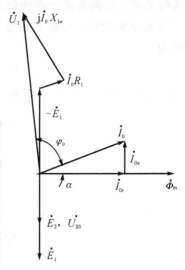

图 2-11　变压器空载运行时的相量图

为清楚起见，把实际数值很小的 $\dot{I}_0R_1$ 和 $j\dot{I}_0X_{1\sigma}$ 作了放大处理。

图中，$\dot{U}_1$ 与 $\dot{I}_0$ 之间的夹角 φ_0 称为变压器空载时的功率因数角，从图中可见，$\varphi_0\approx90°$。因此，变压器空载运行时的功率因数 $\cos\varphi_0$ 是很低的，一般在 $0.1\sim0.2$ 之间。

2. 空载运行时的等效电路

在前面的分析中，对漏磁通 $\dot{\Phi}_{1\sigma}$ 产生的漏电动势 $\dot{E}_{1\sigma}$ 采用了漏电抗压降的形式反映出来，即 $\dot{E}_{1\sigma}=-j\dot{I}_0X_{1\sigma}$。同理，为了描述主磁通 $\dot{\Phi}_\mathrm{m}$ 的作用，对主磁通 $\dot{\Phi}_\mathrm{m}$ 产生的 $\dot{E}_1$ 也进行类似的处理，引入一个励磁阻抗 $Z_\mathrm{m}=R_\mathrm{m}+jX_\mathrm{m}$，用阻抗压降的形式反映出来，即

$$\dot{E}_1=-\dot{I}_0Z_\mathrm{m}=-\dot{I}_0(R_\mathrm{m}+jX_\mathrm{m}) \tag{2-19}$$

式中，$Z_\mathrm{m}=R_\mathrm{m}+jX_\mathrm{m}$ 为励磁阻抗（Ω）；R_m 为励磁电阻（Ω），是考虑铁耗对应的一个等效电阻，$R_\mathrm{m}=p_{\mathrm{Fe}}/I_0^2$；$X_\mathrm{m}$ 为励磁电抗（Ω），是一个与主磁通相对应的电抗，其数值随铁芯饱和程度不同而变化，$X_\mathrm{m}=\omega L_\mathrm{m}=2\pi fN_1\Lambda_\mathrm{m}$，$L_\mathrm{m}$ 是铁芯线圈的电感，Λ_m 代表主磁路的磁导。

于是变压器一次侧的电动势平衡方程式可写成

$$\begin{aligned}\dot{U}_1&=-\dot{E}_1+\dot{I}_0Z_1=\dot{I}_0Z_1+\dot{I}_0Z_\mathrm{m}\\&=\dot{I}_0(R_1+jX_{1\sigma})+\dot{I}_0(R_\mathrm{m}+jX_\mathrm{m})\end{aligned} \tag{2-20}$$

由式（2-20）得到变压器空载运行时的等效电路，如图 2-12 所示。

因此，由等效电路可见，变压器空载运行时相当于两个阻抗值不等的阻抗 Z_1 和 Z_m 的串联。Z_1 阻值很小，且 R_1、$X_{1\sigma}$ 均为常数。由于铁芯存在饱和现象，R_m、X_m 不是常数，随外施电压 U_1 的增加而减小，但在实际中，接入到变压器的电网电压近似恒定，因此 R_m、X_m 可认为是一常数。

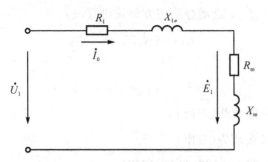

图 2-12　变压器空载运行时的等效电路

2.3　单相变压器的负载运行

变压器的负载运行是指变压器一次侧绕组 AX 接到额定电压、额定频率的交流电源上，二次侧绕组 ax 接上负载时的运行状态，如图 2-13 所示。

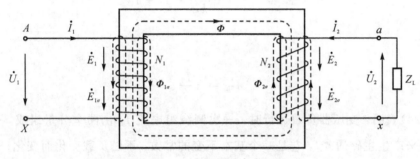

图 2-13　变压器的负载运行

2.3.1　负载运行时的磁动势平衡方程

变压器空载运行时，$\dot{I}_2 = 0$，主磁通 Φ_{m} 由一次侧绕组中的空载电流 $\dot{I}_0$ 单独建立的磁动势 $\dot{I}_0 N_1$ 产生，主磁通 Φ_{m} 分别在一、二次侧绕组中感应电动势 $\dot{E}_1$ 和 $\dot{E}_2$，这时 $\dot{U}_1 = -\dot{E}_1 + \dot{I}_0 Z_1$，变压器中的电磁关系处于平衡状态。当二次侧绕组接上负载阻抗 Z_{L} 时，二次侧绕组回路中便有电流 $\dot{I}_2$ 流过并产生磁动势 $\dot{F}_2 = \dot{I}_2 N_2$。由于一、二次侧绕组绕制在同一铁芯上，所以主磁通将发生变化，从而一、二次侧绕组中的感应电动势也随之发生改变。在电源电压 U_1 一定的情况下，由于 $\dot{E}_1$ 的改变，破坏了原有的电动势平衡关系，致使一次侧回路电流将发生变化，从空载时的 $\dot{I}_0$ 变为负载时的 $\dot{I}_1$。因此负载时，变压器的磁动势为

$$\dot{F}_{\mathrm{m}} = \dot{I}_1 N_1 + \dot{I}_2 N_2 \qquad (2-21)$$

式中，F_{m}——负载时产生的主磁通的磁动势。

在实际的电力变压器中，设计时，Z_1 是很小的，所以变压器一次侧绕组漏阻抗压降 $I_1 Z_1$ 很小，即使在额定负载时也仅有额定电压的 $2\% \sim 6\%$，即 $I_1 Z_1 \ll U_1$，故从空载到额定负载 E_1 变化很小，铁芯中与 E_1 相对应的主磁通 Φ_{m} 和产生主磁通 Φ_{m} 的磁动势基本不变，即 $F_{\mathrm{m}} = F_0$。负载时的励磁电流 I_{m} 也可近似地用空载电流 I_0 来代替。因此负载时的 $\dot{F}_{\mathrm{m}}$ 就认为

是空载时的励磁磁动势 $\dot{I}_0 N_1$，磁动势平衡方程式可写成

$$\dot{I}_1 N_1 + \dot{I}_2 N_2 = \dot{I}_0 N_1 \tag{2-22}$$

或

$$\dot{F}_1 + \dot{F}_2 = \dot{F}_m = \dot{F}_0 \tag{2-23}$$

式中，$\dot{F}_1$——一次侧绕组磁动势（安匝）；

$\dot{F}_2$——二次侧绕组磁动势（安匝）；

$\dot{F}_m$——一、二次侧绕组合成磁动势（安匝）；

$\dot{F}_0$——空载时，一次侧绕组磁动势（安匝）。

将式（2-22）两边同除以 N_1，得

$$\dot{I}_1 + \dot{I}_2 \left(\frac{N_2}{N_1} \right) = \dot{I}_0$$

$$\dot{I}_1 = \dot{I}_0 + \left(-\frac{\dot{I}_2}{k} \right) = \dot{I}_0 + \dot{I}_{1L} \tag{2-24}$$

式中，

$$\dot{I}_{1L} = -\frac{\dot{I}_2}{k}$$

式（2-24）表明，变压器负载运行时，一次侧绕组电流 $\dot{I}_1$ 由两个分量组成，一个是励磁分量 $\dot{I}_0$，用来产生主磁通 Φ_m，它是一个基本不变的常数，不随负载变化而变化；另一个是负载分量 $\dot{I}_{1L}$，用来产生磁动势 $\dot{I}_{1L} N_1$，以抵消或平衡二次侧绕组磁动势 $\dot{F}_2$，$\dot{I}_{1L}$ 随 $\dot{I}_2$ 而变化。

2.3.2 负载运行时的基本方程

变压器负载运行时，二次侧绕组电流 $\dot{I}_2$ 除与一次侧绕组电流 $\dot{I}_1$ 共同建立主磁通 $\dot{\Phi}_m$ 以外，还产生仅与二次侧绕组相交链的漏磁通 $\dot{\Phi}_{2\sigma}$。同理，漏磁通 $\dot{\Phi}_{2\sigma}$ 在二次侧绕组中产生漏感电动势 $\dot{E}_{2\sigma}$。同一次侧漏感电动势一样，也用负的漏抗压降来表示，即

$$\dot{E}_{2\sigma} = -\mathrm{j}\dot{I}_2 \omega L_{2\sigma} = -\mathrm{j}\dot{I}_2 X_{2\sigma} \tag{2-25}$$

式中，$X_{2\sigma} = \omega L_{2\sigma}$——二次侧绕组的漏电抗，也是常数；

$L_{2\sigma}$——二次侧绕组的漏电感。

按图 2-13 所规定的正方向，根据基尔霍夫第二定律，变压器负载运行时的一、二次侧电动势平衡方程式为

$$\left. \begin{array}{l} \dot{U}_1 = -\dot{E}_1 - \dot{E}_{1\sigma} + \dot{I}_1 R_1 = -\dot{E}_1 + \dot{I}_1 R_1 + \mathrm{j}\dot{I}_1 X_{1\sigma} = -\dot{E}_1 + \dot{I}_1 Z_1 \\ \dot{U}_2 = \dot{E}_2 + \dot{E}_{2\sigma} - \dot{I}_2 R_2 = \dot{E}_2 - \dot{I}_2 R_2 - \mathrm{j}\dot{I}_2 X_{2\sigma} = \dot{E}_2 - \dot{I}_2 Z_2 \\ \dot{U}_2 = \dot{I}_2 Z_L \end{array} \right\} \tag{2-26}$$

式中，$Z_1 = R_1 + \mathrm{j}X_{1\sigma}$——一次侧绕组的漏阻抗（$\Omega$）；

$Z_2 = R_2 + \mathrm{j}X_{2\sigma}$——二次侧绕组的漏阻抗（$\Omega$）；

Z_L 为负载阻抗（Ω）。

综上所述，可得变压器负载运行时的基本方程式为

$$\left.\begin{aligned}
\dot{U}_1 &= -\dot{E}_1 + \dot{I}_1 Z_1 \\
\dot{U}_2 &= \dot{E}_2 - \dot{I}_2 Z_2 \\
\dot{E}_2 &= \frac{\dot{E}_1}{k} \\
\dot{I}_1 &= \dot{I}_0 + \left(-\frac{\dot{I}_2}{k}\right) \\
-\dot{E}_1 &= \dot{I}_0 Z_m \\
\dot{U}_2 &= \dot{I}_2 Z_L
\end{aligned}\right\} \qquad (2-27)$$

根据这些方程，可以计算变压器负载运行时的各个电磁量，如当已知 U_1、k、Z_1、Z_2、Z_m、Z_L 时，可求出 I_1、I_2、I_m、E_1、E_2、U_2。

2.3.3　变压器的参数折算

根据式(2-27)中的第 1、2、6 式，可得变压器一、二次侧等效电路如图 2-14 所示。

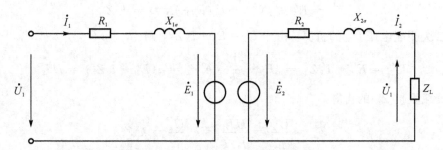

图 2-14　变压器一、二次侧等效电路

变压器一、二次侧绕组之间虽然有磁的耦合，但从图 2-14 可见，它们之间没有直接电路上的联系，因此，计算起来将会十分困难。为了简化计算和得到变压器一、二次侧具有电路上联系的等效电路，通常采用折算法。折算法的具体做法是，将二次侧绕组归算到一次侧绕组，也就是假想把二次侧绕组的匝数 N_2 变换成一次侧绕组的匝数 N_1，而不改变一次侧和二次侧绕组之间的电磁关系。从磁动势平衡关系可知，二次电流对一次的影响是通过磁动势 $\dot{F}_2$ 来实现的，只要归算前后的 $\dot{F}_2$ 保持不变，一次侧各物理量就不会改变，至于二次侧绕组的匝数及电流的多少，并不重要。因此，变压器折算的原则是：

(1) 折算前后二次侧的磁动势保持不变。

(2) 折算前后二次侧的功率、损耗保持不变。

由于折算前与折算后二次侧各物理量的数值不同，但相位不变，为区别起见，折算后的值用原来二次侧各物理量的符号上加一个右上标号"′"来表示，如 $\dot{I}_2'$、$\dot{E}_2'$、Z_2' 等。下面根据上述原则分别求出各物理量的折算值。

(1) 二次侧电流 $\dot{I}_2$ 的折算。折算前二次侧的磁动势为 $\dot{I}_2 N_2$，折算后二次侧的磁动势为

$\dot{I}'_2 N_1$。根据折算前后二次侧磁动势不变的原则，有

$$\dot{I}'_2 N_1 = \dot{I}_2 N_2$$

$$\dot{I}'_2 = \frac{N_2}{N_1}\dot{I}_2 = \frac{1}{k}\dot{I}_2 \tag{2-28}$$

（2）二次侧电动势 $\dot{E}_2$ 的折算。由于折算前后二次侧磁动势不变，故折算前后的主磁通不变，根据电动势与绕组匝数成正比的关系，有

$$\frac{\dot{E}'_2}{\dot{E}_2} = \frac{N_1}{N_2} = k \tag{2-29}$$

$$\dot{E}'_2 = k\dot{E}_2$$

（3）二次侧漏阻抗 Z_2 的折算。根据折算前后二次侧的功率、损耗不变的原则，有

$$I_2'^2 R'_2 = I_2^2 R_2$$

$$I_2'^2 X'_{2\sigma} = I_2^2 X_{2\sigma}$$

$$R'_2 = k^2 R_2 \tag{2-30}$$

$$X'_{2\sigma} = k^2 X_{2\sigma} \tag{2-31}$$

则漏阻抗 Z_2 的折算值为

$$Z'_2 = R'_2 + jX'_{2\sigma} = k^2(R + jX_{2\sigma}) = k^2 Z_2 \tag{2-32}$$

（4）二次侧端电压 $\dot{U}_2$ 的折算。由于 $\dot{U}_2 = \dot{E}_2 - \dot{I}_2 Z_2$，则

$$\dot{U}'_2 = \dot{E}'_2 - \dot{I}'_2 Z'_2 = k\dot{E}_2 - \frac{\dot{I}_2}{k} \cdot k^2 Z_2 = k(\dot{E}_2 - \dot{I}_2 Z_2) = k\dot{U}_2 \tag{2-33}$$

（5）负载阻抗 Z_L 的折算。

$$Z'_L = \frac{\dot{U}'_2}{\dot{I}'_2} = \frac{k\dot{U}_2}{\dot{I}_2/k} = k^2 \frac{\dot{U}_2}{\dot{I}_2} = k^2 Z_L \tag{2-34}$$

综上所述，当把二次侧各量折算到一次侧时，单位为伏的电压、电动势的折算值为原来的数值乘以 k；单位为安的电流的折算值为原来的数值除以 k；单位为欧姆的电阻、漏抗等的折算值为原来的数值乘以 k^2。

注意，上面所介绍的折算算法是由二次侧向一次侧折算，同样也可以由一次侧向二次侧折算。

2.3.4　折算后变压器的基本方程

变压器二次侧绕组经折算到一次侧后的基本方程式为

$$\left.\begin{aligned}
\dot{U}_1 &= -\dot{E}_1 + \dot{I}_1(R_1 + jX_{1\sigma}) = -\dot{E}_1 + \dot{I}_1 Z_1 \\
\dot{U}'_2 &= \dot{E}'_2 - \dot{I}'_2(R'_2 + jX'_{2\sigma}) = \dot{E}'_2 - \dot{I}'_2 Z'_2 \\
\dot{E}'_2 &= \dot{E}_1 \\
\dot{I}_1 &= \dot{I}_0 + (-\dot{I}'_2) \\
-\dot{E}_1 &= -\dot{I}_0(R_m + jX_m) = \dot{I}_0 Z_m \\
\dot{U}'_2 &= \dot{I}'_2 Z'_L
\end{aligned}\right\} \tag{2-35}$$

2.3.5 等效电路

根据式(2-35)的方程式，画出变压器的等效电路，如图 2-15 所示。

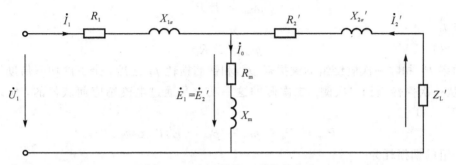

图 2-15 变压器的 T 形等效电路

2.3.6 相量图和功率关系

1. 相量图

相量图与基本方程式、等效电路一样，是变压器的一种基本分析方法，根据相量图可以较直观地看出变压器内部各物理量之间的大小和相位关系。

设变压器二次侧负载的端电压为 U_2，电流为 I_2，功率因数为 $\cos\varphi_2$(滞后)，且参数 k、R_1、$X_{1\sigma}$、R_2、$X_{2\sigma}$、R_m、X_m 也均为已知。相量图的绘制步骤如下：

(1) 取 $\dot{U}'_2$ 为参考相量，由 $\cos\varphi_2$、$\dot{I}_2$ 画出 $\dot{I}'_2$ 和 $-\dot{I}'_2$。

(2) 根据 $\dot{E}'_2 = \dot{U}'_2 + \dot{I}'_2(R'_2 + jX'_{2\sigma})$，在 $\dot{U}'_2$ 上加上 $\dot{I}'_2 R'_2$ 和 $j\dot{I}'_2 X'_{2\sigma}$，得到 $\dot{E}'_2$，由于 $\dot{E}_1 = \dot{E}'_2$，故得 $\dot{E}_1$ 和 $-\dot{E}_1$。

(3) 根据 $\Phi_m = E/4.44fN_1$，在领先 $\dot{E}_1$ 90° 处画主磁通 $\dot{\Phi}_m$。

(4) 根据 $I_0 = E/Z_m$，在领先 $\dot{\Phi}_m$ 一个铁耗角 $\alpha = \arctan\dfrac{R_m}{X_m}$ 处画 $\dot{I}_0$。

(5) 由 $\dot{I}_1 = \dot{I}_0 + (-\dot{I}'_2)$，画出 $\dot{I}_1$。

(6) 根据 $\dot{U}_1 = -\dot{E}_1 + \dot{I}_1(R_1 + jX_{1\sigma})$，在 $-\dot{E}_1$ 上加上 $\dot{I}_1 R_1$ 和 $j\dot{I}_1 X_{1\sigma}$，即得 $\dot{U}_1$。

图 2-16 为变压器带感性负载时的相量图。

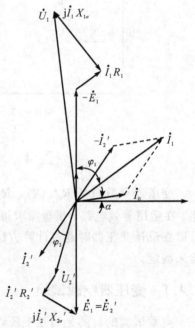

图 2-16 变压器带感性负载时的相量图

2. 功率关系

在变压器的 T 形等效电路中，当变压器一次侧绕组

接上电源进入正常运行时，一次侧绕组从电源吸收的电功率为 P_1，且

$$P_1 = U_1 I_1 \cos\varphi_1$$

一次侧绕组的铜损耗为

$$p_{\text{Cu1}} = I_1^2 R_1$$

铁芯损耗为

$$p_{\text{Fe}} = I_0^2 R_{\text{m}}$$

电功率 P_1 扣除一次侧绕组的铜损耗 p_{Cu1} 和铁芯损耗 p_{Fe} 之后，余下的功率借助于主磁通 $\dot\Phi_{\text{m}}$ 将其从一次侧传递到二次侧。二次侧的这一功率是通过电磁感应而获得的，所以称为电磁功率 P_{em}，即

$$P_{\text{em}} = P_1 - p_{\text{Cu1}} - p_{\text{Fe}} = E_2' I_2' \cos\psi_2$$

二次侧绕组的铜损耗为

$$p_{\text{Cu2}} = I_2'^2 R_2'$$

电磁功率再扣除二次侧绕组的铜损耗之后，就是副边输出的电功率 P_2，即

$$P_2 = P_{\text{em}} - p_{\text{Cu2}} = U_2' I_2' \cos\varphi_2$$

图 2-17 为变压器的 T 形等效电路表示的功率和损耗。

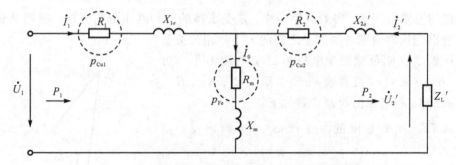

图 2-17　变压器 T 形等效电路表示的功率和损耗

2.4　变压器参数的试验测定

变压器参数包括 R_{m}、X_{m}、R_1、$X_{1\sigma}$、R_2'、$X_{2\sigma}'$ 等，它们的大小直接影响变压器的运行性能。在运用等效电路、相量图求解变压器时，必须先知道它们的数值。要确定这些参数，通常可以在设计变压器时通过计算方法求得。若是已制成的变压器，也可以用空载试验和短路试验来测定。

2.4.1　变压器空载试验

空载试验的目的是测定变压器空载电流 I_0、空载损耗 p_0、变比以及励磁阻抗 Z_{m}。单相变压器空载试验的接线图如图 2-18 所示。

空载试验在高压侧或者在低压侧进行，但为了便于测量和安全起见，通常在低压侧（这里低压侧设为二次侧）进行。试验时，将高压侧开路，低压侧加额定电压 U_{2N}，测量此时的空载输入功率 p_0、空载电流 I_0 和高压侧电压 U_{10}。由于外加电压为额定电压，则主磁通和铁耗均为正常运行时的大小。由于空载电流很小，它引起的铜耗可以忽略不计，因此空载输入功

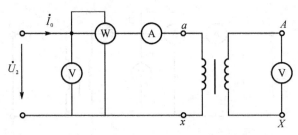

图 2-18 单相变压器空载试验接线图

率 p_0 可认为全部供给铁芯损耗, 即 $p_0 \approx p_{Fe}$。

变压器空载试验等效电路如图 2-19 所示。由等效电路可得,变压器空载时的总阻抗 $Z_0 = Z_1 + Z_m = R_1 + jX_{1\sigma} + R_m + jX_m$,由于 $Z_m \gg Z_1$,故可以认为 $Z_0 \approx Z_m = R_m + jX_m$。于是根据测量数据可计算出变压器的励磁参数和变比。

$$\left.\begin{array}{l} Z_m = \dfrac{U_{2N}}{I_0} \\[2mm] R_m = \dfrac{p_0}{I_0^2} \\[2mm] X_m = \sqrt{Z_m^2 - R_m^2} \end{array}\right\} \qquad (2-36)$$

$$k = \frac{U_{10}}{U_{2N}} \qquad (2-37)$$

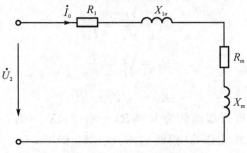

图 2-19 变压器空载试验等效电路

这些励磁参数是归算到低压侧的数值。若需要折算到高压侧,应将上述参数乘以 k^2。

2.4.2 变压器短路试验

短路试验的目的是测取变压器的短路电压 U_k、负载损耗 p_k 和短路阻抗 Z_k。单相变压器短路试验的接线图如图 2-20 所示。

短路试验也可以在高、低任意一侧加电压进行,但为便于测量,通常在高压侧(设高压侧为一次侧)进行。试验时,将低压侧短路,高压侧加电压,使高压侧电流 I_k 达到或接近额定值 I_{1N},测量此时的输入功率 p_k、U_k。

变压器短路试验时,由于高压侧电流达到额定值时,所施加的电压 U_k 很低,约为额定电压的 $5\% \sim 10\%$,因此,铁芯中的主磁通很小,励磁电流和铁芯损耗均很小,可忽略不计,此时输入功率 p_k 基本上全部消耗在变压器绕组的电阻损耗上。于是可得到变压器短路试验等

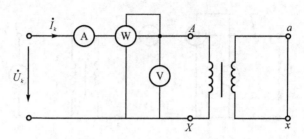

图 2-20 单相变压器短路试验接线图

效电路，如图 2-21 所示。

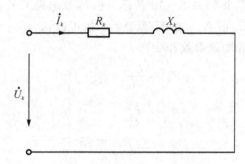

图 2-21 变压器短路试验等效电路

根据测量数据，可计算出变压器的短路参数：

$$Z_k = \frac{U_k}{I_k} = \frac{U_k}{I_{1N}}$$

$$R_k = \frac{p_k}{I_k^2} = \frac{p_k}{I_{1N}^2} \qquad (2-38)$$

$$X_k = \sqrt{Z_k^2 - R_k^2}$$

在 T 形等效电路中，可近似地认为 $R_1 \approx R_2' = R_k/2$，$X_{1\sigma} \approx X_{2\sigma}' = X_k/2$。

[例题 2-2] 一台三相变压器（铝线），$S_N = 1250$ kVA，$U_{1N}/U_{2N} = 10/0.4$ kV，Y，y 连接。在低压侧做空载试验，额定电压下测得 $I_0 = 24.8$ A，$p_0 = 2400$ W；在高压侧做短路试验，当 $I_k = I_{1N} = 72.17$ A 时，测得 $U_k = 435$ V，$p_k = 13\,600$ W，试求：（1）励磁参数 Z_m、R_m、X_m；（2）短路参数 Z_k、R_k、X_k。（环境温度 $\theta = 23℃$）

解 （1）励磁参数：

变压器的变比为

$$k = \frac{U_{1N\Phi}}{U_{2N\Phi}} = \frac{10/\sqrt{3}}{0.4/\sqrt{3}} = 25$$

励磁阻抗为

$$Z_m = \frac{U_{2N\Phi}}{I_0} = \frac{0.4 \times 1000/\sqrt{3}}{24.8} = 9.31 \ \Omega$$

励磁电阻为

$$R_m = \frac{p_0}{3I_0^2} = \frac{2400}{3 \times 24.8^2} = 1.30 \ \Omega$$

励磁电抗为

$$X_m = \sqrt{Z_m^2 - R_m^2} = \sqrt{9.31^2 - 1.30^2} = 9.22 \ \Omega$$

若折算至高压侧，则

$$Z'_m = k^2 Z_m = 25^2 \times 9.31 = 5818.75 \Omega$$

$$R'_m = k^2 R_m = 25^2 \times 1.30 = 812.5 \ \Omega$$

$$X'_m = k^2 X_m = 25^2 \times 9.22 = 5762.5 \ \Omega$$

（2）短路参数：

短路阻抗为

$$Z_k = \frac{U_k}{I_k} = \frac{435/\sqrt{3}}{72.17} = 3.48 \ \Omega$$

短路电阻为

$$R_k = \frac{p_k}{3I_k^2} = \frac{13\ 600}{3 \times 72.17^2} = 0.87 \ \Omega$$

短路电抗为

$$X_k = \sqrt{Z_k^2 - R_k^2} = \sqrt{3.48^2 - 0.87^2} = 3.37 \ \Omega$$

2.5 标 幺 值

在电力系统分析和工程计算中，电压、电流、阻抗、功率等物理量很少采用它们的实际值，而常用标幺值表示。所谓标幺值，是指各物理量的实际值与某一选定的同单位的基值的比值，即

$$标幺值 = \frac{实际值}{基准值}$$

在电机和变压器中，电压、电流的基值通常选其额定值作为相应量的基值，如一次侧电压、一次侧电流的基值分别为 U_{1N}、I_{1N}。阻抗、容量等的基值则由各量纲之间的换算关系来确定，如一次侧阻抗的基值为 $Z_{1N} = U_{1N}/I_{1N}$；一次侧绕组的功率基值为 $P_{1N} = U_{1N}I_{1N}$。

为了区别标幺值和实际值，标幺值是用各物理量在原来符号的右上角加上"＊"号来表示的。

变压器一次侧、二次侧电压、电流的标幺值分别为

$$U_1^* = \frac{U_1}{U_{1N}}, \quad U_2^* = \frac{U_2}{U_{2N}}$$

$$I_1^* = \frac{I_1}{I_{1N}}, \quad I_2^* = \frac{I_2}{I_{2N}}$$

变压器一次侧、二次侧绕组漏阻抗的标幺值分别为

$$Z_1^* = \frac{Z_1}{Z_{1N}} = \frac{I_{1N}Z_1}{U_{1N}}, \quad Z_2^* = \frac{Z_2}{Z_{2N}} = \frac{I_{2N}Z_2}{U_{2N}}$$

采用标幺值具有以下优点：

（1）用标幺值表示时，变压器的参数和性能数据变化范围很小，便于分析比较。例如，电力变压器的空载电流 I_0^* 约为 0.02～0.10，中小型变压器的短路阻抗 Z_k^* 约为 0.04～0.10。

（2）用标幺值表示时，各物理量数值简化，含义清楚。例如，某变压器的负载电流 $I_2^* =$

1.0，表明该变压器带额定负载；$I_2^* = 1.2$，表明该变压器过载了。

（3）变压器一、二次侧各物理量用标幺值表示时，均不需要再进行折算。例如：

$$U_2^* = \frac{U_2}{U_{2N}} = \frac{kU_2}{kU_{2N}} = \frac{U_2'}{U_{1N}} = U'_2^*$$

2.6 变压器的运行特性

2.6.1 电压的变化率和外特性

1. 电压的变化率

由于变压器内部存在漏阻抗，当变压器带上负载时，漏阻抗上必然产生压降，致使二次侧端电压与空载时的端电压不相等，且二次侧端电压将随负载的变化而变化。二次侧端电压变化的程度可用电压变化率来表示。电压变化率 $\Delta U\%$ 定义为：一次侧接在额定频率和额定电压的电网上，变压器从空载到额定负载运行时，二次侧端电压的变化量 $\Delta U = U_{20} - U_2$，用二次侧额定端电压的百分数表示的数值，即

$$\Delta U\% = \frac{\Delta U}{U_{2N}} \times 100\% = \frac{U_{20} - U_2}{U_{2N}} \times 100\% = \frac{U_{2N} - U_2}{U_{2N}} \times 100\% \qquad (2-39)$$

电压变化率与变压器的参数和负载性质有关，实际中，可以用由变压器的简化相量图求出的下述公式进行计算：

$$\Delta U\% = \beta(R_k^* \cos\varphi_2 + X_k^* \sin\varphi_2) \times 100\% \qquad (2-40)$$

式中，$\beta = \dfrac{I_1}{I_{1N}} = \dfrac{I_2}{I_{2N}}$，称为负载系数。

φ_2 为负载功率因数角。当负载为感性时，φ_2 取正值；当负载为容性时，φ_2 取负值。

式（2-40）说明，电压变化率取决于负载系数、短路阻抗、负载功率因数，且随负载电流的增加而正比增大。

2. 外特性

当 $U_1 = U_{1N}$，$\cos\varphi_2 =$ 常值时，变压器二次侧端电压与负载电流的关系，即 $U_2 = f(I_2)$，称为变压器的外特性，如图 2-22 所示。图中的曲线 1、2、3 分别是当负载为纯电阻性负载、电感性负载和电容性负载时的外特性曲线。一般电力变压器所带负载是电感性负载，所以二

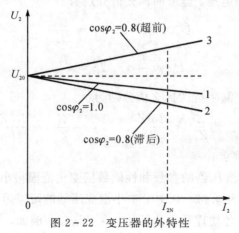

图 2-22 变压器的外特性

次侧端电压是下降的。

2.6.2 变压器的效率和效率特性

1. 变压器的效率

变压器进行能量传递时，在绕组和铁芯中会分别产生铜耗 p_{Cu} 和铁耗 p_{Fe}。铜耗包括一、二次侧绕组电阻 R_1、R_2 产生的损耗 p_{Cu1} 和 p_{Cu2}，即 $p_{Cu}=p_{Cu1}+p_{Cu2}=I_1^2 R_1+I_2^2 R_2$。铜耗与负载电流的平方成正比，因而也称为可变损耗。

铁耗包括磁滞损耗 p_h 和涡流损耗 p_w，即 $p_{Fe}=p_h+p_w$。铁耗可近似认为与 B_m^2 或 U_1^2 成正比，由于变压器的一次侧电压一般保持为 $U_1=U_{1N}$，故铁耗又称为不变损耗，它与负载电流的大小无关。

变压器负载运行时，一次侧从电网吸收的有功功率 P_1 扣除铜耗和铁耗，剩余的则为变压器的输出功率 P_2，即

$$P_2 = P_1 - p_{Cu} - p_{Fe} = P_1 - \sum p \qquad (2-41)$$

则变压器的效率定义为

$$\eta = \frac{P_2}{P_1} \times 100\% = \frac{P_1 - \sum p}{P_1} \times 100\% = \left(1 - \frac{\sum p}{P_2 + \sum p}\right) \times 100\%$$

$$= \left(1 - \frac{p_{Fe} + p_{Cu}}{P_2 + p_{Fe} + p_{Cu}}\right) \times 100\% \qquad (2-42)$$

为简单起见，在使用式(2-42)时，常作如下假定：

(1) 不考虑变压器二次侧电压的变化，即认为

$$P_2 = mU_2 I_2 \cos\varphi_2 \approx mU_{2N} I_{2N}(I_2/I_{2N})\cos\varphi_2 = \beta S_N \cos\varphi_2$$

(2) 认为从空载到负载，主磁通基本不变，将额定电压下所测得的空载损耗 p_0 作为铁耗，即

$$p_{Fe} = p_0 = 常值$$

(3) 忽略短路试验时的铁耗，用额定电流时的短路损耗 p_{kN} 作为额定电流时的铜耗，并认为不同负载时的铜耗与负载系数的平方成正比，即

$$p_{Cu} = \beta^2 p_{kN}$$

于是效率公式(2-42)可变为

$$\eta = \left(1 - \frac{p_0 + \beta^2 p_{kN}}{\beta S_N \cos\varphi_2 + p_0 + \beta^2 p_{kN}}\right) \times 100\% \qquad (2-43)$$

上述假定会造成一定的计算误差，不过引起的误差很小，不超过 0.5%，却给计算带来很大方便。通常，中小型变压器的效率在 95%，大型变压器可达 99%。

2. 效率特性

当负载的功率因数 $\cos\varphi_2$ 一定时，效率 η 随负载系数 β 的变化关系 $\eta=f(\beta)$ 称为变压器的效率特性，如图 2-23 所示。从效率特性上看出，变压器输出电流为零时，$\eta=0$。负载较小时，空载损耗 p_0 相对较大，效率较低。负载增加时，输出功率增加，效率也随之增加。当负载超过某一数值时，因铜耗与 β^2 成正比，而输出功率与 β 成正比，因此效率随着 β 增加反而降低。取 η 对 β 的微分，并令其等于零($d\eta/d\beta=0$)，即可求出产生最大效率时的条件：

$$\beta_\mathrm{m} = \sqrt{\frac{p_0}{p_{kN}}}$$

或

$$\beta^2 p_{kN} = p_0$$

即当不变损耗 p_0 等于可变损耗 $\beta^2 p_{kN}$ 时，变压器效率达到最大。

由于变压器长期接在电网上运行，铁耗总是存在的，而铜耗则随负载的变化而变化。因此，为了提高变压器运行的经济性，设计时铁耗应相对设计得小一些，一般取 $\dfrac{p_0}{p_{kN}} = \dfrac{1}{3} \sim \dfrac{1}{4}$，所以最大效率 η_{max} 发生在 $\beta_\mathrm{m} = 0.5 \sim 0.6$ 范围内。

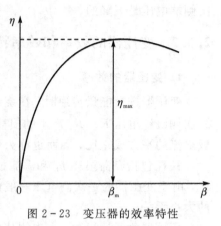

图 2-23　变压器的效率特性

[**例题 2-3**]　采用例题 2-2 中变压器的数据，试计算：（1）当变压器有额定负载且 $\cos\varphi_2 = 0.8 (\varphi_2 > 0)$ 时的电压变化率 $\Delta U\%$；（2）有额定负载且 $\cos\varphi_2 = 0.8 (\varphi_2 > 0)$ 时的效率 η。

解　（1）一次侧阻抗基值为

$$Z_{1N} = \frac{U_{1N}}{\sqrt{3} \, I_{1N}} = \frac{U_{1N}^2}{S_N} = \frac{(10 \times 1000)^2}{1250 \times 1000} = 80 \ \Omega$$

短路电阻换算到 75℃ 时的值为

$$R_{k75℃} = \frac{228 + 75}{228 + 23} \times 0.87 = 1.05 \Omega$$

短路电阻标幺值为

$$R_k^* = \frac{R_{k75℃}}{Z_{1N}} = \frac{1.05}{80} = 0.0131$$

短路电抗标幺值为

$$X_k^* = \frac{X_k}{Z_{1N}} = \frac{3.37}{80} = 0.0421$$

由题意可知：$\beta = 1$，$\cos\varphi_2 = 0.8$，$\sin\varphi_2 = 0.6$，因此，电压变化率为

$$\Delta U\% = \beta(R_k^* \cos\varphi_2 + X_k^* \sin\varphi_2) \times 100\%$$
$$= (0.0131 \times 0.8 + 0.0421 \times 0.6) \times 100\%$$
$$= 3.57\%$$

（2）由短路试验可知：$p_{kN} = 13\,600 \ \mathrm{W}$，故效率为

$$\eta = \left(1 - \frac{p_0 + \beta^2 p_{kN}}{\beta S_N \cos\varphi_2 + p_0 + \beta^2 p_{kN}}\right) \times 100\%$$
$$= \left(1 - \frac{2400 + 13\,600}{1250 \times 1000 \times 0.8 + 2400 + 13\,600}\right) \times 100\%$$
$$= 98.42\%$$

2.7　三相变压器

现代电力系统都采用三相制，所以三相变压器的应用极为广泛。三相变压器在对称负载下运行时，各相的电磁关系与单相变压器相同。因此，前面所述的单相变压器的基本方程式、

等效电路和相量图等，对于三相变压器同样适用。但是三相变压器也有其特殊的问题需要研究，如三相变压器的磁路系统、三相变压器绕组的联结组、三相变压器的并联运行等。

2.7.1 三相变压器的磁路系统

根据铁芯结构，三相变压器可分为三相组式变压器和三相芯式变压器。三相组式变压器的磁路系统如图 2-24 所示，三相磁路各自独立，彼此无关。当一次侧绕组接上三相对称电源时，三相主磁通 $\dot{\Phi}_A$、$\dot{\Phi}_B$、$\dot{\Phi}_C$ 对称，三相空载电流也对称。

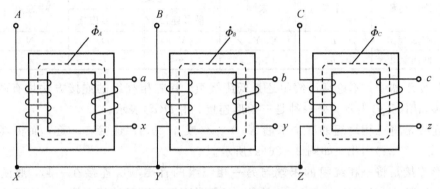

图 2-24 三相组式变压器的磁路系统

三相芯式变压器的磁路系统如图 2-25 所示，三相磁路彼此相关。这种铁芯结构由三台单相变压器合并而成，如图 2-25(a)所示。当一次侧绕组外施三相对称电压时，因三相主磁通对称，$\dot{\Phi}_A + \dot{\Phi}_B + \dot{\Phi}_C = 0$，即通过中间铁芯柱内的磁通为零，因此中间铁芯柱可以省掉，如图 2-25(b)所示。为节省材料，便于制造，通常将留下的三个铁芯柱排列在同一个平面内，于是得到如图 2-25(c)所示的三相芯式变压器。在这种铁芯结构中，任何一相磁通都以其他两相磁路作为闭合回路。

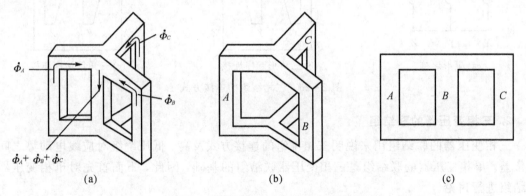

图 2-25 三相芯式变压器的磁路系统

由于三相芯式变压器的三相磁路不对称，其磁路长度不相等，当外加三相对称电压时，三相空载电流则不相等，中间相较小，两侧相较大。但是由于电力变压器的空载电流很小，它的不对称对变压器负载运行的影响很小，可以忽略，故仍可看作三相对称系统。三相芯式变压器具有节省材料、效率高、维护方便、占地面积小等优点，因而得到了广泛应用。

2.7.2 三相变压器的绕组联结组标号

1. 三相变压器绕组的连接法

为了说明三相变压器绕组的连接方法及正确使用变压器，变压器绕组出线端的标记规定如表 2-1 所示。

表 2-1 三相绕组出线端标记及连接方式

绕组名称	首端	末端	连接方式		中性点
			星形连接	三角形连接	
高压绕组	A、B、C	X、Y、Z	Y	D	N
低压绕组	a、b、c	x、y、z	y	d	n

在三相变压器中，不论高压绕组还是低压绕组，其三相绕组的连接方法均有两种，一种是星形连接，用 $Y(y)$ 表示；另一种是三角形连接，用 $D(d)$ 表示。

星形连接是将三相绕组的三个末端 X、Y、Z（或 x、y、z）连接在一起，而将其三个首端 A、B、C（或 a、b、c）引出，如图 2-26(a) 所示。

三角形连接是将一相绕组的末端与另一相绕组的首端顺次连接在一起，形成一闭合回路，然后从首端 A、B、C（或 a、b、c）引出。三角形连接有两种连接顺序，一种按 $AX-BY-CZ$ 顺序连接，如图 2-26(b) 所示，称为顺序三角形连接。另一种按 $AX-CZ-BY$ 的顺序连接，如图 2-26(c) 所示，称为逆序三角形连接。

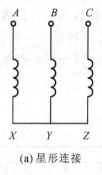 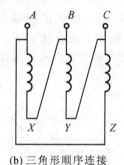 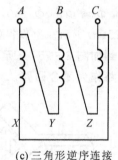

(a) 星形连接　　　　　　(b) 三角形顺序连接　　　　　　(c) 三角形逆序连接

图 2-26 三相绕组的连接方式

2. 三相变压器的联结组

三相变压器的联结组用来说明三相绕组的连接方式及高、低压绕组对应线电动势之间的相位差。单相变压器的联结组是三相变压器联结组的基础，因此，下面首先对单相变压器的联结组进行讨论。

1）单相变压器的联结组

由于单相变压器的一、二次侧绕组套装在同一铁芯柱上，且交链着同一主磁通 Φ，当一次侧绕组的某一端瞬时电位为正时，在二次侧绕组上必有一端点的电位也为正，这两个对应的端点称为同极性端或同名端，在绕组端点旁用符号"·"表示。绕组的极性决定于绕组的绕向，与绕组首末端的标志无关。确定同极性端的常用方法是，在同极性端通入电流时，它们产生的磁通方向应相同。

单相变压器的联结组是用二次侧绕组和一次侧绕组对应的电动势之间的相位差来区分的。为了比较一、二次侧绕组感应电动势的相位，规定电动势的正方向为由末端指向首端。当一、二次侧绕组的同极性端都标为首端（或末端）时，其电动势相位相同，如图 2-27(a)、(d)所示。当一、二次侧绕组的不同极性端标为首端时，其电动势相位相反，如图 2-27(b)、(c)所示。

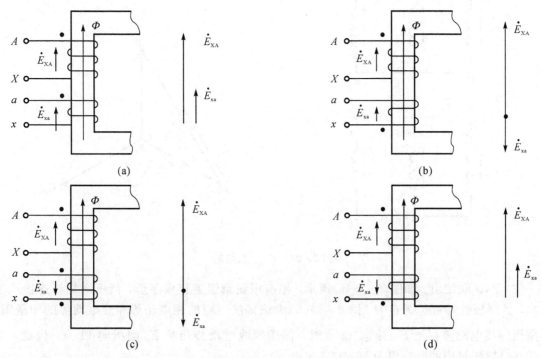

图 2-27 单相变压器的联结组

为了形象地表示一、二次侧绕组对应电动势的相位关系，通常采用时钟表示法，即将高压侧绕组对应电动势的相量作为时钟的长针，低压侧绕组对应电动势的相量作为时钟的短针，把长针固定指向 12 点的位置，看短针所指向的数字，这个数字就是单相变压器的联结组的组号。显然，对于图 2-27(a)、(d)，$\dot{E}_{xa}$ 指向 0("12")点，联结组号为 0，联结组为 $I,I0$，其中 I,I 表示高、低压侧绕组均为单相。对于图 2-27(b)、(c)，$\dot{E}_{xa}$ 指向 6 点，联结组号为 6，联结组为 $I,I6$。

2）三相变压器的联结组

三相变压器的联结组是用高、低压侧绕组对应线电动势之间的相位来决定的。由于高、低压侧三相绕组的连接方式不同，线电动势的相位差也不同，故三相变压器的联结组不仅与绕组的极性和首末端的标志有关，还与三相绕组的连接方式有关。

为了区分不同的联结组，三相变压器高、低压侧绕组对应线电动势之间的相位关系仍采用时钟表示法，即将高压侧线电动势相量作为时钟的长针，并固定指向 12 点的位置，低压侧对应线电动势相量作为时钟的短针，其所指数字即三相变压器联结组的组号。

（1）Y,y 联结组。图 2-28(a)为三相变压器 Y,y 连接接线图，同极性端都标为首端。根据前面所述，高、低压侧绕组相电动势相位相同，如图 2-28(b)所示。采用时钟表示法，把高压侧线电动势相量 $\dot{E}_{AB}$ 看作时钟的长针,并固定指向 12 点的位置,可以得到作为短针的低压侧对应线电动势 $\dot{E}_{ab}$ 指向 12 点(即 0 点),所以,图 2-28(a)接法对应的联结组为 Y, y_0。

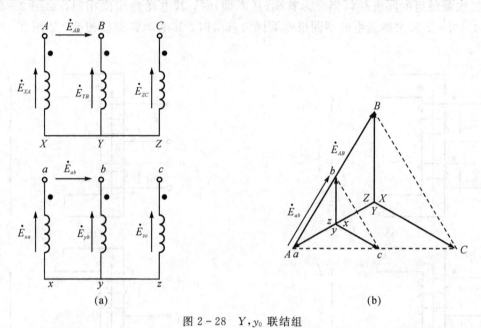

图 2-28 Y, y_0 联结组

(2)Y, d 联结组。如图 2-29(a)所示,把高压侧绕组连接成星形,低压侧绕组连接成三角形,且同极性端都标为首端。图 2-29(b)为该接法对应的相电动势和线电动势的相量图。当高压侧线电动势相量 $\dot{E}_{AB}$ 指向 12 点时,低压侧线电动势相量 $\dot{E}_{ab}$ 则指向 11 点,因此,图 2-29(a)接法对应的联结组为 $Y, d11$。

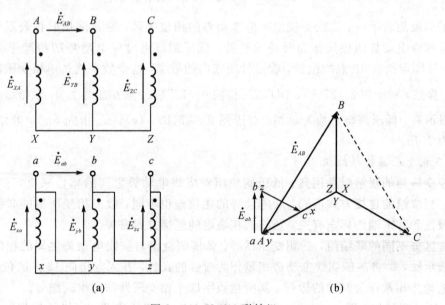

图 2-29 $Y, d11$ 联结组

（3）D,y 联结组。在图 2-30(a) 中，高压侧绕组连接成三角形，低压侧绕组连接成星形，同极性端均标为首端。该接法对应的相电动势和线电动势相量图如图 2-30(b) 所示。可见，高压绕组线电动势相量 $\dot{E}_{AB}$ 看作长针指向 12 点时，低压侧绕组相应线电动势相量 $\dot{E}_{ab}$ 超前于 $\dot{E}_{AB}$ 30°，故短针指向 11 点，因此联结组为 D,y_{11}。

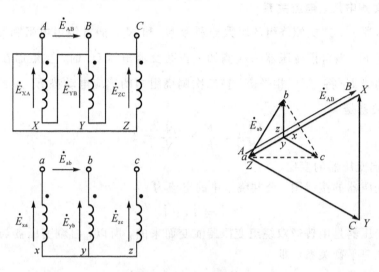

图 2-30 D,y_{11} 联结组

总的来说，变压器的联结组的数目很多，为了制造和使用的方便，我国国标中规定，单相双绕组变压器的标准联结组为 $I,I0$。三相双绕组变压器的标准联结组为 $Y,yn0$、$Y,d11$、$YN,d11$、$YN,y0$ 和 $Y,y0$。$Y,yn0$ 联结组的二次侧可以引出中线，构成三相四线制，既可对单相负载（如照明）供电，也可对动力负载供电。

*2.8 其他用途的变压器

2.8.1 自耦变压器

如图 2-31 所示，一次侧和二次侧共用一部分绕组的变压器称为自耦变压器。普通双绕组变压器一、二次侧绕组是相互绝缘的，两个绕组之间只有磁的耦合，而没有电路上的联系。

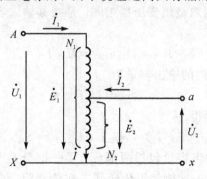

图 2-31 降压自耦变压器接线图

自耦变压器可以看成普通双绕组变压器的一种特殊联结,即将一台普通双绕组的一、二次侧绕组串联起来作为自耦变压器的一次侧绕组,把原来的二次侧绕组作为公共绕组,同时也作为自耦变压器的二次侧绕组。因此,自耦变压器的特点是,一、二次侧绕组之间不仅有磁的耦合,而且两绕组直接有电路上的连接。下面以降压自耦变压器为例进行分析。

1. 一、二次侧电压、电流关系

设自耦变压器一、二次侧绕组的匝数分别为 N_1 和 N_2。通常绕组电阻和漏磁通很小,在忽略它们的情况下,当自耦变压器一次侧加上正弦交流电压 $\dot{U}_1$ 时,主磁通在一次侧绕组中产生的感应电动势 $\dot{E}_1$ 将与 $\dot{U}_1$ 相平衡。在二次侧绕组中的感应电动势 $\dot{E}_2$ 等于二次侧的端电压 $\dot{U}_2$,它们的关系是

$$\frac{U_1}{U_2} \approx \frac{E_1}{E_2} = \frac{N_1}{N_2} = k \tag{2-44}$$

式中,k——自耦变压器的变比。

根据自耦变压器的接线图,公共绕组中的电流为

$$\dot{I} = \dot{I}_1 + \dot{I}_2 \tag{2-45}$$

由于自耦变压器是由普通双绕组变压器演变而来的,所以,自耦变压器与普通双绕组变压器有相同的磁势平衡关系,即

$$\dot{I}_1(N_1 - N_2) + \dot{I}N_2 = \dot{I}_0 N_1 \tag{2-46}$$

因为 I_0 很小,可忽略,则有

$$\dot{I}_1 N_1 + \dot{I}_2 N_2 = 0 \quad \text{或} \quad \dot{I}_1 = -\frac{\dot{I}_2}{k} \tag{2-47}$$

将式(2-47)代入式(2-45)得

$$\dot{I} = \dot{I}_1 + \dot{I}_2 = \left(1 - \frac{1}{k}\right)\dot{I} \tag{2-48}$$

对于降压自耦变压器,$k>1$,因此在数值上有

$$I = I_2 - I_1 \quad \text{或} \quad I_2 = I_1 + I_2 \tag{2-49}$$

从式(2-44)和式(2-47)可见,自耦变压器一、二次侧的电压和电流关系与普通双绕组变压器没有区别。

2. 容量关系

自耦变压器的容量与普通双绕组变压器相同,是指其输入容量或输出容量,额定运行时表示为

$$S_N = U_{1N} I_{1N} = U_{2N} I_{2N} \tag{2-50}$$

根据图 2-31,降压自耦变压器的输出容量为

$$S_2 = U_2 I_2 \tag{2-51}$$

将式(2-49)代入式(2-51)可得

$$S_2 = U_2(I + I_1) = U_2 I + U_2 I_1 = S_{电磁} + S_{传导} \tag{2-52}$$

从上式可见,自耦变压器的输出容量包括两部分:第一部分是 $U_2 I = S_{电磁}$,它与普通双绕组变压器一样,通过电磁感应由一次侧绕组传递到二次侧绕组,再送给负载的容量,称为电磁容量或绕组容量。第二部分是 $U_2 I_1 = S_{传导}$,它是由一次侧电流 I_1 通过电路直接传递给负载的

容量，称为传导容量。电磁容量的大小决定了变压器的硅钢片和铜线用量的多少，是变压器设计的依据。

由于传导容量是直接传递的，不需增加绕组容量，所以普通双绕组变压器没有这部分容量。因此，当变压器额定容量相同时，自耦变压器的绕组容量比普通双绕组变压器的绕组容量小。

2.8.2 互感器

互感器是电力系统中使用的一种重要的测量设备，用来测量高电压和大电流。测量高电压的互感器称为电压互感器，测量大电流的互感器称为电流互感器。电压互感器和电流互感器的工作原理与变压器的基本相同。

1. 电压互感器

电压互感器的接线图如图 2-32 所示。它的一次侧绕组匝数多，直接接到被测量的高压线路上。二次侧绕组匝数少，接测量仪表（如电压表或功率表）的电压线圈。通常，电压互感器二次侧的额定电压都设计成 100 V。

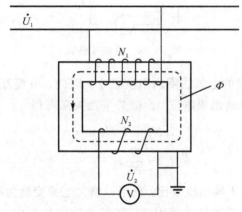

图 2-32　电压互感器

由于电压表等测量仪表的电压线圈内阻抗很大，因此，电压互感器工作时，近似于一台变压器的空载运行。如果忽略励磁电流和漏阻抗压降，则有

$$\frac{U_1}{U_2} \approx \frac{E_1}{E_2} = \frac{N_1}{N_2} = k_u$$

即

$$U_1 = k_u U_2$$

因此，利用一、二次侧绕组不同的匝数比，就可以将高电压变换为低电压来测量。

实际上，由于电压互感器存在励磁电流和漏阻抗，所以它存在着两种误差，即变比误差和相角误差。为减小误差，设计电压互感器时，其铁芯一般采用优质硅钢片，并使其磁路处于不饱和状态，取磁密约 0.6~0.8 T。根据误差的大小，电压互感器的精度分为 0.2、0.5、1.0、3.0 四个等级，数字越小精确度越高。

在使用电压互感器时，二次侧不能短路，否则会产生很大的短路电流，绕组将因过热而烧毁。另外，为保障测量人员和设备的安全，电压互感器的铁芯和二次侧绕组都必须可靠接地。

2. 电流互感器

电流互感器的接线如图 2-33 所示。它的一次侧绕组匝数很少,仅有一匝或几匝,并且导线截面大,串联接在需要测量电流的高压或大电流线路中。二次侧绕组匝数很多,导线截面小,并与内阻极小的电流表或功率表的电流线圈等接成闭合回路。通常电流互感器的二次侧额定电流设计成 5 A 或 1 A。

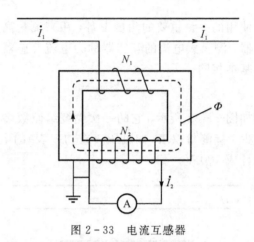

图 2-33 电流互感器

由于电流表等测量仪表的电流线圈内阻抗很小,因此,电流互感器工作时,相当于一台变压器的短路运行。如果忽略励磁电流,由磁势平衡关系可得

$$\dot{I}_1 N_1 + \dot{I}_2 N_2 = 0$$

$$I_1 = \frac{N_2}{N_1} I_2$$

(2-53)

因此,利用一、二次侧绕组不同的匝数比,就可以将大电流变换为小电流来测量。

为了减小误差,电流互感器铁芯采用性能较好的硅钢片制成,并使铁芯磁密设计得较低(一般为 0.08~0.1 T),以减小励磁电流。但励磁电流不可能等于零,总有一定的数值。因此电流互感器也同样存在变比和相角两种误差。按变流比误差大小,分为 0.2、0.5、1.0、3.0 和 10.0 五个等级,数值越小,误差也越小。

在使用电流互感器时,二次侧绝不允许开路。因为二次侧开路时,$I_2 = 0$,一次侧电流将全部成为励磁电流,使铁芯中的磁通急剧增大,铁芯过饱和引起互感器严重发热,影响互感器性能,甚至烧毁绕组。同时也使二次侧感应出很高的电动势,可能使绝缘击穿,危及测量人员和测量设备的安全。因此,为确保安全,电流互感器的铁芯和二次侧绕组的一端必须可靠接地。

* 2.9　变压器的并联运行

在电力系统中,常常采用几台变压器并联运行的方式。变压器的并联运行是指将两台或多台变压器的一次侧绕组和二次侧绕组分别接到一次侧和二次侧的公共高、低压母线上,共同对负载供电。图 2-34(a)是两台变压器并联运行时的接线图,图 2-34(b)是其简化表示形式。

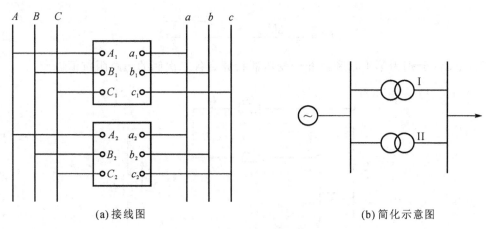

(a) 接线图　　　　　　　　　　　　(b) 简化示意图

图 2 - 34　两台变压器并联运行

变压器并联运行时具有许多优点：

（1）提高供电的可靠性。当并联运行中的某台变压器发生故障或需要检修时，可以将该变压器从电网切除，而电网仍能继续对重要用户供电。

（2）提高供电的经济性。当负载随昼夜、季节有较大变化时，可以调整并联运行的变压器台数，以提高运行效率。

（3）可以减少变电所中变压器的备用容量，并可根据负载的逐步发展增加新的变压器。

当然，并联运行的变压器台数也不宜太多，否则将会增加设备成本和占地面积。因为在总容量相同的情况下，几台小容量变压器的总造价要比一台大容量变压器的造价高且占地多。

多台变压器并联运行的理想情况是：

（1）空载时，并联运行的每台变压器二次侧电流均为零，各台变压器二次侧绕组之间没有环流。

（2）负载时，各变压器所负担的负载电流与它们各自的容量成正比。

（3）负载运行时，各变压器二次侧电流相位相同。

为了达到上述并联运行的理想情况，并联运行的各变压器必须满足下列三个条件：

（1）各变压器一、二次侧的额定电压应相等，即电压比应相等。

（2）各变压器的联结组号必须相同。

（3）各变压器的短路阻抗标幺值应相等，且短路电抗与短路电阻之比也应相等。

其中第（2）个条件必须严格保证。下面以两台变压器的并联运行为例加以讨论。

2.9.1　电压比不等时的变压器并联运行

设并联运行的两台变压器联结组号相同，短路阻抗标幺值相等，但电压比不相等，且 $k_{\mathrm{I}} < k_{\mathrm{II}}$。为便于计算，将一次侧的各物理量折算到二次侧，忽略励磁电流时，两台变压器并联运行对应的简化等效电路如图 2 - 35 所示。

由于 $k_{\mathrm{I}} < k_{\mathrm{II}}$，故空载时，两变压器二次侧存在电压差 $\Delta \dot{U}_{20} = \dot{U}_1 / k_{\mathrm{I}} - \dot{U}_1 / k_{\mathrm{II}}$，使得在两变压器绕组之间产生一空载环流 $\dot{I}_c$：

$$\dot{I}_c = \frac{\Delta\dot{U}_{20}}{Z_{k\mathrm{I}} + Z_{k\mathrm{II}}} = \frac{\dfrac{\dot{U}_1}{k_\mathrm{I}} - \dfrac{\dot{U}_1}{k_\mathrm{II}}}{Z_{k\mathrm{I}} + Z_{k\mathrm{II}}} \tag{2-54}$$

式中，$Z_{k\mathrm{I}}$、$Z_{k\mathrm{II}}$ 分别为第 I 台和第 II 台变压器折算到各二次侧的短路阻抗值。

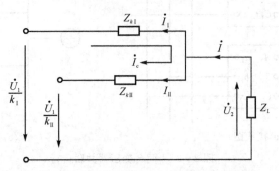

图 2-35　电压比不等时的两台变压器的并联运行

　　由于一般电力变压器的短路阻抗 Z_k 很小，所以即使两台变压器电压比不等时产生的电压差值 $\Delta\dot{U}$ 不大，也会产生较大的空载环流。因此变压器并联运行时，应使其电压比相等。若电压比不相等，为保证变压器并联运行时空载环流不致过大，通常规定并联运行的各变压器变比差值 Δk 不应大于 0.5%，即

$$\Delta k = \frac{k_\mathrm{I} - k_\mathrm{II}}{\sqrt{k_\mathrm{I} k_\mathrm{II}}} \times 100\% \leqslant 0.5\%$$

2.9.2　联结组标号不同时的变压器并联运行

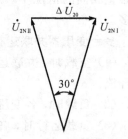

图 2-36　$Y,y0$ 和 $Y,d11$ 变压器并联时的相位差

　　并联运行的各变压器联结组标号必须严格保证相同，否则将造成严重的后果。设两变压器的电压比和短路阻抗标幺值均相等，但联结组标号不相同。此时两变压器二次侧线电压相位将不相同，而且相位差至少是 30°。例如联结组为 $Y,y0$ 和 $Y,d11$ 的两变压器并联时，其二次侧线电压相位差就是 30°，如图 2-36 所示。图中，$\dot{U}_{2\mathrm{N\,I}} = \dot{U}_{2\mathrm{N\,II}} = \dot{U}_{2\mathrm{N}}$ 是两变压器二次侧线电压。此时二次侧线电压差值为

$$\Delta U_{20} = 2U_{2\mathrm{N}}\sin\left(\frac{30°}{2}\right) = 0.518U_{2\mathrm{N}}$$

可见，ΔU_{20} 达到二次侧额定电压的 51.8%。

　　由于变压器的短路阻抗很小，这样大的电压差必将在两变压器绕组中产生很大的空载环流，可能使变压器的绕组烧毁，所以联结组标号不同的变压器绝对不允许并联运行。

2.9.3　短路阻抗标幺值不等时的并联运行

　　假设并联运行的两台变压器电压比相等，联结组标号相同，但短路阻抗标幺值不相等。忽略励磁电流，并把一次侧的各物理量折算到二次侧，可得两台变压器并联运行时的简化等效电路如图 2-37 所示。从图中可得

$$\dot{I} = \dot{I}_{\mathrm{I}} + \dot{I}_{\mathrm{II}} \tag{2-55}$$

$$\dot{I}_{\mathrm{I}} Z_{k\mathrm{I}} = \dot{I}_{\mathrm{II}} Z_{k\mathrm{II}}$$

$$\frac{\dot{I}_{\mathrm{I}}}{\dot{I}_{\mathrm{II}}} = \frac{Z_{k\mathrm{II}}}{Z_{k\mathrm{I}}} \tag{2-56}$$

用标幺值表示时，可得

$$\frac{I_{\mathrm{I}}^{*}}{I_{\mathrm{II}}^{*}} = \frac{Z_{k\mathrm{II}}^{*}}{Z_{k\mathrm{I}}^{*}} \angle (\varphi_{k\mathrm{II}} - \varphi_{k\mathrm{I}}) \tag{2-57}$$

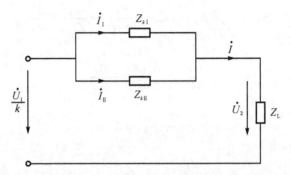

图 2-37 短路阻抗标幺值不等的变压器并联运行等效电路

在变压器的短路阻抗 Z_k 中，各变压器的 R_k 和 X_k 的比值相差很小，即短路阻抗角相差不大。短路阻抗角的差别对并联变压器的负载分配影响不大，实际工作中，通常把各变压器阻抗角差别产生的影响忽略不计。因此，可将式（2-57）写成标量的形式，即

$$\frac{I_{\mathrm{I}}^{*}}{I_{\mathrm{II}}^{*}} = \frac{Z_{k\mathrm{II}}^{*}}{Z_{k\mathrm{I}}^{*}}$$

或

$$\frac{\beta_{\mathrm{I}}}{\beta_{\mathrm{II}}} = \frac{Z_{k\mathrm{II}}^{*}}{Z_{k\mathrm{I}}^{*}} \tag{2-58}$$

式（2-58）表明，并联运行的两变压器的负载系数 β 与其短路阻抗的标幺值成反比。若各变压器的短路阻抗标幺值不相等，则短路阻抗标幺值小的变压器先达到满载，而短路阻抗标幺值大的变压器则处于轻载运行，结果总的负载容量小于总的设备容量，整个并联变压器系统容量没有得到充分利用。因此，短路阻抗标幺值相差太大的变压器不宜并联运行。

在实际中，不同变压器的短路阻抗标幺值总是存在差异，为了使变压器并联运行时不浪费设备容量，要求各变压器短路阻抗标幺值相差不能太大，一般不大于 10%，且任意两台变压器容量之比不超过 3∶1。

[**例题 2-4**] 两台变压器并联运行，数据如下：$S_{N\mathrm{I}} = 50$ kVA，$Z_{k\mathrm{I}}^{*} = 0.075$，$S_{N\mathrm{II}} = 100$ kVA，$Z_{k\mathrm{II}}^{*} = 0.06$，额定电压均为 10/0.4 kV，联结组也相同。试计算：(1) 当总负载为 150 kVA 时，每台变压器分担的负载是多少？(2) 当不允许任何一台变压器过载时，并联变压器组最大输出容量是多少？

解 (1) 假设两台变压器承担的负载分别为 S_{I}、S_{II}。

由式（2-58）可知

$$\frac{I_{\text{I}}^*}{I_{\text{II}}^*} = \frac{Z_{k\text{II}}^*}{Z_{k\text{I}}^*}$$

又因为

$$\frac{\beta_{\text{I}}}{\beta_{\text{II}}} = \frac{I_{\text{I}}^*}{I_{\text{II}}^*} = \frac{S_{\text{I}}^*}{S_{\text{II}}^*}$$

所以

$$\frac{S_{\text{I}}^*}{S_{\text{II}}^*} = \frac{Z_{k\text{II}}^*}{Z_{k\text{I}}^*}$$

即

$$S_{\text{I}}^* = \frac{Z_{k\text{II}}^*}{Z_{k\text{I}}^*} S_{\text{II}}^* \quad\text{或}\quad \frac{S_{\text{I}}}{S_{\text{NI}}} = \frac{Z_{k\text{II}}^*}{Z_{k\text{I}}^*} \times \frac{S_{\text{II}}}{S_{\text{NII}}}$$

把已知数据代入上式得

$$\frac{S_{\text{I}}}{50} = \frac{0.06}{0.075} \times \frac{S_{\text{II}}}{100} \qquad\qquad ①$$

另外，

$$S_{\text{I}} + S_{\text{II}} = 150 \qquad\qquad ②$$

解式①和②，可得

$$S_{\text{I}} = 42.8 \text{ kVA}, \ S_{\text{II}} = 107.2 \text{ kVA}$$

可见，短路阻抗标幺值大的第一台变压器，处于欠载状态；而短路阻抗标幺值小的第二台变压器，处于过载状态。

（2）由于短路阻抗小的变压器负载系数大，因此必先达到满载，设 $\beta_{\text{II}} = 1$，则

$$\beta_{\text{I}} = \left(\frac{Z_{k\text{II}}^*}{Z_{k\text{I}}^*}\right)\beta_{\text{II}} = \frac{0.06}{0.075} \times 1 = 0.8$$

因此最大输出容量为

$$S = \beta_{\text{I}} S_{\text{NI}} + \beta_{\text{II}} S_{\text{NII}} = 0.8 \times 50 + 1 \times 100 = 140 \text{ kVA}$$

2.10 应用实例

变压器是一种常见的电气设备，在电力系统和电子线路中得到广泛应用。变压器的主要作用是实现电压变换、电流变换和阻抗变换等。

1. 在输电方面的应用

图 2-38 所示为电力系统示意图，为了将大功率的电能输送到远距离的用户区，需采用升压变压器将发电机发出的电压（一般为 6~20 kV）逐级升高到 110~220 kV，以减少线路损耗。当电能输送到用户区后，再用降压变压器逐渐降到配电电压，供动力设备、照明使用。图

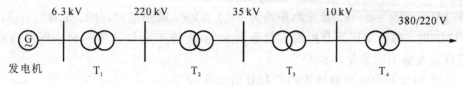

图 2-38 电力系统示意图

2-39(a)、(b)分别是电力变压器中的升压变压器和降压变压器。

(a) 升压变压器   (b) 降压变压器

图 2-39 电力变压器

2. 在电子线路中的应用

在电子线路中，广泛使用各种类型的电子变压器，它们具有体积小、重量轻、效率高、损耗小等特点，在电子线路中起着升压、降压、隔离、整流、变频、倒相、阻抗匹配、逆变、储能、滤波等作用。例如用于提供电子设备所需电源的电源变压器；用于音频放大电路和音响设备的音频变压器；用于通信网络中起隔直、滤波作用的通信变压器，以及开关电源变压器、脉冲变压器等。图 2-40 所示为常见的电源变压器、音频变压器和开关电源变压器。

(a) 电源变压器   (b) 音频变压器   (c) 开关电源变压器

图 2-40 电子变压器

3. 在其他方面的应用

在其他方面，变压器也得到了广泛的应用，如冶金工业中使用的电炉变压器，化学工业中的整流变压器，焊接金属器件时电焊机中的电焊变压器，等等。图 2-41～图 2-43 分别为电炉变压器、整流变压器和电焊变压器。

图 2-41 电炉变压器   图 2-42 整流变压器   图 2-43 电焊变压器

2.11 变压器的仿真

在 MATLAB/Simulink 平台上对变压器进行仿真,主要包括变压器运行状态、变压器暂态过程、变压器二次侧突然短路和联结组标号的仿真。

1. 变压器运行状态的仿真

图 2-44 为单相变压器空载运行时的仿真模型。

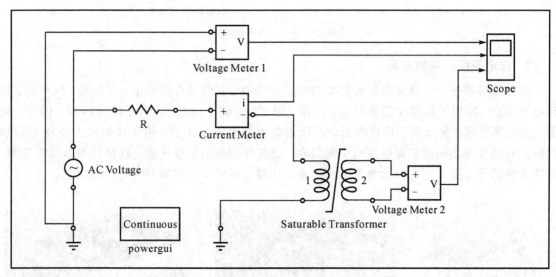

图 2-44　单相变压器空载运行时的仿真模型

2. 变压器暂态过程的仿真

图 2-45 为单相变压器暂态过程的仿真模型。

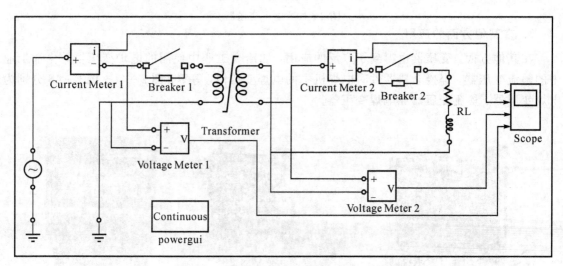

图 2-45　单相变压器暂态过程的仿真模型

3. 变压器二次侧突然短路的仿真

图 2-46 为单相变压器二次侧突然短路时的仿真模型。

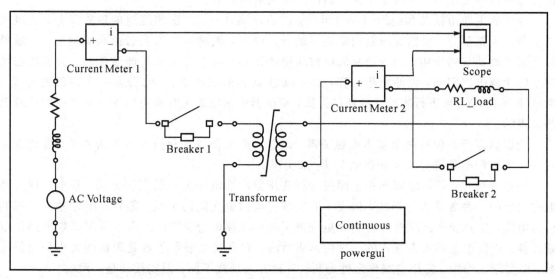

图 2-46　单相变压器二次侧突然短路时的仿真模型

4. 变压器联结组标号的仿真

图 2-47 为三相变压器联结组标号的仿真模型。

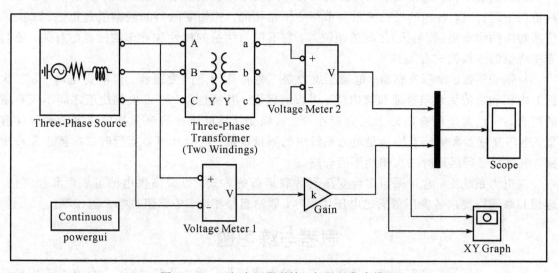

图 2-47　三相变压器联结组标号的仿真模型

本 章 小 结

变压器是一种以电磁感应原理为基础的静止的电气设备，利用一、二次侧绕组匝数的不同，把一种电压等级的交流电转变为同频率的另一种电压等级的交流电，以满足电能的传输、分配和使用。

本章以一般用途的双绕组电力变压器为主要研究对象，重点介绍了变压器对称稳态运行时的电磁关系、分析方法和运行特性，变压器的联结组，变压器的并联运行。同时介绍了几种特殊用途的变压器，并给出了变压器的应用实例和仿真。

变压器主要由铁芯和绕组两部分组成，铁芯是耦合一、二次侧绕组的磁路部分，绕组是变压器的电路部分。根据变压器内部磁场的分布情况，把磁通分为主磁通和漏磁通，主磁通起传递电磁功率的作用，漏磁通只起电抗压降的作用，而不直接参与能量传递。为了把磁场问题转化成电路问题，以便简化计算，对主磁通 Φ 和漏磁通 $\Phi_{1\sigma}$、$\Phi_{2\sigma}$ 分别引入励磁阻抗 Z_m、漏电抗 $X_{1\sigma}$ 和 $X_{2\sigma}$ 来进行表征。再经过折算，变压器中的电磁关系将可以用一个单一的等效电路来表示。

变压器运行时包括两个基本电磁关系，即电动势平衡关系和磁动势平衡关系。负载变化对一次侧的影响是通过二次侧磁动势 F_2 来实现的。

基本方程式、等效电路和相量图是分析变压器内部电磁关系的三种方法。基本方程式是电磁关系的一种数学表达形式，体现了变压器各电磁量之间的关系。等效电路是基本方程的模拟电路，这对变压器稳态运行的分析变成了对一电路的分析，在工程上常用等效电路作定量计算。相量图是基本方程式的一种图形表示法，它直观地表示了各物理量的大小和相位关系，在实际工作中，常用它来作定性分析。三种方法形式不同，但实质却是一致的。

电压变化率和效率是衡量变压器运行性能的两个重要指标。电压变化率反映了变压器运行时二次侧输出电压随负载变化而变化的程度，也即二次侧输出电压的稳定性。效率表明了变压器运行时的经济性。当可变损耗等于不变损耗时，变压器的效率达到最高。

根据铁芯结构，三相变压器可分为三相组式变压器和三相芯式变压器。三相变压器在对称负载下运行时，各相的电磁关系与单相变压器相同。三相变压器的联结组是指一、二次侧绕组对应的线电势(线电压)之间的相位差，它不仅与绕组的极性和首末端的标志有关，还与三相绕组的连接方式有关。

自耦变压器、电压互感器、电流互感器是三种特殊用途的变压器。自耦变压器一、二次侧的电压和电流关系与普通双绕组变压器没有区别，其特性是一、二次侧绕组之间不仅有磁的耦合，而且两绕组有电路上的直接连接。自耦变压器的输出容量包括电磁容量和传导容量。电压互感器和电流互感器是电力系统中的测量设备。电压互感器运行时二次侧不允许短路，电流互感器运行时二次侧绝不能开路。

在电力系统中，常常采用多台变压器并联运行的方式，以提高供电的可靠性和经济性。理想并联运行要求各变压器满足电压比相等，联结组号相同，短路阻抗标幺值相等。

思考与练习题

2-1　变压器的铁芯通常用两面涂有绝缘漆膜的薄硅钢片叠装而成，为什么？若用普通的薄钢板代替硅钢片，是否可以？

2-2　变压器为什么不能直接改变直流电的电压等级，而能改变交流电的电压等级，其原理是什么？

2-3　变压器中主磁通和漏磁通的性质、大小有什么不同？它们各起什么作用？

2-4　一台频率为 50 Hz、额定电压为 220/110 V 的变压器，若把它接在 60 Hz 的电网上，保持额定电压不变，主磁通和励磁电流会如何变化？若接在相同额定电压的直流电源上，会出现什么后果？

2-5 变压器绕组从二次侧向一次侧折算的条件是什么？一次侧能否向二次侧折算？条件是否相同？

2-6 什么是变压器的电压变化率？它与哪些因素有关？当变压器带容性负载时，二次侧输出电压比空载电压高还是低？

2-7 变压器从空载到额定负载，其铁芯损耗是否随负载的增加而增加？为什么？

2-8 变压器运行时的效率与哪些因素有关？产生最大效率的条件是什么？

2-9 变压器在做空载试验时为什么通常在低压侧进行，而做短路试验时又在高压侧进行？

2-10 变压器并联运行时应满足哪些条件？为什么各变压器的联结组号必须严格保证相同？

2-11 一台单相变压器，额定容量 $S_N = 5000$ kVA，额定电压 $U_{1N}/U_{2N} = 35/6.6$ kV，试求一、二侧的额定电流。

2-12 一台三相变压器，额定容量 $S_N = 750$ kVA，额定电压 $U_{1N}/U_{2N} = 10/0.4$ kV，采用 Y, d 连接，试求：(1) 一、二次侧的额定电流；(2) 一、二次侧绕组的额定电压和额定电流。

2-13 一台三相电力变压器，采用 Y, y 接法。已知 $S_N = 750$ kVA，$U_{1N}/U_{2N} = 10/0.4$ kV，$Z_k = 1.42 + j6.50$ Ω。变压器在额定电压下带三相对称负载运行 (Y 连接)，$Z_L = 0.18 + j0.06$ Ω。试计算：(1) 一、二次侧电流；(2) 二次侧输出电压。

2-14 一台三相电力变压器，额定容量 $S_N = 200$ kVA，额定电压 $U_{1N}/U_{2N} = 10\,000/400$ V，额定电流 $I_{1N}/I_{2N} = 11.5/288.7$ A，采用 Y, y 连接。在低压侧作空载试验，额定电压下测得 $I_0 = 5.1$ A，$p_0 = 472$ W，试求折算至高压侧的励磁参数。

2-15 一台三相电力变压器，额定容量 $S_N = 100$ kVA，额定电压 $U_{1N}/U_{2N} = 6/0.4$ kV，额定电流 $I_{1N}/I_{2N} = 9.63/144$ A，采用 Y, yn 连接。在高压侧作短路试验，测得 $U_k = 321$ V，$I_k = 9.63$ A，$p_k = 1925$ W，试求短路参数。

2-16 一台三相变压器，额定容量 $S_N = 31\,500$ kVA，空载损耗 $p_0 = 86\,250$ W，短路损耗 $p_{kN} = 198\,120$ W，采用 Y, d 连接。试计算：(1) 当变压器为额定负载且 $\cos\varphi_2 = 0.85$ (感性) 时的效率 η_N；(2) 产生最大效率时的负载系数 β_m 和最大效率 η_{max}。

2-17 两台变压器并联运行，已知：$U_{1N}/U_{2N} = 35/6.3$ kV，采用 $Y, d11$ 连接，$S_{NI} = 3150$ kVA，$S_{NII} = 4000$ kVA，$Z_{kI}^* = 0.072$，$Z_{kII}^* = 0.075$。当总负载为 7150 kVA 时，试计算：(1) 每台变压器分担的负载是多少？(2) 当不允许任何一台变压器过载时，并联变压器组最大输出容量是多少？

2-18 有一台 $S_N = 20$ kVA，$U_{1N}/U_{2N} = 220/110$ V，$Z_k^* = 0.06$ 的普通两绕组变压器，现把它分别改接成 330/220 V 的降压自耦变压器和 220/330 V 的升压变压器，试计算：(1) 降压自耦变压器一、二次侧额定电流和额定容量是多少？(2) 升压自耦变压器一、二次侧额定电流和额定容量是多少？

第 3 章 三相交流电动机原理

3.1 三相交流电动机的基本工作原理和定子结构

3.1.1 三相交流电动机的基本工作原理

三相交流电动机根据工作时转子的转速是否与磁场转速相同，分为异步交流电动机和同步交流电动机，简称异步电机和同步电机。

1. 三相异步交流电动机的基本工作原理

三相异步电动机定子接三相电源后，电机内便产生圆形的旋转磁动势及圆形旋转磁密。这个旋转磁场与转子绕组相互作用便在转子绕组中产生了感应电动势，于是转子绕组中将有感应电流流过。该电流在磁场中将产生磁场力，并进而产生电磁转矩。电磁转矩的方向与旋转磁动势同方向，转子便在该方向上旋转起来。

转子旋转后，转速为 n，只要 $n < n_1$（n_1 为旋转磁动势同步转速），转子的导条与磁场仍有相对运动，在导条中产生与转子不转时相同方向的电动势、电流及受力，电磁转矩 T 仍旧为逆时针方向，转子继续旋转，稳定运行在 $T = T_L$ 情况下。与直流电机一样，异步电机也满足电机的可逆原理，即在某一种条件下异步电机作为发电机运行，而在另一种条件下却作为电动机运行。但是由于异步发电机的运行性能较差，因而异步电机主要用作电动机去拖动各种生产机械。例如，在工业方面，用于拖动中小型轧钢设备、各种金属切削机床、轻工机械、矿山机械等；在农业方面，用于拖动水泵、脱粒机、粉碎机以及其他农副产品的加工机械等；在民用电器方面，电扇、洗衣机、电冰箱、空调机等也都是用异步电动机拖动的。

2. 三相同步交流电动机的基本工作原理

同步电机的定子结构与异步电机的相同。当三相同步电机的定子接入三相电源后，将在电机中产生旋转的磁场。该磁场与同步电机的转子磁场相互作用，产生电磁转矩。同步电机的转子磁场可以由转子励磁线圈产生，也可以由永久磁铁产生。前者称电励磁同步电机，后者称永磁同步电机。和异步电机一样，正常工作时定子产生的磁场与转子产生的磁场保持相对静止。由于同步电机的转子磁场与转子以相同转速旋转，因此稳定工作时，同步电机的转子与旋转磁场保持严格的同步，因此称作同步电机。

3.1.2 三相交流电动机的定子结构

所谓定子，即电机工作时不旋转的部件。同步电机和异步电机有着相似的定子。交流电机的定子一般由机座、定子铁芯以及定子绕组等组成。图 3-1 为交流电机定子的典型结构。

图 3-1　交流电机的定子结构

3.2　旋 转 磁 动 势

交流电机的定子是由硅钢片叠压而成的，在定子铁芯内圆周上冲有若干定子槽，三相电枢绕组（也称为定子绕组）就嵌放在定子槽中。三相电枢绕组是对称分布的，它们的匝数相等，在空间互差 120°电角度。交流电机电枢绕组的分类比较复杂，如果按照线圈节距来分，可分为整距绕组和短距绕组；如果按照每极每相槽数来分，可分为整数槽绕组和分数槽绕组；如果按照槽内嵌放导体的层数来分，可分为单层绕组和双层绕组。图 3-2 给出了三相交流电机电枢绕组的示意图，其中 AX、BY、CZ 分别代表三相电枢绕组的线圈边。

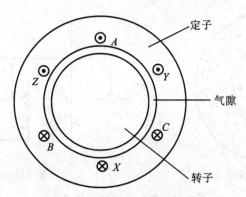

图 3-2　交流电机电枢绕组示意图

3.2.1　单相脉振磁动势

由于电枢绕组结构形式的多样性，为简明计，这里以整距集中绕组为例来说明单相电枢绕组磁动势的性质。图 3-3(a)为一台两极电机的示意图，定子及转子铁芯是同心的圆柱体，定、转子间的气隙是均匀的。在定子上画出了一相的整距集中绕组，当线圈中通过电流时，便产生了一个两极磁场。按照右手螺旋定则，磁场的方向如图中箭头所示。显然，磁场的强弱取决于定子线圈的匝数 N 和线圈中电流 i 的乘积 Ni，我们将乘积 Ni 称为磁动势，其单位为安匝。

根据磁路基尔霍夫第二定律，在磁通流过的整个闭合回路中，总的磁压降应该等于作用于该段磁路的磁动势，即等于磁力线所包围的全部安匝数 Ni。由图 3-3(a) 可以看出，每一条磁力线所包围的安匝数都是 Ni，所以作用于任何一条磁力线回路中的磁动势都是 Ni。每一条磁力线都要通过定、转子铁芯，并两次穿过气隙。由于铁芯材料的磁阻率远远小于空气的磁阻率，可以忽略定、转子铁芯中的磁阻，近似认为磁动势 Ni 全部消耗在两段气隙上，即任一磁力线在每段气隙上所消耗的磁动势都是 $\frac{1}{2}Ni$。将直角坐标系放在定子中，纵坐标表示气隙磁动势的大小，规定磁动势从定子到转子的方向为正方向，横坐标位于气隙正中，单位为空间电角度，规定逆时针为正方向，坐标原点选在磁极轴线上。将图 3-3(a) 展开便得到图 3-3(b) 所示的磁动势分布，这是一个矩形波，其高度为

$$f_y = \frac{1}{2}Ni \tag{3-1}$$

假定线圈中的电流 i 是稳恒电流，其数值和方向恒定不变，那么矩形波磁动势的高度也将恒定不变。而实际上交流电机电枢绕组中流过的是交变电流，其电流的大小和方向都随时间而变化，因此矩形波磁动势的高度也将随时间而变化。设线圈电流为 $i = \sqrt{2}I\cos\omega t$，则

$$f_y = F_y\cos\omega t \tag{3-2}$$

其中，矩形波磁动势的幅值 $F_y = \frac{\sqrt{2}}{2}NI$，$I$ 为线圈流过电流的有效值。上式说明，任何时刻，单相电枢绕组的磁动势在空间以矩形波分布，矩形波的高度随时间按正弦规律变化。这种在空间位置固定而大小随时间变化的磁动势称为脉振磁动势。

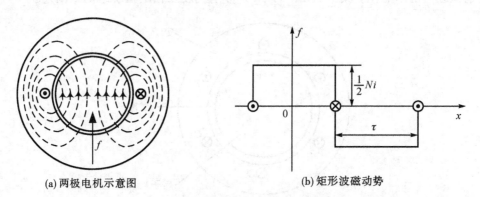

(a) 两极电机示意图　　　　　　　(b) 矩形波磁动势

图 3-3　整距集中绕组的磁动势

对图 3-3(b) 所示的矩形波磁动势进行傅里叶分析，可以得到相应的基波分量：

$$f_{y1}(x,\ t) = \frac{4}{\pi}\left(\frac{Ni}{2}\right)\cos\frac{\pi x}{\tau} \tag{3-3}$$

其中，x 表示定子内表面的圆周距离，极距 τ 表示相邻极间的圆周距离。上式可进一步写为

$$f_{y1}(x,\ t) = F_{y1}\cos\omega t\cos\frac{\pi x}{\tau} \tag{3-4}$$

其中，磁动势基波分量的幅值 $F_{y1} = 0.9NI$。

3.2.2 三相旋转磁动势

通过合理布置定子槽中的三相电枢绕组，可以有效减小气隙中的磁动势谐波。当忽略谐波分量时，则每相电枢绕组产生的磁动势在空间是正弦分布的，大小随时间按正弦规律变化，其最大值位于每相绕组的轴线上。设三相绕组对称分布，即三相绕组轴线在空间互差120°电角度，当在这对称的三相绕组中流过对称的三相呈正弦规律变化的电流时，三相绕组产生的磁动势为

$$\begin{cases} f_{A1}(x,\,t) = F_{\Phi1}\cos\omega t\cos\dfrac{\pi x}{\tau} \\[2mm] f_{B1}(x,\,t) = F_{\Phi1}\cos\left(\omega t - \dfrac{2\pi}{3}\right)\cos\left(\dfrac{\pi x}{\tau} - \dfrac{2\pi}{3}\right) \\[2mm] f_{C1}(x,\,t) = F_{\Phi1}\cos\left(\omega t + \dfrac{2\pi}{3}\right)\cos\left(\dfrac{\pi x}{\tau} + \dfrac{2\pi}{3}\right) \end{cases} \tag{3-5}$$

式中，$F_{\Phi1}$ 是每相磁动势基波分量的幅值，其精确的计算需要考虑绕组分布及短距等因素。

根据三角函数的积化和差公式，式(3-5)可以分解如下

$$\begin{cases} f_{A1}(x,\,t) = \dfrac{1}{2}F_{\Phi1}\cos\left(\omega t - \dfrac{\pi x}{\tau}\right) + \dfrac{1}{2}F_{\Phi1}\cos\left(\omega t + \dfrac{\pi x}{\tau}\right) \\[2mm] f_{B1}(x,\,t) = \dfrac{1}{2}F_{\Phi1}\cos\left(\omega t - \dfrac{\pi x}{\tau}\right) + \dfrac{1}{2}F_{\Phi1}\cos\left(\omega t + \dfrac{\pi x}{\tau} + \dfrac{2\pi}{3}\right) \\[2mm] f_{C1}(x,\,t) = \dfrac{1}{2}F_{\Phi1}\cos\left(\omega t - \dfrac{\pi x}{\tau}\right) + \dfrac{1}{2}F_{\Phi1}\cos\left(\omega t + \dfrac{\pi x}{\tau} - \dfrac{2\pi}{3}\right) \end{cases} \tag{3-6}$$

将上式中三相磁动势相加，得到合成磁动势：

$$f_1(x,\,t) = F_1\cos\left(\omega t - \dfrac{\pi x}{\tau}\right) \tag{3-7}$$

其中，合成磁动势的幅值 $F_1 = \dfrac{3}{2}F_{\Phi1}$。

从式(3-7)可以看出，当 $\omega t = 0$ 时，$f_1(x,0) = F_1\cos\left(\dfrac{\pi x}{\tau}\right)$，按选定的坐标轴，可画出相应的曲线，如图 3-4 中的实线所示；当经过一定时间，$\omega t = \theta$ 时，$f_1(x,\theta) = F_1\cos\left(\theta - \dfrac{\pi x}{\tau}\right)$，相应的曲线如图 3-4 中的虚线所示。将这两个瞬时的磁动势进行比较，发现磁动势的幅值不

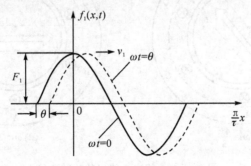

图 3-4 合成磁动势的行波性质

变，但后者比前者沿坐标轴方向向前推移了一个 θ 角度，说明 $f_1(x,t)$ 是一个幅值恒定、正弦分布的行波。由于 $f_1(x,t)$ 表示三相电枢绕组基波合成磁动势沿气隙圆周的空间分布，因此，这个行波沿着气隙圆周旋转。

根据对式(3-7)的分析，从式(3-6)可以看出，定子 A、B、C 三相绕组的磁动势均可以分解为两个大小相等、转向相反的旋转磁动势。正向旋转的磁动势相位相同，其合成磁动势的幅值是每相正转磁动势幅值的 3 倍，而反向旋转的磁动势相位互差 $120°$，其合成磁动势为零。

由以上分析可见，当三相对称绕组通入三相对称电流时，所产生的合成磁动势为一个圆形的旋转磁场。这个概念不仅可以用上面的数学方法来证明，还可以进一步用图 3-5 来解释。图中假定：正值电流从绕组的首端流入而从尾端流出，负值电流从绕组的尾端流入而从首端流出。设三相电流为

$$\begin{cases} i_A = I_m \cos\omega t \\ i_B = I_m \cos\left(\omega t - \dfrac{2\pi}{3}\right) \\ i_C = I_m \cos\left(\omega t + \dfrac{2\pi}{3}\right) \end{cases} \tag{3-8}$$

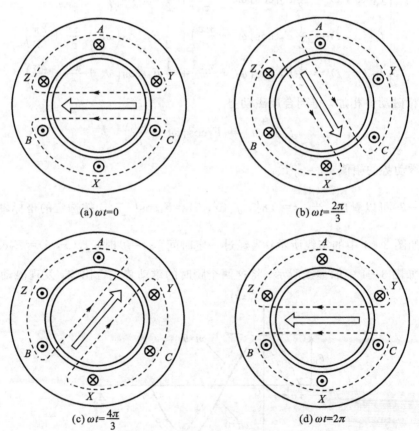

(a) $\omega t=0$　　　　　　(b) $\omega t=\dfrac{2\pi}{3}$

(c) $\omega t=\dfrac{4\pi}{3}$　　　　　　(d) $\omega t=2\pi$

图 3-5　三相电枢绕组的旋转磁场

I_m 为三相电流的最大值。当 $\omega t=0$ 时，$i_A=I_m$，$i_B=i_C=-I_m/2$，根据右手螺旋定则，合成磁动势的轴线与 A 相绕组的轴线重合，如图 3-5(a)所示；当 $\omega t=2\pi/3$ 时，$i_B=I_m$，$i_A=i_C=$ $-I_m/2$，合成磁动势的轴线与 B 相绕组的轴线重合，如图 3-5(b)所示；当 $\omega t=\dfrac{4\pi}{3}$ 时，$i_C=$ I_m，$i_A=i_B=-I_m/2$，合成磁动势的轴线与 C 相绕组的轴线重合，如图 3-5(c)所示。比较这三个图的变化，可以明显看出：三相电枢绕组的合成磁动势是一个旋转磁动势。

根据以上分析，可以归纳出三相电枢绕组旋转磁场的基本特点：

(1) 三相对称绕组通入三相对称电流所产生的三相基波合成磁动势是一个旋转行波，合成磁动势的幅值是单相电枢绕组脉振磁动势幅值的 3/2 倍。同理可以证明，对于 m 相对称绕组通入 m 相对称电流，所产生的基波合成磁动势也是一个旋转行波，其幅值为每相脉振幅值的 $m/2$ 倍。参考式(3-3)、式(3-4)式(3-7)，当电机极对数为 n_p 时，三相对称绕组流过对称的正弦变化的交流电流时，电机中产生的合成磁动势基波的幅值为

$$F_1 = \frac{3}{2} \frac{4}{\pi} \frac{\sqrt{2}}{2} \frac{Nk_w I}{n_p} \tag{3-9}$$

式中，N 为每相绕组串联总匝数，k_w 为绕组系数(下一节中介绍)，I 为每相绕组流过电流的有效值。

(2) 根据旋转磁场的行波性质以及式(3-7)，可以知道旋转磁场的电角速度为

$$\omega_1 = \omega = 2\pi f_1 \tag{3-10}$$

式中，ω_1 的单位为 rad/s，f_1 为电源频率。则旋转磁场的转速为

$$n_1 = \frac{60 f_1}{n_p} \tag{3-11}$$

式中，n_1 的单位为 r/m。上式表明，旋转磁场的转速 n_1 仅与电源频率 f_1 和电机极对数 n_p 有关，称为同步转速。

(3) 从图 3-5 可见，旋转磁场的旋转方向是从电流超前的相转向电流滞后的相，即合成磁动势的轴线是从 A 相转到 B 相，再从 B 相转到 C 相。因此要改变旋转磁场的方向，只要改变电枢绕组的相序即可，也就是将连接到电源的三相绕组的 3 根接线中的任意 2 根对调即可，也就改变了电动机的转向。

(4) 从图 3-5 还可以看出，当某相电流达到最大时，旋转磁动势的波幅刚好转到该相绕组的轴线。

3.3 交流绕组感应电动势

3.3.1 主磁通和漏磁通

当交流电机的定子绕组通入三相对称电流时，便在气隙中建立基波旋转磁动势，同时产生相应的基波旋转磁场。与基波旋转磁场相对应的磁通称为主磁通，用 Φ_m 表示。由于旋转磁场是沿气隙圆周的行波，而气隙的长度是非常小的，所以相应的主磁通实际上是与定、转子绕组同时相交链的，这也是判断主磁通的重要依据。主磁通又称为气隙磁通，交流电机就是依靠气隙磁通来实现定、转子之间的能量转换。图 3-6 所示是一台四极交流电机的主磁通分布情况，主磁通经过的路径为：气隙→定子齿→定子轭→定子齿→气隙→转子齿→转子轭

→转子齿→气隙，与直流电机类似。

交流电机定子绕组除产生主磁通外，还产生与定子绕组相交链而不与转子绕组相交链的磁通，称为定子漏磁通，用 $\Phi_{1\sigma}$ 表示。定子漏磁通按磁通路径可分为三类：

(1) 槽漏磁通：由一侧槽壁横越至另一侧槽壁的漏磁通，如图 3-7(a) 所示。

(2) 端部漏磁通：交链于绕组端部的漏磁通，如图 3-7(b) 所示。

(3) 谐波漏磁通：当定子绕组通入三相交流电时，在气隙中除产生基波旋转磁场外，还产生一系列高次谐波旋转磁场，以及相应的高次谐波磁通。这些谐波磁通虽然同时交链定、转子绕组，但一般不利于电机的正常运行，所以我们把它们作为漏磁通处理。

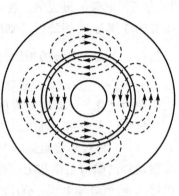

图 3-6　主磁通

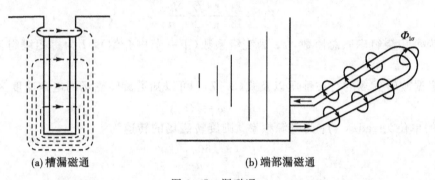

(a) 槽漏磁通　　　　　　　　　(b) 端部漏磁通

图 3-7　漏磁通

如果转子绕组中有电流通过，也会在气隙中建立基波旋转磁动势，这时主磁通将由定、转子基波磁动势联合产生。当然，转子电流也会产生只与转子绕组相交链而不与定子绕组相交链的磁通，称为转子漏磁通，用 $\Phi_{2\sigma}$ 表示。

由于漏磁通不能同时与定、转子绕组相交链，因此它们虽然也能在两个绕组中感应电动势，影响电机的电磁过程，但却不直接参与定、转子之间的机电能量转换。

3.3.2　线圈感应电动势

气隙中旋转的主磁通将在绕组中产生感应电动势。设线圈为整距，即线圈两边在电枢圆周表面跨过的距离正好等于电机的极距 τ。此种情况下，线圈两有效边在电枢圆周表面跨过的距离正好等于电机极距 τ，也就是 180° 电角度，两线圈边位于相邻 N、S 极下的相同位置。设线圈匝数为 N_c，只考虑气隙基波磁场，每极磁通量为 Φ_m，由于定子静止，呈正弦分布的旋转磁通与线圈之间有相对运动，因而与线圈匝链的磁链将产生变化，于是在线圈中将产生感应电动势。根据法拉第电磁感应定律，线圈中的感应电动势的大小为

$$e_c = N_c \frac{\mathrm{d}\Phi}{\mathrm{d}t} = N_c \Phi_m \frac{\mathrm{d}}{\mathrm{d}t}\cos\omega t = -2\pi f_1 N_c \Phi_m \sin\omega t \qquad (3-12)$$

式中，Φ 为匝链整距线圈的瞬时磁通，其与线圈匝数的乘积则为与线圈匝链的磁链。当线圈的跨距小于电机的极距时，则与该线圈匝链的最大磁通将小于 Φ_m。为方便计，一般的处理方

法是，将实际跨距小于整距的线圈等效成整距线圈，这样与此线圈匝链的最大磁通依然为 Φ_m，这样线圈的感应电动势仍然使用式(3-12)，但需乘以一个系数，我们称其为短距系数，用符号 k_y 表示，则一般情况下，线圈的感应电动势为

$$e_c = -2\pi f_1 N_c k_y \Phi_m \sin\omega t \tag{3-13}$$

3.3.3　一相绕组感应电动势

在一对极范围内，一相绕组的一个线圈边若全部集中在一个槽中，那么这样的绕组称为集中绕组，否则称为分布绕组。如图 3-2 所示的 2 极电机的示意图即集中绕组。那么，如果 2 极三相电机有 12 个槽，则为分布绕组。进一步分析，对于图 3-2 所示，分摊到每相绕组，有 2 个槽，再分摊到每个极下，则只有一个槽。因此判别电机是否为集中绕组，就看每极每相有几个槽。若每极每相占一槽，就是集中绕组，否则为分布绕组。

若电机每相绕组串联匝数为 N，当电机为集中绕组时，一相绕组中的感应电动势为

$$e = -2\pi f_1 N k_y \Phi_m \sin\omega t \tag{3-14}$$

当电机为分布绕组时，绕组电动势将在式(3-14)的基础上乘一个由于分布引入的分布系数 k_q，此时绕组的感应电动势为

$$e = -2\pi f_1 N k_y k_q \Phi_m \sin\omega t = -2\pi f_1 N k_w \Phi_m \sin\omega t \tag{3-15}$$

式中，k_w 称作绕组系数，等于短距系数与分布系数的乘积。这几个系数都是小于 1 但接近于 1 的系数。其物理意义可以理解成，因为采用了短距和分布绕组，而使得绕组的实际匝数稍微变小了点。

由式(3-14)，可求得一相绕组基波感应电动势的有效值为

$$E = 4.44 f_1 N k_w \Phi_m \tag{3-16}$$

实际的电机中，气隙中的旋转磁动势不可能是纯粹的正弦波，因此绕组中除了基波电动势外，还存在谐波电动势。谐波电动势的频率一般为基波频率的奇数倍。电机中最主要的谐波为 5 次谐波和 7 次谐波。谐波的存在对电机有许多不利的影响，比如增加电机的损耗，使电机过热，引起额外的电磁噪声等。因此电机设计时要设法削弱谐波，其中采用短距以及分布的主要目的就是削弱谐波。

3.4　三相异步电动机

异步电动机的优点是结构简单、制造方便、价格低廉、运行可靠、坚固耐用、运行效率较高和具有适用的工作特性；缺点是功率因数较差，异步电动机运行时，必须从电网吸收滞后性的无功功率，功率因数总是小于 1。由于电网的功率因数可以用其他方法进行补偿，所以这并不妨碍异步电动机的广泛使用。

异步电机也可作为异步发电机使用。单机使用时，常用于电网尚未达到的地区，又找不到同步发电机的情况，或用于风力发电等特殊场合。在异步电动机的电力拖动中，有时利用异步电机回馈制动，即运行在异步发电机状态。

异步电动机的种类很多，从不同的角度考虑，有不同的分类方法。按定子相数分，有单相异步电动机、三相异步电动机等；按转子结构分，有绕线式异步电动机、鼠笼式异步电动机；根据电机定子绕组上所加电压大小，又可分为高压异步电动机、低压异步电动机。从其

他角度看，还可以分为高起动转矩异步电动机、高转速异步电动机、防爆型异步电动机、变频调速型异步电动机等等。

3.4.1　三相异步电动机的基本结构和铭牌数据

1. 三相异步电动机的基本结构

图3-8是一台鼠笼式三相异步电动机的结构图。电机由定子和转子两大部分组成，定子与转子之间有一个很小的空气隙。此外，还有端盖、轴承、机座、风扇等部件。

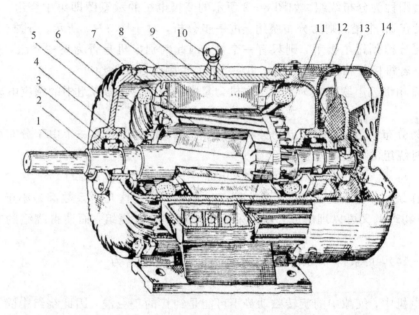

1—轴；2—轴承外盖；3—轴承；4—轴承内盖；5—前端盖；6—定子绕组；7—转子；
8—定子铁芯；9—机座；10—吊环；11—出线盒；12—后端盖；13—风扇；14—风罩

图3-8　鼠笼式三相异步电动机结构图

1) 定子

异步电动机的定子主要由机座、定子铁芯和定子绕组三个部分组成。

定子铁芯是异步电动机主磁通磁路的一部分，装在机座里。由于电机内部的磁场是交变的磁场。为了降低定子铁芯里的铁损耗(磁滞、涡流损耗)，定子铁芯采用0.35～0.5 mm厚的硅钢片叠压而成，在硅钢片的两面涂上绝缘漆或进行氧化处理。图3-9是异步电动机的定子铁芯。当定子铁芯的直径小于1 m时，定子铁芯用整圆的硅钢片叠成。大于1 m时，由于

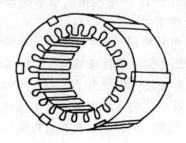

图3-9　定子铁芯

受硅钢片材料规格的制约，定子铁芯用扇形的硅钢片叠成。

在定子铁芯的内圆上开有槽，称为定子槽，用来放置和固定定子绕组（也叫电枢绕组）。图 3 - 10 所示为定子槽，其中图（a）是开口槽，用于大、中型容量的高压异步电动机中，图（b）是半开口槽，用于中型容量的异步电动机中，图（c）是半闭口槽，用于低压小型异步电动机中。

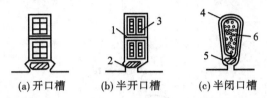

(a) 开口槽　　(b) 半开口槽　　(c) 半闭口槽

1—层间绝缘；2、5—槽楔；3—扁铜线；4—槽绝缘；6—圆导线

图 3 - 10　定子槽

高压大、中型容量的异步电动机三相定子绕组通常采用 Y 接法，只有三根引出线。对中、小容量的低压异步电动机，通常把定子三相绕组的六根出线头都引出来，根据需要可接成 Y 形或△形，如图 3 - 11 所示。定子绕组用绝缘的铜（或铝）导线绕成，按一定的分布规律嵌在定子槽内，绕组与槽壁间用绝缘材料隔开。

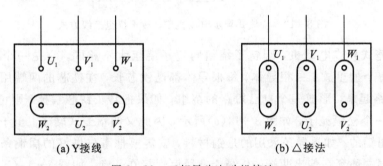

(a) Y接线　　　　　　　　(b) △接法

图 3 - 11　三相异步电动机接法

机座的作用主要是固定与支撑定子铁芯。如果是端盖轴承电机，还要支撑电机的转子部分。因此机座应有足够的机械强度和刚度。对中、小型异步电动机，通常采用铸铁机座。对大型异步电动机，一般采用钢板焊接的机座。

2）转子

异步电动机的转子主要由转子铁芯、转子绕组和转轴三部分组成。

转子铁芯也是电动机主磁通磁路的一部分，它用 0.35～0.5 mm 厚的硅钢片叠压而成。图 3 - 12 是几种转子槽形图，其中图（a）是绕线式异步电动机转子槽形，图（b）是单鼠笼式转子槽形，图（c）是双鼠笼式转子槽形。整个转子铁芯固定在转轴上，或固定在转子支架上，转

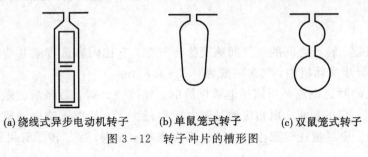

(a) 绕线式异步电动机转子　　(b) 单鼠笼式转子　　(c) 双鼠笼式转子

图 3 - 12　转子冲片的槽形图

子支架再套在转轴上。

　　如果是绕线式异步电动机，则转子绕组也是按一定规律分布的三相对称绕组，它可以连接成 Y 形或△形。转子绕组的三条引线分别接到三个滑环上，用一套电刷装置引出来，如图 3-13 所示。其目的是把外接的电阻串联到转子绕阻回路里，用以改善异步电动机的特性或者方便异步电动机调速。

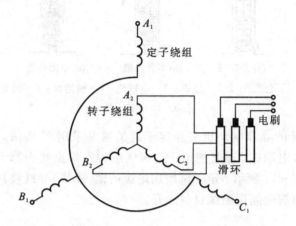

图 3-13　绕线式异步电动机定、转子绕组接线方式

　　如果是鼠笼式异步电动机，则转子绕组与定子绕组大不相同，它是一个自己短路的绕组。在转子的每个槽里放上一根导体，每根导体都比铁芯长，在铁芯的两端用两个端环把所有的导条都短路起来，形成一个自己短路的绕组。如果把转子铁芯拿掉，则可看出，剩下来的绕组形状像一个松鼠笼子，如图 3-14(a) 所示，因此又叫鼠笼式转子。至于导条的材料有用铜的，也有用铝的。如果导条采用的是铜材料，就需要把事先做好的裸铜条插入转子铁芯的槽里，再用铜端环套在伸出两端的铜条上，最后焊接在一起，如图 3-14(b) 所示。如果导条采用的是铝材料，就用熔化了的铝液直接浇铸在转子铁芯上的槽里，连同端环、风扇一次铸成，如图 3-14(c) 所示。

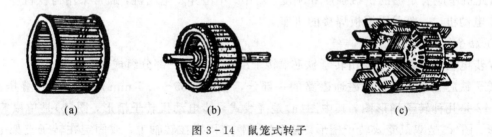

| (a) | (b) | (c) |

图 3-14　鼠笼式转子

　　3）气隙

　　异步电动机定、转子之间的空气间隙简称为气隙，它比同容量直流电动机的气隙要小得多。在中、小型异步电动机中，气隙一般为 0.2~1.5 mm。

　　异步电动机的励磁电流是由定子电源供给的。气隙较大时，磁路的磁阻较大。若要使气隙中的磁通达到一定的要求，则相应的励磁电流也就大了，从而影响电动机的功率因数。为了提高功率因数，应尽量让气隙小些。但也不应太小，否则，定、转子有可能发生摩擦与碰撞。如果从减少附加损耗以及减少高次谐波磁动势产生的磁通的角度来看，气隙大点又有好处。

根据不同的冷却方式和保护方式，异步电动机有开启式、防护式、封闭式和防爆式几种。

防护式异步电动机能够防止外界杂物落入电机内部，并能在与垂直线成 45°角的任何方向防止水滴、铁屑等掉入电机内部。这种电机的冷却方式是在电动机的转轴上装有风扇，冷空气从端盖的两端进入电动机，冷却了定、转子以后再从机座旁边出去。

封闭式异步电动机是电动机内部的空气和机壳外面的空气彼此互相隔开。电动机内部的热量通过机壳的外表面散出去。为了提高散热效果，在电动机外面的转轴上装有风扇和风罩，并在机座的外表面铸出许多冷却片。这种电机用在灰尘较多的场所。

防爆式异步电动机是一种全封闭的电动机，它把电动机内部和外界的易燃、易爆气体隔开。多用于有汽油、酒精、天然气等易爆性气体的场所。

2. 三相异步电动机的铭牌数据

三相异步电动机的铭牌上标明电机的型号、额定值等。

1）型号

电机产品的型号一般采用大写印刷体的汉语拼音字母和阿拉伯数字组成。其中汉语拼音字母是根据电机的全名称选择有代表意义的汉字的第一拼音字母组成的。例如 Y 系列三相异步电动机的表示如图 3-15 所示。

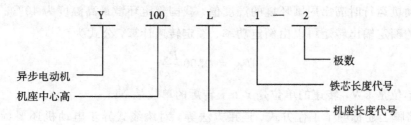

图 3-15　异步电动机的型号

我国生产的异步电动机种类很多，下面列出常见的产品系列。

Y_3、Y_2 和 Y 系列为小型鼠笼全封闭自冷式三相异步电动机，用于金属切削机床、通用机械、矿山机械、农业机械等，也可用于拖动静止负载或惯性较大的机械，如压缩机、传送带、磨床、锤击机、粉碎机、小型起重机、运输机械等。

YE_2 系列高效三相异步电动机和 YE_3 系列超高效三相异步电动机符合 GB 18613—2012 标准中的三级能效限定值和二级节能评价值标准。

JQ_2 和 JQO_2 系列是高起动转矩异步电动机，用在起动静止负载或惯性较大的机械上。JQ_2 是防护式，JQO_2 是封闭式。

JS 系列是中型防护式三相鼠笼式异步电动机。

JR 系列是防护式三相绕线式异步电动机。用在电源容量较小且不能用同容量鼠笼式异步电动机起动的生产机械上。

JSL_2 和 JRL_2 系列是中型立式水泵用的三相异步电动机，其中 JSL_2 是鼠笼式，JRL_2 是绕线式。

JZ₂ 和 JZR₂ 系列是起重和冶金用的三相异步电动机，JZ₂ 是鼠笼式，JZR₂ 是绕线式。

JD₂ 和 JDO₂ 系列是防护式和封闭式多速异步电动机。

YB₂ 系列是隔爆型三相异步电动机。

2）额定值

异步电动机的额定值包含下列内容：

（1）额定功率 P_N：指电动机在额定运行时轴上输出的机械功率，单位是 kW。

（2）额定电压 U_N：指额定运行状态下加在定子绕组上的线电压，单位为 V。

（3）额定电流 I_N：指电动机在定子绕组上加额定电压且轴上输出额定功率时，定子绕组中的线电流，单位为 A。

（4）额定频率 f_N：我国规定工业用电的频率是 50 Hz。异步电动机定子边的量加下标 1 表示，转子边的量加下标 2 表示。

（5）额定转速 n_N：指电动机定子加额定频率的额定电压，且轴端输出额定功率时电机的转速，单位为转/分，或 r/m。

（6）额定功率因数 $\cos\varphi_N$：指电动机在额定负载时，定子边的功率因数。

（7）绝缘等级与温升。

各种绝缘材料耐温的能力不一样，按照不同的耐热能力，绝缘材料可分成一定的等级。温升是指电动机运行时高出周围环境的温度值。我国规定环境最高温度为 40℃。

电动机的额定输出转矩可以由额定功率、额定转速计算，公式为

$$T_{2N} = 9550 \frac{P_N}{n_N} \tag{3-17}$$

功率的单位是 kW，转速的单位是 r/m，转矩的单位是 Nm。

此外，铭牌上还标明了工作方式、连接方法等。对绕线式异步电动机还要标明转子绕组的接法、转子绕组额定电动势 E_{2N}（指定子绕组加额定电压、转子绕组开路时滑环之间的电动势）和转子的额定电流 I_{2N}。如何根据电机的铭牌进行定子的接线？如果电动机定子绕组有六根引出线，并已知其首、末端，则分为下面两种情况：

（1）当电动机铭牌上标明"电压 380/220 V，接法 Y/△"时，这种情况下，究竟是接成 Y 形还是△形，要看电源电压的大小。如果电源电压为 380 V，则接成 Y 形；电源电压为 220 V，则接成△形。

（2）当电动机铭牌上标明"电压 380 V，接法△"时，则只有一种△接法。但是在电动机起动过程中，可以接成 Y 形，接在 380 V 电源上，起动完毕，恢复△接法。对有些高压电动机，往往定子绕组有三根引出线，只要电源电压符合电动机铭牌电压，便可使用。

[例题 3-1] 已知一台三相异步电动机的额定功率 $P_N = 4$ kW，额定电压 $U_N = 380$ V，额定功率因数 $\cos\varphi_N = 0.77$，额定效率 $\eta_N = 0.84$，额定转速 $n_N = 960$ r/m，求额定电流 I_N。

解　额定电流为

$$I_N = \frac{P_N}{\sqrt{3}\,U_N \cos\varphi_N \eta_N} = \frac{4 \times 10^3}{\sqrt{3} \times 380 \times 0.77 \times 0.84} = 9.4 \text{ A}$$

3.4.2　三相异步电动机的空载运行

1. 转差率

三相异步电动机只有在 $n \neq n_1$ 时，转子绕组与气隙旋转磁密之间才有相对运动，才能在转子绕组中感应电动势、电流，产生电磁转矩。可见，异步电动机运行时转子的转速 n 总是与同步转速不相等。

通常把同步转速 n_1 和电动机转子转速 n 二者之差与同步转速 n_1 的比值叫做转差率（也叫转差或者滑差），用 s 表示。

关于转差率 s 的定义可以理解如下。

如果同步转速 n_1 和电动机转子转速 n 二者同方向，则

$$s = \frac{n_1 - n}{n_1} \tag{3-18}$$

如果同步转速 n_1 和电动机转子转速 n 二者反方向，则

$$s = \frac{n_1 + n}{n_1} \tag{3-19}$$

式中，n_1、n 都应理解为转速的绝对值。

s 是一个没有单位的数，它的大小也能反映电动机转子的转速。例如 $n=0$ 时，$s=1$；$n=n_1$ 时，$s=0$；$n > n_1$ 时，s 为负。正常运行的异步电动机，转子转速 n 接近于同步转速 n_1，转差率 s 很小，一般 $s=0.01 \sim 0.05$。

[例题 3-2]　已知一台额定转速 $n_N = 960$ r/m 的三相异步电动机，定子绕组接到频率为 $f_1 = 50$ Hz 的电源上，问：

（1）该电动机的极对数 n_p 是多少？

（2）额定转差率 s_N 是多少？

（3）转速方向与旋转磁场方向一致时，转速分别为 950 r/m、1040 r/m 时的转差率为多少？

（4）转速方向与旋转磁场方向相反时，转速为 500 r/m 时的转差率为多少？

解

（1）极对数 n_p：因为额定转差率较小，根据电动机的额定转速 $n_N = 960$ r/m，可以判定旋转磁场的转速 $n_1 = 1000$ r/m。所以

$$n_p = \frac{60 f_1}{n_1} = \frac{60 \times 50}{1000} = 3$$

（2）额定转差率：

$$s_N = \frac{n_1 - n_N}{n_1} = \frac{1000 - 960}{1000} = 0.04$$

（3）转速方向相同时：

若 $n = 950$ r/m，则

$$s_N = \frac{n_1 - n}{n_1} = \frac{1000 - 950}{1000} = 0.05$$

若 $n = 1040$ r/m，则

$$s_N = \frac{n_1 - n}{n_1} = \frac{1000 - 1040}{1000} = -0.04$$

（4）转速方向相反时：

若 $n = 500$ r/m，则

$$s_N = \frac{n_1 + n}{n_1} = \frac{1000 + 950}{1000} = 1.5$$

2. 空载运行状态

当三相异步电动机的定子绕组接上对称的三相电源时，电机气隙中将产生旋转磁场，电机的转子绕组中将产生电动势，若转子绕组形成闭合回路，则转子绕组中将有感应电流流过。该电流与旋转磁场相互作用，产生电磁转矩，电机转轴不带任何机械负载，这种工况称作电机的空载运行。此种情况下，电磁转矩只要克服很小的空载转矩，电机就可以旋转了。电机空载运行时，由于需要很小的电磁转矩，故转子绕组中的感应电流也很小，而其中的感应电动势同样很小，因此转子与旋转磁场之间的相对运动速度不大，转子的转速非常地接近磁场的同步转速。比如一台四极异步电动机，其磁场转速为 1500 r/m，空载转速为 1497 r/m，则空载转差率仅为 0.002。若电机的转速等于磁场转速，则转子与磁场之间无相对运动，此时转差率为 0，电磁转矩等于 0，转子绕组中的感应电动势和感应电流也为 0，我们将这种情况称作异步电机的理想空载运行状态。

综上所述，异步电机的空载运行，其本质上也是一种负载运行，即电机必须克服相应的空载转矩。

3.4.3 三相异步电动机的负载运行

当电机转轴上带有一定的机械负载时，这种情况就称作电机的负载运行。若转轴输出的机械功率 P_2 等于电机的额定功率，或输出转矩 T_2 等于额定转矩，这时便称电机满载运行。若输出功率为额定功率的 50%，则称电机的负载率为 50% 或电机在 50% 负载下运行，依此类推。与电机空载运行时相比，电机的电磁转矩增加了，因而转子绕组中的感应电流和感应电动势也都相应增加了，从而异步电机的转速下降了。比如一台四极异步电动机，其磁场转速为 1500 r/m，满载转速为 1470 r/m，则满载转差率仅为 0.02。

为了分析异步电机正常运行时的电磁关系，从理解方便起见，可先从转子绕组开路时的特殊情况进行分析，然后再过渡到转子旋转时的一般情况进行分析。在下面的分析过程中，先对绕线式异步电动机进行介绍，再对鼠笼式异步电动机进行介绍。

1. 转子绕组开路时的电磁关系

1）正方向规定

图 3-16 是一台绕线式异步电动机，定、转子绕组都是 Y 接法。定子绕组接在三相对称电源上，转子绕组开路。其中图(a)是定、转子三相等效绕组在定、转子铁芯中的布置图。图(b)仅仅画出定、转子三相绕组的连接方式，并在图中标明各有关物理量的正方向。

图 3-16 中，$\dot{U}_s$、$\dot{E}_s$、$\dot{I}_s$ 分别是定子绕组的相电压、相电动势、相电流；$\dot{U}_r$、$\dot{E}_r$、$\dot{I}_r$ 分别是转子绕组的相电压、相电动势、相电流；图中箭头的指向，表示各物理量的正方向。还规定，磁动势、磁通和磁密都是从定子出来而进入转子的方向为它们的正方向。

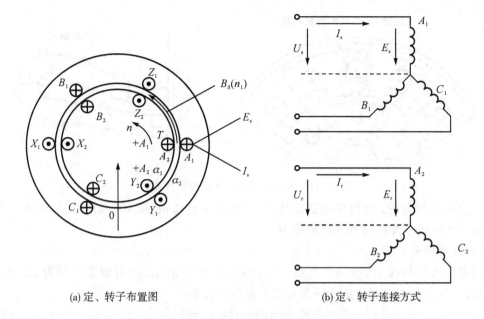

(a) 定、转子布置图　　　　　　　(b) 定、转子连接方式

图 3-16　转子绕组开路时三相绕线式异步电动机的正方向

2）励磁磁动势和磁通

当三相异步电动机的定子绕组接到三相对称的电源上时，定子绕组里就会有三相对称电流流过，三相电流的有效值分别用 I_{0A}、I_{0B}、I_{0C} 表示。由于对称，只需考虑 A 相的电流即可。为了简单起见，A 相电流下标中的 A 也省略，用 I_0 表示即可。从对交流绕组产生磁动势的分析中知道，三相对称电流流过三相对称绕组所产生的合成磁动势是圆形旋转磁动势。

三相异步电动机定子绕组流过三相对称电流 $\dot{I}_{0A}$、$\dot{I}_{0B}$、$\dot{I}_{0C}$，产生的空间合成旋转磁动势用 $\dot{F}_0$ 表示。特点如下：

（1）幅值为

$$F_0 = \frac{3}{2}\,\frac{4}{\pi}\,\frac{\sqrt{2}}{2}\,\frac{Nk_w}{n_p}I_0 \qquad\qquad (3-20)$$

式中，N——定子一相绕组串联的匝数；

k_w——定子绕组的绕组系数。

（2）由于定子绕组中电流的相序为 $A\rightarrow B\rightarrow C$，所以磁动势 $\dot{F}_0$ 的转向是从绕组的 A 相轴转向 B 相轴，再转向 C 相轴。在图 3-16(a) 中，是逆时针方向旋转。

（3）相对于定子绕组以同步转速 n_1 旋转，$n_1 = 60f_1/n_p$，单位是 r/m。

由于转子绕组开路，转子绕组中没有电流流过，当然也不会产生转子磁动势。这时作用在磁路上的只有定子磁动势 $\dot{F}_0$，于是磁动势 $\dot{F}_0$ 就要在磁路里产生磁通。为此，$\dot{F}_0$ 也称为励磁磁动势，电流 $\dot{I}_0$ 称为励磁电流。

作用在磁路上的励磁磁动势 $\dot{F}_0$ 在电机中产生磁通，如第 3.3 节所述，磁通有主磁通和漏磁通之分，如图 3-17 所示。

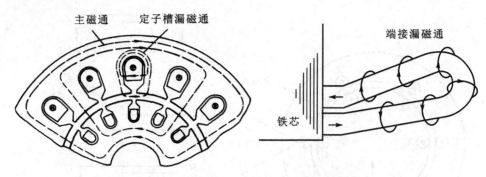

图 3-17 异步电动机的主磁通和漏磁通

由于气隙是均匀的，所以励磁磁动势 $\dot{F}_0$ 产生的主磁通 $\varPhi_{\mathrm{m}}$ 所对应的气隙磁密是一个在气隙中旋转、在空间中按正弦分布的磁密波。

3）感应电动势

旋转着的气隙每极主磁通 $\varPhi_{\mathrm{m}}$ 在定、转子绕组中感应电动势的有效值分别为 E_{s} 和 E_{r}（指相电动势）。其表达式与双绕组变压器相似，有以下关系：

$$E_{\mathrm{s}} = 4.44 f_1 N_1 k_{\mathrm{w1}} \varPhi_{\mathrm{m}} \tag{3-21}$$

$$E_{\mathrm{r}} = 4.44 f_1 N_2 k_{\mathrm{w2}} \varPhi_{\mathrm{m}} \tag{3-22}$$

式中，N_1、N_2——定、转子每一相绕组的串联匝数；

k_{w1}、k_{w2}——定、转子绕组的绕组系数。

而 $\dot{E}_{\mathrm{s}}$ 与 $\dot{E}_{\mathrm{r}}$ 在相位上均滞后 $\dot{\varPhi}_{\mathrm{m}}$ 90°，所以 $\dot{E}_{\mathrm{s}}$ 与 $\dot{E}_{\mathrm{r}}$ 的相量表达式分别为

$$\dot{E}_{\mathrm{s}} = -\mathrm{j}4.44 f_1 N_1 k_{\mathrm{w1}} \dot{\varPhi}_{\mathrm{m}} \tag{3-23}$$

$$\dot{E}_{\mathrm{r}} = -\mathrm{j}4.44 f_1 N_2 k_{\mathrm{w2}} \dot{\varPhi}_{\mathrm{m}} \tag{3-24}$$

定、转子每相的电动势之比称作电压比，用 k_{e} 表示，即

$$k_{\mathrm{e}} = \frac{E_{\mathrm{s}}}{E_{\mathrm{r}}} = \frac{N_1 k_{\mathrm{w1}}}{N_2 k_{\mathrm{w2}}} \tag{3-25}$$

为了分析问题方便，采用折算算法把转子绕组向定子边折算，即把转子原来的 $N_2 k_{\mathrm{w2}}$ 看成和定子边的 $N_1 k_{\mathrm{w1}}$ 一样，转子绕组中每相的感应电动势便为 $\dot{E}_{\mathrm{r}}'$，折算后，有

$$\dot{E}_{\mathrm{s}} = \dot{E}_{\mathrm{r}}' \tag{3-26}$$

4）励磁电流

由于气隙磁密 B_{δ} 与定、转子都有相对运动，定、转子铁芯中磁场是交变的，所以在铁芯中要产生磁滞和涡流损耗，即铁损耗。与变压器一样，这部分损耗是电源送入的。相应的励磁电流 I_0 也由 $I_{0\mathrm{a}}$ 和 $I_{0\mathrm{r}}$ 两分量组成。$I_{0\mathrm{a}}$ 提供铁损耗，是有功分量；$I_{0\mathrm{r}}$ 建立磁动势产生磁通 $\varPhi_{\mathrm{m}}$，是无功分量。因此

$$\dot{I}_0 = \dot{I}_{0\mathrm{a}} + \dot{I}_{0\mathrm{r}} \tag{3-27}$$

由于有功分量 $I_{0\mathrm{a}}$ 很小，因此 $\dot{I}_0$ 领先 $\dot{I}_{0\mathrm{r}}$ 一个不大的角度。在时间空间向量图上，$\dot{I}_0$ 与 $\dot{F}_0$ 相位相同，$\dot{I}_{0\mathrm{r}}$ 与 $\dot{B}_{\delta}$ 相位一样，$\dot{I}_0$ 和 $\dot{F}_0$ 领先 $\dot{B}_{\delta}$ 一个不大的角度，如图 3-18 所示。

5）电压方程式

定子绕组的漏磁通在定子绕组里的感应电动势用$\dot{E}_{1s}$表示，叫定子漏电动势。一般来说，由于漏磁通走的磁路大部分是空气，因此漏磁通本身比较小，并且由漏磁通产生的漏电动势其大小与定子电流 $\dot{I}_0$ 成正比。用变压器里学过的方法，把漏磁通在定子绕组里的感应电动势看成定子电流 $\dot{I}_0$ 在漏电抗 X_{1s} 上的压降。根据图 3 – 16(b)中规定的电动势、电流正方向，$\dot{E}_{1s}$ 在相位上要滞后 $\dot{I}_0$ 90°时间电角度，可表示成

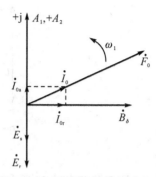

$$\dot{E}_{1s} = -j\dot{I}_0 X_{1s} \qquad (3-28)$$

图 3 – 18 考虑铁损耗后的励磁电流

式中，X_{1s}——定子每相的漏电抗，主要包括定子槽漏抗、端接漏抗等。

需要注意的是：X_{1s} 虽然是定子一相的漏电抗，但是它所对应的漏磁通却是由三相电流共同产生的。有了漏电抗这个参数，就能把电流产生漏磁通，漏磁通又在绕组中感应电动势的复杂关系，简化成电流在电抗上的压降形式，这能方便以后的分析计算。

定子绕组 R_s 上的电压降为 $\dot{I}_0 R_s$。

根据图 3 – 16 中所给出各量的正方向，我们可以列出定子一相回路的电压方程式为

$$\dot{U}_s = -\dot{E}_s - \dot{E}_{1s} + \dot{I}_0 R_s = -\dot{E}_s + j\dot{I}_0 X_{1s} + \dot{I}_0 R_s$$
$$= -\dot{E}_s + \dot{I}_0(R_s + jX_{1s}) = -\dot{E}_s + \dot{I}_0 Z_{1s} \qquad (3-29)$$

式中，$Z_{1s} = R_s + jX_{1s}$——定子一相绕组的漏阻抗。

上式用相量表示时，画成相量图，如图 3 – 19 所示。

异步电动机转子绕组开路时的电压方程以及相量图，与三相变压器副绕组开路时的情况完全一样。

6）等效电路

与三相变压器空载时一样，也能找出并联或串联的等效电路。如果用励磁电流 $\dot{I}_0$ 在参数 Z_m 上的压降表示，则

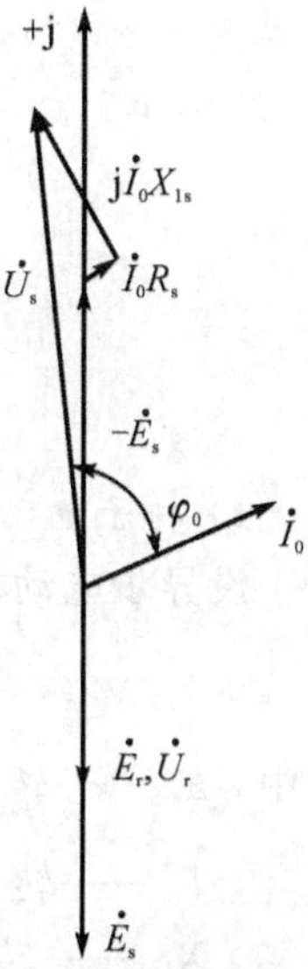

$$-\dot{E}_s = \dot{I}_0(R_m + jX_m) = \dot{I}_0 Z_m \qquad (3-30)$$

图 3 – 19 相量图

式中，$Z_m = R_m + jX_m$——励磁阻抗；

R_m——励磁电阻，它是等效铁损耗的参数；

X_m——励磁电抗。

于是，定子一相电压平衡方程式为

$$\dot{U}_s = -\dot{E}_s + \dot{I}_0(R_s + jX_s) = \dot{I}_0(R_m + X_m) + \dot{I}_0(R_s + jX_{1s}) = \dot{I}_0(Z_m + Z_{1s}) \qquad (3-31)$$

转子回路电压方程式为

$$\dot{U}_r = \dot{E}_r \qquad (3-32)$$

图 3 – 20 是上述情况下的等效电路。

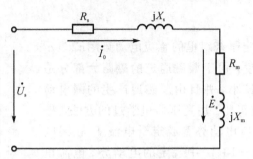

图 3-20 转子绕组开路时的等效电路

2. 转子绕组闭合时的电磁关系

电机正常工作时，转子绕组回路是闭合的。对于鼠笼式异步电机，转子导条两端由短路环将导条短路；对于绕线式异步电机，通过滑环将三相绕组短路。转子绕组闭合后，感应电动势将在转子回路中产生感应电流。图 3-21 为转子绕组闭合时的三相异步电动机。

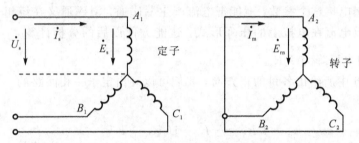

图 3-21 转子绕组闭合时的三相异步电动机

1）转子电动势

设异步电动机转子以转速 n 恒速运转，则可列出转子回路的电压方程式为

$$\dot{E}_{rn} = \dot{I}_{rn}(R_r + jX_{1rn}) \tag{3-33}$$

式中，$\dot{E}_{rn}$——转子转速为 n 时，转子绕组的相电动势；

$\dot{I}_{rn}$——转子转速为 n 时，转子绕组的相电流；

X_{1rn}——转子转速为 n 时，转子绕组每一相的漏电抗；

R_r——转子绕组一相的电阻。

转子以转速 n 恒速运转时，转子绕组的感应电动势、电流和漏电抗的频率用 f_2 表示。异步电动机运行时，转子的转向与气隙旋转磁密的转向一致，它们之间的相对转速为 $n_2 = n_1 - n$，表现在电动机转子上的频率 f_2 为

$$f_2 = \frac{n_p n_2}{60} = \frac{n_p (n_1 - n)}{60} = \frac{n_p n_1}{60} \frac{n_1 - n}{n_1} = s f_1 \tag{3-34}$$

转子频率 f_2 等于转差率 s 乘以定子频率 f_1，因此又称此频率为转差频率。s 为任何值时，上式的关系都成立。当转速为零（电机不转），比如上述的转子绕组开路的情况，或者电机通电的瞬间，电机的转差率为 1，因此转子绕组中感应电动势频率与定子绕组频率相同。

正常运行的异步电动机，转子频率 f_2 约为 $0.5 \sim 2.5\,\mathrm{Hz}$。电机功率越大，负载越轻，转速越快，转子频率越低。

转子旋转时转子绕组中感应电动势的有效值为

$$E_m = 4.44 f_2 N_2 k_{w2} \Phi_m = 4.44 s f_1 N_2 k_{w2} \Phi_m = s E_r \tag{3-35}$$

式中，E_r——转子不转时转子绕组中的一相感应电动势。

转子漏电抗 X_{rn} 是对应转子转速为 n 时(对应频率为 f_2)的一相漏电抗。转子不转时的一相转子漏电抗记作 X_r，由于漏电抗正比于频率，因而两者间的关系应为

$$X_{rn} = s X_r \tag{3-36}$$

可见，当转子以不同的转速旋转时，转子漏电抗 X_{rn} 是个变量，它与转差率 s 成正比变化。

2) 定、转子磁动势及磁动势关系

(1) 定子磁动势 $\dot{F}_s$。当异步电动机旋转起来后，定子绕组里流过的电流为 $\dot{I}_s$，产生旋转磁动势 $\dot{F}_s$。定子旋转磁动势 $\dot{F}_s$ 的特点如下：

① 幅值为

$$F_s = \frac{3}{2} \frac{4}{\pi} \frac{\sqrt{2}}{2} \frac{N_1 k_{w1}}{n_p} I_s \tag{3-37}$$

② 其转向为从电流超前的相转向电流滞后的相。当电流相序为 $A_1 \rightarrow B_1 \rightarrow C_1$ 时，在空间三相绕组排列为逆时针时，如图 3-21 所示，定子磁动势的旋转方向为逆时针。

③ 定子磁动势相对于定子绕组的转速为

$$n_1 = \frac{60 f_1}{n_p} \tag{3-38}$$

(2) 转子旋转磁动势 $\dot{F}_r$。转子旋转磁动势具有以下特点：

① 幅值为

$$F_r = \frac{3}{2} \frac{4}{\pi} \frac{\sqrt{2}}{2} \frac{N_2 k_{w2}}{n_p} I_{rn} \tag{3-39}$$

② 设电机的转速 $n < n_1$，则气隙旋转磁密 $\dot{B}_\delta$ 逆时针旋转时，相对于转子的转速为 $n_2 = n_1 - n$，转向为逆时针方向。因此，由气隙旋转磁密 $\dot{B}_\delta$ 在转子每相绕组中产生感应电动势，绕组短路后产生的电流的相序为 $A_2 \rightarrow B_2 \rightarrow C_2$，由转子电流 $\dot{I}_{rn}$ 产生的三相合成旋转磁动势 $\dot{F}_r$ 仍为逆时针方向旋转。

③ 转子电流 $\dot{I}_{rn}$ 的频率为 f_2，显然，由转子电流 $\dot{I}_{rn}$ 产生的三相合成旋转磁动势 $\dot{F}_r$ 相对于转子绕组的转速为

$$n_2 = \frac{60 f_2}{n_p} = \frac{60 s f_1}{n_p} = s n_1 \tag{3-40}$$

(3) 合成磁动势转子旋转磁动势 $\dot{F}_r$ 相对于转子绕组的逆时针转速为 n_2，转子本身相对于定子绕组有一逆时针转速 n。于是，转子旋转磁动势 $\dot{F}_r$ 相对于定子绕组的转速为

$$n_2 + n = s n_1 + n = \frac{n_1 - n}{n_1} n_1 + n = n_1 \tag{3-41}$$

这就是说，定子旋转磁动势 $\dot{F}_s$ 与转子旋转磁动势 $\dot{F}_r$ 相对于定子来说，都是同转向的，以相同的转速 n_1 一前一后旋转着，即同步旋转。

作用在异步电动机磁路上的定、转子旋转磁动势 $\dot{F}_s$ 与 $\dot{F}_r$，既然以同步转速旋转，也即两者之间是相对静止的，可以将它们按向量的办法加起来，得到一个合成的总磁动势，仍用 $\dot{F}_0$ 表示，即

$$\dot{F}_s + \dot{F}_r = \dot{F}_0 \qquad (3-42)$$

需要说明的是，这种情况下的合成磁动势 $\dot{F}_0$，与前述转子绕组开路情况下的励磁磁动势 $\dot{F}_0$，其实质是相同的，都是产生气隙每极主磁通 $\varPhi_m$ 的励磁磁动势。但两种情况下的励磁磁动势 $\dot{F}_0$ 大小略有不同。现在介绍的合成磁动势 $\dot{F}_0$ 才是异步电动机运行时的励磁磁动势。对应的电流 $\dot{I}_0$ 是励磁电流。对于一般的异步电动机，$\dot{I}_0$ 的大小约为 $(20\sim50)\%I_N$。

3. 转子的折算

1）转子的绕组折算

异步电动机定、转子绕组之间没有电路上的连接，只有磁路的联系，这点和变压器的情况相似。从定子边看转子，只有转子旋转磁动势 $\dot{F}_r$ 与定子旋转磁动势 $\dot{F}_s$ 起作用，只要维持转子旋转磁动势的大小、相位不变，至于转子边的电动势、电流以及每相串联有效匝数是多少都无关紧要。根据这个道理，我们设想把实际电动机的转子抽出，换上一个新转子，它的相数、每相串联的匝数以及绕组系数都分别和定子的一样（新转子也是三相，每相有效串联匝数为 N_1k_{w1}）。这时在新换的转子中，每相的感应电动势为 $\dot{E}'_{rn}$，电流为 $\dot{I}'_{rn}$，转子漏阻抗为 $Z'_{1rn}=R'_r+jX'_{1rn}$，但产生的转子旋转磁动势 $\dot{F}_r$ 却和原转子产生的一样。虽然换成了新转子，但转子旋转磁动势 $\dot{F}_r$ 并没有改变，所以不影响定子边，这就是进行折算的依据。

根据式（3-42）定、转子磁动势的关系，并且将转子相数用 m_2 表示，则有

$$\frac{3}{2}\frac{4}{\pi}\frac{\sqrt{2}}{2}\frac{N_1k_{w1}}{n_p}\dot{I}_s + \frac{m_2}{2}\frac{4}{\pi}\frac{\sqrt{2}}{2}\frac{N_2k_{w2}}{n_p}\dot{I}_{rn} = \frac{3}{2}\frac{4}{\pi}\frac{\sqrt{2}}{2}\frac{N_1k_{w1}}{n_p}\dot{I}_0 \qquad (3-43)$$

转子绕组折算后，相数和匝数及绕组系数与定子的相同，根据折算前后转子磁动势保持不变的原则，有

$$\frac{m_2}{2}\frac{4}{\pi}\frac{\sqrt{2}}{2}\frac{N_2k_{w2}}{n_p}\dot{I}_{rn} = \frac{3}{2}\frac{4}{\pi}\frac{\sqrt{2}}{2}\frac{N_1k_{w1}}{n_p}\dot{I}'_{rn} \qquad (3-44)$$

代入式（3-43），有

$$\frac{3}{2}\frac{4}{\pi}\frac{\sqrt{2}}{2}\frac{N_1k_{w1}}{n_p}\dot{I}_s + \frac{3}{2}\frac{4}{\pi}\frac{\sqrt{2}}{2}\frac{N_1k_{w1}}{n_p}\dot{I}'_{rn} = \frac{3}{2}\frac{4}{\pi}\frac{\sqrt{2}}{2}\frac{N_1k_{w1}}{n_p}\dot{I}_0 \qquad (3-45)$$

上式可简化为

$$\dot{I}_s + \dot{I}'_{rn} = \dot{I}_0 \qquad (3-46)$$

需要注意的是，式（3-42）~式（3-46）表达的是磁动势之间的关系。这几个磁动势的旋转速度相同，都是同步转速。定子磁动势、转子磁动势以及励磁磁动势的幅值都保持恒定不变，但其空间位置一直在变化，因此这样的物理量我们称其为空间矢量。式（3-46）尽管以电流的关系出现，其实质依然表示的是磁动势之间的关系。由于电机以转速 n 在旋转，定子电流和励磁电流的频率为 f_1，而转子电流的频率为 sf_1，即转差频率。

由式(3-44)，可推导绕组折算前后转子电流之间的关系：

$$\dot{I}'_{rn} = \frac{m_2}{3} \frac{N_2 k_{w2}}{N_1 k_{w1}} \dot{I}_{rn} = \frac{1}{k_i} \dot{I}_{rn} \tag{3-47}$$

式中，$k_i = \dfrac{I_{rn}}{I'_{rn}} = \dfrac{3}{m_2} \dfrac{N_1 k_{w1}}{N_2 k_{w2}} = \dfrac{3}{m_2} k_e$，为电流比。

经过转子绕组折算后，转子绕组的物理量将改变。改变后物理量的值称为原来相应物理量的折算值，以在原物理量右上方加"′"表示。考虑到折算前后有功功率与无功功率保持不变的关系，转子绕组折算后，转子有关物理量的折算关系可小结为：电压、电动势等于折算前的量乘以电压变比；电流等于折算前的电流除以电流变比；电阻、漏抗及漏阻抗均等于折算前的量乘以电压变比与电流变比的乘积。

2) 转子的频率折算

当异步电动机转子以转速 n 恒速运转时，转子绕组折算后转子回路的电压方程式为

$$\dot{E}'_{rn} = \dot{I}'_{rn}(R'_r + jX'_{1rn}) \tag{3-48}$$

其中，$\dot{E}'_{rn} = s\dot{E}'_r$，$X'_{1rn} = sX'_{1r}$，由于 $\dot{E}'_{rn}$ 与 $\dot{E}_s$ 不仅大小不等，在频率上也不一致，这样，转子回路与定子回路的等效电路不能统一表示，其主要原因就在于转子电压方程式中转子感应电动势和漏电抗的值与转子频率有关。如果再将转子绕组进行频率折算，即用定子的频率 f_1 替代转子频率 f_2，则上述问题便可得到解决。因为 $f_2 = sf_1$，所以只有当 $s=1$（转子不动，转速 $n=0$）时，才有 $f_2 = f_1$。因此转子绕组频率的折算实际上是用假想的静止的转子代替实际旋转的转子。和绕组折算一样，频率折算的原则也要保持折算前后的磁动势及功率关系不变。要保证折算前后转子磁动势不变，也就必须保证折算前后转子电流的大小和相位均不变。由式(3-48)可得

$$\dot{I}'_{rn} = \frac{s\dot{E}'_r}{R'_r + jsX'_{1r}} = \frac{\dot{E}'_r}{\dfrac{R'_r}{s} + jX'_{1r}} = \dot{I}'_r \tag{3-49}$$

上式表明，所谓频率的折算，即用 $\dot{E}'_r$ 和 X'_{1r} 分别替代 $\dot{E}'_{rn}$ 和 X'_{1rn} 时，为保证转子中电流的大小和相位均不变，就必须让转子电阻用 $\dfrac{R'_r}{s}$ 取代 R'_r。注意式(3-49)中，$\dot{E}'_{rn}$ 和 $\dot{I}'_{rn}$ 对应于电机转速 n，其频率为 sf_1；$\dot{E}'_r$ 和 $\dot{I}'_r$ 对应于电机转速为零，其频率为 f_1。式(3-49)表明，频率折算后，转子电流的大小与相位均保持不变。在绕组折算和频率折算后，表征磁动势关系的式(3-46)变为

$$\dot{I}_s + \dot{I}'_r = \dot{I}_0 \tag{3-50}$$

上式中，由于频率均为 f_1，因此式(3-50)既表示磁动势间的关系，同时也表达了定子电流、转子电流及励磁电流之间的关系。这样，经过转子的绕组折算和频率折算，就将原本没有电气连接的定子和转子关联在了一起，好像定子和转子发生了电气连接。

此时功率因数 $\cos\varphi_2 = \dfrac{\dfrac{R'_r}{s}}{\sqrt{\left(\dfrac{R'_r}{s}\right)^2 + (X'_{1r})^2}} = \dfrac{R'_r}{\sqrt{(R'_r)^2 + (sX'_{1r})^2}}$ 保持不变。

由于 $\dfrac{R'_r}{s}$ 与 R'_r 之间的差值为 $\dfrac{R'_r}{s}-R'_r=\dfrac{1-s}{s}R'_r$，因此，为了等效地将旋转着的转子折算成不动的转子，就必须在转子回路中串入一个实际上并不存在的虚拟电阻 $\dfrac{1-s}{s}R'_r$。这个虚拟电阻的损耗，实质上表征了异步电动机的总机械功率。当 $1>s>0$ 时，为电动机运行方式，这时电机产生的机械功率是正值，而虚拟电阻上的电功率也是正值，异步电机输出机械功率；当 $0>s>-\infty$ 时，为发电机运行方式，这时电机产生的机械功率是负值，虚拟电阻上的电功率也是负值，异步电机输入机械功率；当 $\infty>s>1$ 时，为电磁制动运行方式，虚拟电阻上的电功率是负值，异步电机输入机械功率。

3.4.4 三相异步电动机的基本方程和等效电路

通过前面的分析，当异步电动机以恒定转速 n 旋转时，在转子经过绕组折算及频率折算后，可得到如下五个基本方程式：

$$\begin{cases}\dot{U}_s=-\dot{E}_s+\dot{I}_s(R_s+jX_{1s})\\ -\dot{E}_s=\dot{I}_0(R_m+jX_m)\\ \dot{E}_s=\dot{E}'_r\\ \dot{E}'_r=\dot{I}'_r\left(\dfrac{R'_r}{s}+jX'_{1r}\right)\\ \dot{I}_s+\dot{I}'_r=\dot{I}_0\end{cases} \qquad(3-51)$$

根据以上五个方程式，可以画出如图 3-22 所示的等效电路及如图 3-23 所示的相量图。

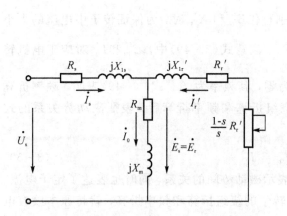

图 3-22　三相异步电动机的 T 形等效电路

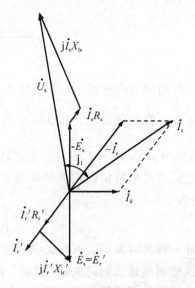

图 3-23　三相异步电动机的向量图

实际的异步电动机，励磁阻抗的值要远远大于定子漏阻抗，这样，若将励磁支路移动到定子漏阻抗的前端，如图 3-24 所示，对计算来说不会引起太大的误差，但却给计算带来了极大的方便。图 3-24 称作异步电动机的近似等效电路。

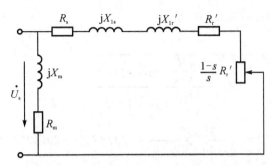

图 3-24　三相异步电动机的近似等效电路

[**例题 3-3**]　一台三相异步电动机，额定功率为 $P_N = 10$ kW，额定电压为 $U_N = 380$ V，额定转速为 $n_N = 1452$ r/m，定子绕组接法为△形，电动机的参数如下：

$$R_s = 1.33\ \Omega,\ X_{ls} = 2.43\ \Omega,\ R'_r = 1.12\ \Omega$$

$$X'_{lr} = 4.4\ \Omega,\ R_m = 7\ \Omega,\ X_m = 90\ \Omega$$

试分别用 T 形等效电路和近似等效电路求额定负载时的定子电流、转子电流、励磁电流、功率因数、输入功率和效率。

解　根据电动机的额定转速 $n_N = 1452$ r/m，便可判断出它的气隙旋转磁密的转速为 $n_1 = 1500$ r/m。

额定负载时的转差率：

$$s_N = \frac{n_1 - n_N}{n_1} = \frac{1500 - 1452}{1500} = 0.0319$$

$$\frac{R'_r}{s_N} = \frac{1.12}{0.0319} = 35.1\ \Omega$$

（一）用 T 形等效电路计算：

$$\frac{R'_r}{s_N} + jX'_{lr} = 35.1 + j4.4 = 35.4\angle 7.15°\ \Omega$$

励磁阻抗为

$$Z_m = R_m + jX_m = 7 + j90 = 90.4\angle 85.54°\ \Omega$$

$\dfrac{R'_r}{s_N} + jX'_r$ 与 Z_m 的并联值为

$$\frac{\left(\dfrac{R'_r}{s_N} + jX'_{lr}\right)Z_m}{\left(\dfrac{R'_r}{s_N} + jX'_r\right) + Z_m} = \frac{35.4\angle 7.15° \times 90.4\angle 85.54°}{35.4\angle 7.15° + 90.4\angle 85.54°}$$

$$= 30.9\angle 26.69° = 27.6 + j13.89\ \Omega$$

总阻抗为

$$Z_{ls} + \frac{\left(\dfrac{R'_r}{s_N} + jX'_{lr}\right)Z_m}{\left(\dfrac{R'_r}{s_N} + jX'_{lr}\right) + Z_m} = (1.33 + j2.43) + (27.6 + j13.89)$$

$$= 33.23\angle 29.43° = 28.93 + j16.32\ \Omega$$

① 定子电流：以定子相电压为参考相量，设

$$\dot{U}_s = 380\angle 0° \text{ V}$$

$$\dot{I}_s = \cfrac{\dot{U}_s}{Z_{ls} + \cfrac{\left(\cfrac{R'_r}{s_N} + jX'_{lr}\right)Z_m}{\left(\cfrac{R'_r}{s_N} + jX'_{lr}\right) + Z_m}}$$

$$= \frac{380\angle 0°}{33.23\angle 29.43°} = 11.42\angle -29.43° \text{ A}$$

定子线电流有效值为

$$\sqrt{3} \times 11.42 = 19.8 \text{ A}$$

② 定子功率因数为

$$\cos\varphi_1 = \cos 29.43° = 0.87\text{（滞后）}$$

③ 定子输入功率为

$$P_1 = 3U_s I_s \cos\varphi_1 = 3 \times 380 \times 11.42 \times 0.87 = 11330 \text{ W}$$

④ 转子电流为

$$I'_r = \left| \dot{I}_s \frac{Z_m}{\left(\dfrac{R'_r}{s_N} + jX'_r\right) + Z_m} \right| = 11.42 \times \frac{90.4}{103.5} = 9.98 \text{ A}$$

⑤ 励磁电流为

$$I_0 = \left| \dot{I}_s \frac{\dfrac{R'_r}{s_N} + jX'_{lr}}{\left(\dfrac{R'_r}{s_N} + jX'_{lr}\right) + Z_m} \right| = 11.42 \times \frac{35.4}{103.5} = 3.91 \text{ A}$$

⑥ 效率为

$$\eta = \frac{P_2}{P_1} = \frac{10000}{11330} = 88.27\%$$

(二)用近似等效电路计算：

负载支路阻抗为

$$Z_{ls} + \frac{R'_r}{s_N} + jX'_{lr} = 1.33 + j2.43 + 35.1 + j4.4$$

$$= 36.43 + j6.83 = 37.1\angle 10.6° \text{ } \Omega$$

① 转子电流为

$$\dot{I}'_r = \frac{\dot{U}_s}{Z_{ls} + \dfrac{R'_r}{s_N} + jX'_{lr}} = \frac{380\angle 0°}{37.1\angle 10.6°} = 10.24\angle -10.6° \text{ A}$$

② 励磁电流为

$$\dot{I}_0 = \frac{\dot{U}_s}{Z_m} = \frac{380\angle 0°}{90.4\angle 85.54°} = 4.2\angle -85.54° \text{ A}$$

③ 定子电流为

$$\dot{I}_s = \dot{I}_0 + \dot{I}'_r = 4.2\angle 85.54° + 10.24\angle -10.6°$$

$$= 0.326 - j4.18 + (10.07 - j1.885) = 10.396 - j6.065$$

$$= 12.45\angle - 29.1° \text{ A}$$

定子线电流有效值为

$$\sqrt{3} \times 12.45 = 21.6 \text{ A}$$

④ 定子功率因数为

$$\cos\varphi_1 = \cos29.1° = 0.874 \text{（滞后）}$$

⑤ 定子输入功率为

$$P_1 = 3U_s I_s \cos\varphi_1 = 3 \times 380 \times 12.45 \times 0.874 = 12\ 400 \text{ W}$$

⑥ 效率为

$$\eta = \frac{P_2}{P_1} = \frac{10\ 000}{12\ 400} = 80.6\%$$

由此例题可以发现，用近似等效电路计算的电流比 T 形等效电路约大 10%，效率下降了 7 个多百分点。可见近似计算只可以用来进行工程近似估算。

3.4.5　三相异步电动机的功率与转矩方程

异步电动机的机电能量转换过程和直流电动机相似。其机电能量转换的关键在于作为耦合介质的磁场对电系统和机械系统的作用和反作用。在直流电机中，这种磁场由定、转子双边的电流共同激励，而异步电机的耦合介质磁场仅由定子一边的电流来建立。这种特殊性表现为直流电机的气隙磁场是随负载而变化的，由此产生了所谓电枢反应的问题；而异步电机的气隙磁场基本上与负载无关，故无电枢反应可言。尽管如此，异步电动机由定子绕组输入电功率，从转子轴输出机械功率的总过程和直流电动机还是一样的，不过在异步电动机中的电磁功率却在定子中发生，然后经由气隙送给转子，扣除一些损耗以后，在转轴上输出。在机电能量转换过程中，不可避免地要产生一些损耗，其种类和性质也与直流电机的相似。

1. 功率关系

当三相异步电动机以转速 n 稳定运行时，从电源输入的功率为 P_1

$$P_1 = 3U_s I_s \cos\varphi_1 \tag{3-52}$$

定子铜损耗 p_{Cus} 为

$$p_{Cus} = 3I_s^2 R_s \tag{3-53}$$

正常运行情况下的异步电动机，由于转子转速接近于同步转速，所以气隙旋转磁密 B_δ 与转子铁芯的相对转速很小。再加上转子铁芯和定子铁芯同样是用 0.5 mm 厚的硅钢片（大、中型异步电动机还涂漆）叠压成的，转子铁损耗很小，可以忽略不计，因此异步电动机的铁损耗可近似认为只有定子铁损耗 p_{Fes}，即

$$p_{Fe} \approx p_{Fes} = 3I_0^2 R_m \tag{3-54}$$

从图 $3-22$ 所示的等效电路可以看出，传输给转子回路的电磁功率 P_{em} 等于转子回路全部电阻上的损耗，即

$$P_{em} = P_1 - p_{Cus} - p_{Fe} = 3I_r'^2 \left[R_r' + \frac{1-s}{s} R_r' \right] = 3I_r'^2 \frac{R_r'}{s} \tag{3-55}$$

电磁功率也可表示为

$$P_{em} = 3E'_r I'_r \cos\varphi_2 \qquad (3-56)$$

转子绕组中的铜损耗 p_{Cur} 为

$$p_{Cur} = 3I'^2_r R'_r = sP_{em} \qquad (3-57)$$

电磁功率 P_{em} 减去转子绕组中的铜损耗 p_{Cur} 就是等效电阻 $\dfrac{1-s}{s}R'_r$ 上的损耗。这部分等效的电阻损耗实际上是传输给电机轴上的总机械功率，用 P_m 表示。它是转子绕组中电流与气隙旋转磁密共同作用产生的电磁转矩，带动转子以转速 n 旋转所对应的功率：

$$P_m = P_{em} - p_{Cur} = 3I'_r \frac{(1-s)}{s}R'_r = (1-s)P_{em} \qquad (3-58)$$

电动机在运行时，会产生轴承以及风阻等摩擦阻转矩，这也要损耗一部分功率，这部分功率叫做机械损耗，用 p_m 表示。

在异步电动机中，除了上述各部分损耗外，由于定、转子开了槽和定、转子磁动势中含有谐波成分，还要产生一些附加损耗（或叫杂散损耗），用 p_s 表示。p_s 一般不易计算，往往根据经验估算，在大型异步电动机中，p_s 约为输出额定功率的 0.5%；而在小型异步电动机中，满载时，p_s 可达输出额定功率的 $1\%\sim3\%$ 或更大些。

转子的总机械功率 P_m 减去机械损耗 p_m 和附加损耗 p_s，才是转轴上真正输出的功率，用 P_2 表示。

$$P_2 = P_m - p_m - p_s \qquad (3-59)$$

可见异步电动机运行时，从电源输入电功率 P_1 到转轴上输出功率 P_2 的全过程为

$$P_2 = P_1 - p_{Cus} - p_{Fe} - p_{Cur} - p_m - p_s \qquad (3-60)$$

用功率流程图表示，如图 3-25 所示。

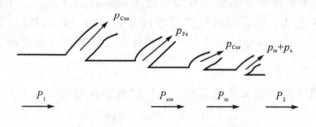

图 3-25 异步电动机的功率流程图

从以上功率关系的定量分析中可看出，异步电动机运行时电磁功率、转子回路的铜损耗和机械功率三者之间的定量关系是

$$P_{em} : p_{Cur} : P_m = 1 : s : (1-s) \qquad (3-61)$$

式(3-61)表明，电磁功率一定时，转差率 s 越小，则转子回路的铜损耗越小，总机械功率越大。反之，s 越大，则表明电机运行时转子铜损耗越大。

2. 转矩关系

总机械功率 P_m 除以电机的机械角速度 Ω 就是电磁转矩 T，即

$$T = \frac{P_m}{\Omega}$$

根据总机械功率与电磁功率间的关系，还可以找出电磁转矩与电磁功率的关系，即

$$T = \frac{P_{\mathrm{m}}}{\Omega} = \frac{P_{\mathrm{m}}}{\frac{2\pi n}{60}} = \frac{P_{\mathrm{m}}}{(1-s)\frac{2\pi n_1}{60}} = \frac{P_{\mathrm{em}}}{\Omega_1} \qquad (3-62)$$

式中，Ω_1——电机的同步机械角速度。

式(3-59)两边同除以电机的机械角速度，可得转矩平衡方程式：

$$T_2 = T - T_0 \qquad (3-63)$$

式中，T_0——空载转矩，$T_0 = \frac{p_{\mathrm{m}} + p_s}{\Omega} = \frac{p_0}{\Omega}$；

$\quad T_2$——输出转矩。

[例题 3-4] 一台三相异步电动机，额定功率 $P_{\mathrm{N}} = 90\ \mathrm{kW}$，额定电压 $U_{\mathrm{N}} = 380\ \mathrm{V}$，额定转速 $n_{\mathrm{N}} = 980\ \mathrm{r/m}$，额定频率 $f_1 = 50\ \mathrm{Hz}$，在额定转速下运行时，机械摩擦损耗 $p_{\mathrm{m}} = 1\ \mathrm{kW}$，附加损耗 500 W。求额定运行时：(1)额定转差率；(2)电磁功率；(3)转子铜损耗；(4)电磁转矩；(5)输出转矩；(6)空载转矩。

解 根据电动机的额定转速 $n_{\mathrm{N}} = 980\ \mathrm{r/m}$，便可判断出它的气隙旋转磁密的转速为 $n_1 = 1000\ \mathrm{r/m}$。

(1)额定转差率：

$$s_{\mathrm{N}} = \frac{n_1 - n}{n_1} = \frac{1000 - 980}{1000} = 0.02$$

(2)电磁功率：

因为

$$P_{\mathrm{em}} = P_2 + p_{\mathrm{m}} + p_s + p_{\mathrm{Cur}}, \quad p_{\mathrm{Cur}} = sP_{\mathrm{em}}$$

所以

$$P_{\mathrm{em}} = \frac{P_2 + p_{\mathrm{m}} + p_s}{1 - s_{\mathrm{N}}} = \frac{90 + 1 + 0.5}{1 - 0.02} = 93.37\ \mathrm{kW}$$

(3)转子铜损耗：

$$p_{\mathrm{Cur}} = s_{\mathrm{N}} P_{\mathrm{em}} = 0.02 \times 93.37 = 1.87\ \mathrm{kW}$$

(4)电磁转矩：

$$T = \frac{P_{\mathrm{em}}}{\Omega_1} = \frac{P_{\mathrm{em}}}{\frac{2\pi n_1}{60}} = 9550 \times \frac{P_{\mathrm{em}}}{n_1} = 9550 \times \frac{93.37}{1000} = 891.69\ \mathrm{Nm}$$

(5)输出转矩：

$$T_{2\mathrm{N}} = \frac{P_{\mathrm{N}}}{\Omega_{\mathrm{N}}} = \frac{P_{\mathrm{em}}}{\frac{2\pi n_{\mathrm{N}}}{60}} = 9550 \times \frac{P_{\mathrm{N}}}{n_{\mathrm{N}}} = 9550 \times \frac{90}{980} = 877.04\ \mathrm{Nm}$$

(6)空载转矩：

$$T_0 = \frac{p_{\mathrm{m}} + p_s}{\Omega_{\mathrm{N}}} = \frac{p_{\mathrm{m}} + p_s}{\frac{2\pi n_{\mathrm{N}}}{60}} = 9550 \times \frac{p_{\mathrm{m}} + p_s}{n_{\mathrm{N}}} = 9550 \times \frac{1 + 0.5}{980} = 14.62\ \mathrm{Nm}$$

3. 电磁转矩的物理表达式

电磁功率 P_{em} 除以同步机械角速度 Ω_1，得电磁转矩：

$$T = \frac{P_{em}}{\Omega_1} = \frac{3I_r'^2 R_r'/s}{\frac{2\pi n_1}{60}} = \frac{3E_r' I_r' \cos\varphi_2}{\frac{2\pi n_1}{60}}$$

$$= \frac{3(\sqrt{2}\pi f_1 N_1 k_{w1} \Phi_m) I_r' \cos\varphi_2}{\frac{2\pi n_1}{60}} \qquad (3-64)$$

$$= \frac{3}{\sqrt{2}} n_p N_1 k_{w1} \Phi_m I_r' \cos\varphi_2$$

$$= c_T \Phi_m I_r \cos\varphi_2$$

式中，n_1——同步转速；

$c_T = \dfrac{3}{\sqrt{2}} n_p N_1 k_{w1}$ 是一个常数，称转矩系数。

当磁通单位为 Wb，电流单位为 A 时，上式中转矩的单位为 Nm。

从上式可看出，异步电动机的电磁转矩 T 与气隙每极磁通 Φ_m、转子电流 I_r 以及转子功率因数 $\cos\varphi_2$ 成正比，或者说与每极磁通和转子电流的有功分量乘积成正比。

3.4.6 鼠笼式转子的极数和相数

鼠笼式转子每相邻两根导条电动势（电流）相位相差的电角度与它们空间相差的电角度是相同的，导条是均匀分布的，一对磁极范围内有 m_2 根鼠笼条，转子就感应产生 m_2 相对称的感应电动势和电流。我们采用三相对称绕组通入三相对称电流产生圆形旋转磁动势的同样办法，可以得到 m_2 相对称电流条件下产生圆形旋转磁动势的结论。m_2 相的具体数值是多少，都是同样的。

鼠笼式转子产生的圆形旋转磁动势的转向与绕线式转子的一样，也就是与定子旋转磁动势的转向一致，与定子磁动势一前一后同步旋转。其极数与定子的相同。

鼠笼式转子每对极范围内有 m_2 根鼠笼条，转子槽数为 $n_p \cdot m_2$，相数为 m_2，每相绕组匝数为 $1/2$，绕组系数为 1。

鼠笼式异步电动机电磁关系与绕线式的相同，也采用折算算法、等效电路及时空向量图的方法分析。其实在进行绕组折算后，不论是鼠笼式转子，还是绕线式转子，都已经折算成了与定子绕组相数、匝数相同的新的绕组，因此前述的分析方法无论对绕线式转子，还是鼠笼式转子，效果都是相同的。

3.4.7 三相异步电动机的工作特性及参数测定

1. 异步电动机的工作特性

异步电动机的工作特性是指在额定电压和额定频率运行的情况下，电动机的转速 n、定子电流 I_s、功率因数 $\cos\varphi_1$、电磁转矩 T、效率 η 等与输出功率 P_2 的关系，即在 $U_s = U_N$，$f_1 = f_N$ 时的 n、I_s、$\cos\varphi_1$、T、$\eta = f(P_2)$。由于异步电动机是一种交流电机，所以对电网来说需要考虑功率因数，同时由于单边励磁、励磁电流与负载电流共同存在于定子绕组中，所以要注意到定子电流，而转子电流一般不能直接测取，以致这些特性就得非对输出功率而言不可。和直流电动机一样，熟悉异步电动机的工作特性以后，就可使它很好地完成拖动系统所赋予的使命。

1）工作特性分析

（1）转速特性。异步电动机在额定电压和额定频率下，输出功率变化时转速变化的曲线 $n=f(P_2)$ 称为转速特性。

电动机的转差率 s、转子铜耗 p_{Cur} 和电磁功率 P_{em} 的关系式为

$$s=\frac{n_1-n}{n_1}=1-\frac{n}{n_1}=\frac{p_{\mathrm{Cur}}}{P_{\mathrm{em}}}=\frac{m_2 I_{rn}^2 R_r}{m_2 E_r I_r \cos\varphi_2} \tag{3-65}$$

电动机空载时，输出功率 $P_2\approx0$，在这种情况下，$I_r\approx0$，上述关系表明转差率 s 差不多与 I_r 成正比，所以 $s\approx0$，转速接近同步转速，即 $n=n_1$。负载增大时，转速略有下降，实际的转子电动势增大，所以转子电流 I_{rn} 增大，以产生更大一些的电磁转矩和负载转矩相平衡。因此随着输出功率 P_2 的增大，转差率 s 也增大，则转速稍有下降。为了保证电动机有较高的效率，在一般的异步电动机中，转子的铜耗是很小的，额定负载时转差率为 $1.5\%\sim5\%$（小数字对应于大容量的电机），相应的转速 $n=(1-s)n_1=$ $(0.985\sim0.95)n_1$。所以异步电动机的转速特性为一条稍向下倾斜的曲线（见图 3-26），与并励直流电动机的转速特性极为相似。

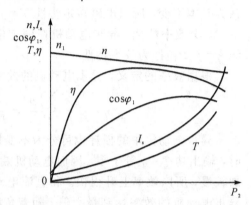

图 3-26 异步电动机的转速特性曲线

（2）定子电流特性。异步电动机在额定电压和额定频率下，输出功率变化时，定子电流的变化曲线 $I_s=f(P_2)$ 称为定子电流特性。

异步电动机的定子电流的方程式（即磁动势平衡方程式）为

$$\dot{I}_s=\dot{I}_0+(-\dot{I}_r') \tag{3-66}$$

上面已经说明，空载时，转子电流 $\dot{I}_r'\approx0$，此时定子电流几乎全部为励磁电流 $\dot{I}_0$。随着负载的增大，转子转速下降，转子电流增大，定子电流及磁动势也随之增大，抵消转子电流产生的磁动势，以保持磁动势的平衡。定子电流几乎随 P_2 按正比例增加。异步电动机的工作特性如图 3-26 中所示。

（3）功率因数特性。异步电动机在额定电压和额定频率下，输出功率变化时，定子功率因数的变化曲线 $\cos\varphi_1=f(P_2)$ 称为功率因数特性。

由异步电动机等效电路求得的总阻抗是电感性的。所以对电源来说，异步电动机相当于一个感性阻抗，因此其功率因数总是滞后的，它必须从电网吸收感性无功功率。空载时，定子电流 I_s 基本上是励磁电流，主要用于无功励磁，所以功率因数很低，约为 $0.1\sim0.2$。当负载增加时，转子电流的有功分量增加，定子电流的有功分量也随之增加，即功率因数随之提高。在接近额定负载时，功率因数达到最大。由于在空载到额定负载的范围内，电动机的转差率 s 很小，而且变化很小，所以转子功率因数角 $\varphi_2=\arctan(X_r s/R_r)$ 几乎不变，但负载超过额定值时，s 值就会变得较大，因此 φ_2 变大，转子电流中的无功分量增加，因而电动机定子功率因数又重新下降了，功率因数特性如图 3-26 中所示。

（4）电磁转矩特性。异步电动机在额定电压和额定频率下，输出功率变化时，电磁转矩

的变化曲线 $T=f(P_2)$ 称为电磁转矩特性。

稳态运行时，异步电动机的转矩平衡方程式为

$$T = T_2 + T_0 \tag{3-67}$$

因为输出功率 $P_2 = T_2\Omega$，所以

$$T = T_0 + \frac{P_2}{\Omega} \tag{3-68}$$

异步电动机的负载不超过额定值时，转速 n 和角速度 Ω 变化很小。而空载转矩 T_0 又可认为基本不变，所以电磁转矩特性 $T=f(P_2)$ 近似为一条斜率为 $1/\Omega$ 的直线(见图 3-26)。

(5)效率特性。异步电动机在额定电压和额定频率下，输出功率变化时，效率的变化曲线 $\eta=f(P_2)$ 称为效率特性。

根据效率的定义，异步电动机的效率为

$$\eta = 1 - \frac{\sum p}{P_1} = \frac{P_2}{P_2 + p_{Cus} + p_{Fe} + p_{Cur} + p_m + p_s} \tag{3-69}$$

异步电动机中的损耗也可分为不变损耗 p_{Fe}、p_m 和可变损耗 p_{Cus}、p_{Cur}、p_s 两部分。空载时，输出功率 P_2 等于零，因而电动机效率为零。随着输出功率 P_2 的逐渐增加，可变损耗增加较慢，所以效率上升很快。和直流电动机的效率特性一样，当可变损耗等于不变损耗时，异步电动机的效率达到最大值。随着负载继续增加，可变损耗增加很快，效率就要降低。对于中小型异步电动机，最大效率出现在大约 $75\%\sim100\%$ 的额定负载时，电动机容量越大，效率越高。

2) 异步电动机工作特性的求取

异步电动机的工作特性可用直接负载法求取，也可利用等效电路进行计算。

用直接负载法求取异步电动机的工作特性需要做负载试验，并测出电动机的定子电阻、铁损耗和机械损耗。

负载试验是在额定电压和额定频率下进行的，即试验时，保持电源的电压和频率为额定值，加负载到 5/4 额定值，然后减少到 1/4 的额定值，分别读取输入功率 P_1、定子电流 I_s 和转速 n，然后计算出不同负载下的功率因数 $\cos\varphi_1$、电磁转矩 T 及效率 η 等，并绘制出工作特性曲线。

2. 三相异步电动机参数的测定

和变压器一样，异步电动机也有两种参数，一种是表示空载状态的励磁参数，即励磁阻抗 Z_m、R_m、X_m；另一种是对应短路电流的漏阻抗，即 Z_{ls}、R_s、X_{ls}、Z'_{lr}、R'_r、X'_r，通常称漏阻抗为短路参数。这两种参数不仅大小悬殊，而且性质也不同。前者决定于电机主磁路的饱和程度，所以是一种非线性参数；后者基本上与电机的饱和程度无关，是一种线性参数。和变压器等效电路中的参数一样，励磁参数、短路参数可通过空载试验和短路试验测定。

1) 空载试验

异步电动机空载运行，是指在额定电压和额定频率下，轴上不带任何负载时的运行。试验在电动机空载时进行，定子绕组上接频率为额定值的对称三相电压，将电动机运转一段时间(约 30 min)，使其机械损耗达到稳定值，然后调节电源电压从(1.10~1.30)倍额定电压值开始，逐渐降低到可能达到的最低电压值。测量 7~9 个点，每次测量记录端电压、空载电流、空载功率和转速。根据记录数据，绘制电动机的空载特性曲线，如图 3-27 所示。

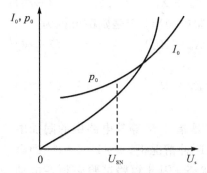

图 3 - 27　异步电动机的空载特性曲线

2）励磁参数与铁损耗及机械损耗的确定

由异步电动机的空载特性可确定计算工作特性所需的等效电路中的励磁参数、铁损耗和机械损耗。

异步电动机空载运行时转速接近于同步转速，$s \approx 0$，$I_r \approx 0$，此时输入电动机的功率用来补偿定子铜损耗 p_{Cus}、铁损耗 p_{Fe} 和机械损耗 p_m，即

$$p_0 \approx 3I_0^2 R_s + p_{Fe} + p_m \tag{3-70}$$

式（3-70）中，定子铜损耗和铁损耗与电压大小有关，而机械损耗仅与转速有关。从空载功率中扣除定子铜损耗以后，即得铁损耗与机械损耗之和

$$p_0 - 3I_0^2 R_s \approx p_{Fe} + p_m \tag{3-71}$$

由于铁损耗可近似认为与磁密的平方成正比，故需绘制铁损耗和机械损耗之和与端电压平方值的曲线 $p_{Fe} + p_m = f(U_s^2)$，如图 3-28 所示，并将曲线延长相交于直轴 $U_s = 0$ 处，得交点 O'，过 O' 作一水平虚线将曲线的纵坐标分为两部分，由于机械损耗仅与电动机转速有关，而在空载状态下，电动机的转速 $n \approx n_1$，则机械损耗可认为是恒值。所以虚线下部纵坐标表示与电压大小无关的机械损耗，虚线上部纵坐标表示对应于 U_s 大小的铁损耗。

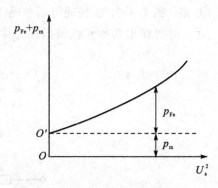

图 3 - 28　$p_{Fe} + p_m = f(U_s^2)$ 曲线

定子加额定电压时，根据空载试验测得的数据 I_0 和 p_0，可以算出

$$Z_0 = \frac{U_s}{I_0} \tag{3-72}$$

$$R_0 = \frac{p_0 - p_m}{3I_0^2} \tag{3-73}$$

$$X_0 = \sqrt{Z_0^2 - R_0^2} \tag{3-74}$$

式中，p_0——空载试验测得的三相异步电动机的空载输入功率；

I_0——空载试验测得的三相异步电动机的相电流；

U_s——空载试验测得的三相异步电动机的相电压。

电动机空载运行时，$s \approx 0$，则 T 形等效电路中的附加电阻 $(1-s)R_r'/s \approx \infty$，则等效电路转子侧呈开路状态（图 3-29）。可见

$$X_0 = X_m + X_{ls} \tag{3-75}$$

式(3-75)中，X_{ls}可从短路试验中测出，于是励磁电抗为

$$X_m = X_0 - X_{ls} \tag{3-76}$$

励磁电阻则为

$$R_m = R_0 - R_s \tag{3-77}$$

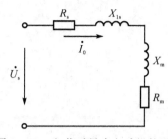

图 3-29 空载时异步电动机的近似等效电路

3）短路试验

对异步电动机而言，短路是指 T 形等效电路中的附加电阻$(1-s)R'_r/s=0$的状态。在这种情况下，$s=1$，$n=0$，即电动机在外施电压下处于静止状态。因此短路试验必须在电动机堵转的情况下进行。故短路试验又称为堵转试验。为了使短路试验时电动机的短路电流不致过大，可降低电源电压进行，一般从$U_s=0.4U_{sN}$开始，然后逐步降低电压。为了避免定子绕组过热，试验应尽快进行。测量5～7点，每次记录端电压、定子短路电流和短路功率，并测量定子绕组的电阻。根据所记录数据，绘制电动机的短路特性曲线$I_k=f(U_s)$，$p_k=f(U_s)$，如图 3-30 所示。

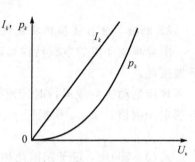

图 3-30 异步电动机的短路特性曲线

4）短路参数的确定

电动机堵转时，$s=1$，则 T 形等效电路中的附加电阻$(1-s)R'_r/s=0$，由于$Z_m \gg Z'_{lr}$，可以近似认为励磁支路开路，则$I_0 \approx 0$，铁损耗可以忽略不计，因此异步电动机短路时的近似等效电路如图 3-31 所示。此时输出功率和机械损耗为零，全部输入功率都变成定子铜损耗与转子铜损耗，即

$$p_k = 3I_s^2 R_s + 3(I'_r)^2 R'_r \tag{3-78}$$

由于$I_0 \approx 0$，

$$I'_r \approx I_s = I_k \tag{3-79}$$

所以

$$p_k = 3I_k^2(R_s + R'_r)$$

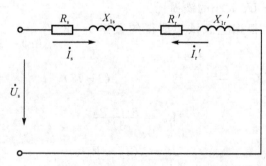

图 3-31 异步电动机短路时的近似等效电路

根据短路试验测得的数据，可以算出短路阻抗Z_k、短路电阻R_k和短路电抗X_k，即

$$Z_k = \frac{U_s}{I_k} \tag{3-80}$$

$$R_k = \frac{p_k}{3I_k^2} \tag{3-81}$$

$$X_k = \sqrt{Z_k^2 - R_k^2} \tag{3-82}$$

式中，$R_k = R_s + R'_r$，$X_k = X_{1s} + X'_{1r}$。

从 R_k 中减去定子电阻 R_s，即得 R'_r。对于 X_{1s} 和 X'_{1r}，在大、中型异步电动机中，可认为

$$X_{1s} \approx X'_{1r} = \frac{X_k}{2} \tag{3-83}$$

对于 100 kW 以下的小型异步电动机，可取 $X'_{1r} \approx 0.67X_k$（2、4、6 极）；$X'_{1r} \approx 0.57X_k$（8、10 极）。

3.5　三相同步电动机

3.5.1　三相同步电动机的基本结构和铭牌数据

如果三相交流电机的转子转速 n 与定子电流的频率 f 满足方程式

$$n = \frac{60f_1}{n_p} \tag{3-84}$$

的关系，则称这种电机为同步电机。也就是说，电机的转速与磁场的转速相同。电机正常稳定运行时，转速与磁场转速不同，电机是异步电机；转速与磁场转速相同，则为同步电机。同步电机多被用作发电机，当今的电力几乎全是由三相同步发电机发出的，因此同步发电机是各类发电厂中的核心设备之一。同步电机也可以作电动机，随着工业的迅速发展，一些生产机械要求的功率越来越大。例如，空气压缩机、鼓风机、电动发电机组等，它们的功率达数千甚至数万千瓦。如果采用同步电动机去拖动上述的生产机械，可能更为合适。这是因为，大功率同步电动机与同容量的异步电动机相比较，同步电动机的功率因数高。在运行时，它不仅不使电网的功率因数降低，相反却能改善电网的功率因数，这点是异步电动机做不到的。其次，对大功率低转速的电动机而言，同步电动机的体积比异步电动机要小一些。

1. 同步电机的基本结构

同步电机也是由静止的定子和旋转的转子两个基本部分组成的，如图 3-32 所示。

（1）定子。同步电机的定子，就其基本结构来看，与异步电机的定子没有多大区别，也是由定子铁芯、定子绕组以及机座、端盖等附件组成的。

（2）转子。同步电机的转子有两种结构形式，一种有明显的磁极，称为凸极式，如图 3-32（a）所示。磁极用钢板叠成或用铸钢铸成。在磁极上套有线圈，磁极上的线圈串联起来，构成励磁绕组。在励磁绕组中通入直流电流 I_f，使相邻的磁极极性呈 N、S 交替排列。励磁绕组两个出线端连接到两个集电环上，通过与集电环相接触的静止电刷向外引出。另一种结构是转子为一个圆柱体，表面上开有槽，无明显的磁极，称为隐极式，如图 3-32（b）所示。同步发电机的转子采用凸极式或隐极式的都有。对于水轮发电机，由于水轮机的转速较低，因此把发电机的转子做成凸极式的。因为凸极式的转子在结构上和加工工艺上都比隐极式的简单。对于汽轮发电机，由于水轮机的转速较高，为了很好地固定励磁绕组，把发电机的转子做成隐极式的。同步电动机一般都做成凸极式的，在结构上与凸极式同步发电机类似，为了能够自起动，在转子磁极的极靴上装设了起动绕组。

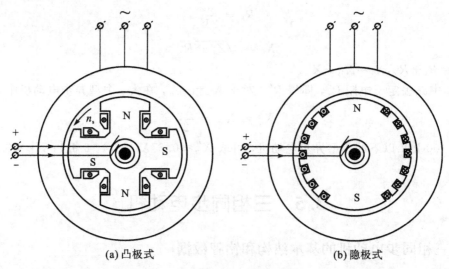

(a) 凸极式　　　　　　　　(b) 隐极式

图 3-32　同步电机结构示意图

同步电机的励磁电源有两种：一种由励磁机供电；另一种是由交流电源经过可控整流而得到。所以每台同步电机应配备一台励磁机或整流励磁装置，以方便地调节它的励磁电流。

2. 同步电机的铭牌数据

电机额定运行时的数据以及制造厂和制造日期等重要数据均标注于电机的铭牌上。同步电机铭牌上的额定值主要包括：

(1) 额定容量 S_N 或额定功率 P_N：对于同步发电机，其额定容量 S_N 是指从电枢绕组出线端输出的额定视在功率，其单位常用 kVA 或 MVA 表示；额定功率 P_N 则是指发电机输出的额定有功功率，其单位为 kW 或 MW。对于同步电动机只标出其额定功率 P_N，即指电机轴上输出的额定机械功率，其单位为 kW 或 MW。对于同步补偿机，因其从电枢端输出或输入的均为无功功率，故铭牌所标出的只是接线端的额定无功功率，其单位为 kVAR 或 MVAR。

(2) 额定电压 U_N：指同步电机在额定运行时，三相电枢绕组接线端的额定线电压，其单位为 V 或 kV。

(3) 额定电流 I_N：指同步电机在额定运行时，三相电枢绕组接线端输出或输入的额定线电流，其单位为 A。

(4) 额定功率因数 $\cos\varphi_N$：指同步电机在额定状态下运行时的功率因数。

(5) 额定效率 η_N：同步电动机带额定负载运行时，其输出的功率与输入的功率之比值。

此外在铭牌上还标有额定频率 f_N、额定转速 n_N、额定励磁电流 I_{fN} 和额定励磁电压 U_{fN} 等。

上述各量之间存在一定的关系，对于额定功率有

同步发电机：

$$P_N = \sqrt{3}U_N I_N \cos\varphi_N \qquad (3-85)$$

同步电动机：

$$P_N = \sqrt{3}U_N I_N \cos\varphi_N \eta_N \qquad (3-86)$$

对于频率与转速，则有

$$f_N = \frac{n_N n_p}{60} \tag{3-87}$$

3.5.2　三相同步电动机的基本方程和相量图

1. 同步电机的基本工作原理

1）同步发电机的工作原理

当同步发电机的转子在原动机的拖动下达到同步转速 n_1 时，由于转子绕组上是直流电流 I_f 励磁，所以转子绕组在气隙中所建立的磁场，相对于定子来说是一个与转子旋转方向相同转速、大小相等的旋转磁场。该磁场切割定子上开路的三相对称绕组，在三相对称绕组中产生三相对称感应电动势 E_0。若改变励磁电流的大小，则可相应地改变感应电动势的大小。此时同步发电机处于空载运行状态。当同步发电机带负载后，定子绕组构成闭合回路，形成定子电流，该电流也是三相对称电流，因而也要在气隙中产生与转子旋转方向相同、大小相等的旋转磁场。定、转子间旋转磁场相对静止。此时气隙中的磁场是定、转子旋转磁场的合成。由于气隙中磁场的改变，因此发电机定子绕组中电动势的大小也发生变化。

2）同步电机的物理模型

基于上述分析，同步电机在负载运行时，如果略去定子绕组的漏磁通及其所产生的漏电动势，并略去定子绕组的电阻，从叠加原理考虑，此时在定子绕组中，仅有励磁磁通所产生的感应电动势和电枢反应磁通（定子电流产生的磁通）所产生的电枢反应电动势。电枢电流产生的合成磁动势的磁场可以等效地用旋转的磁极表示。同样，对于转子的磁场也可以用等效的旋转的磁极表示，所以同步电机的物理模型如图 3-33 所示。

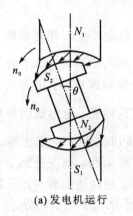 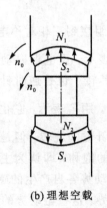 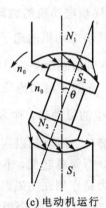

(a) 发电机运行　　　　　　(b) 理想空载　　　　　　(c) 电动机运行

图 3-33　同步电机的物理模型

3）同步电机的运行方式

同步电机和其他类型的电机一样，也遵循可逆原理，可按发电机方式运行，也可按电动机方式运行。当原动机拖动同步电机并励磁时，电机从原动机输入机械功率，向电网输出电功率，为发电机运行方式。当同步电机接于电网并励磁，拖动机械负载时，从电网输入电功率，在轴上输出机械功率，为电动机运行方式。从同步电机的物理模型可以方便地说明同步电机如何从发电机运行方式过渡到电动机运行方式，从而理解同步电动机的工作原理。

图 3-33 中的图(a)为发电机运行状态,图(b)为理想空载运行状态,图(c)为电动机运行状态,这是三种同步电机运行方式的物理模型。

图 3-33 中,N_1、S_1、N_2、S_2 分别表示同步电机的定子合成磁场磁极和转子磁极,两对磁极间存在着磁拉力,从而形成电磁转矩。当原动机拖动同步电机转子作发电机运行时,原动机的拖动转矩克服电机的电磁转矩的制动作用(两转矩的方向相反)后,转子不断地旋转。因原动机向同步电机输入机械功率,原动机拖动转子,磁力线斜着通过气隙,转子磁极用磁拉力拖动定子合成磁场磁极一起同步旋转,发电机将机械功率转换成电功率输出。由于转子磁极是拖动者,定子合成磁场的磁极是被拖动者,两者磁极的轴线存在一定的夹角 θ,如果减小由原动机对发电机输入的机械功率,发电机所产生的电磁功率以及输出的电功率也相应地减小。形象地说,因原动机拖动转矩的减小,由磁拉力使 θ 减小。所以 θ 又称为功率角。当发电机所产生的电磁功率为零时,必然 $\theta=0$,此时两磁极的轴线相重合,磁力线垂直地通过气隙。两磁极间无切向的磁拉力,电磁转矩为零,同步电机从发电机运行过渡到电动机运行的临界状态,如图 3-33(b)所示。若将原动机从同步电机上脱开,由于电机本身受轴承摩擦及风阻等阻转矩的作用,将迫使转子磁极轴线落后于定子轴线一个微小的 θ 角(见图 3-33(c))。这个 θ 角相对于发电机的运行情况是负值,这意味着同步电机开始从电网吸收电功率,并从电机的轴上输出机械功率,消耗于摩擦风阻等损耗上。磁力线又从另一个方向斜着通过气隙,又出现切向磁拉力而形成电磁转矩。显然,此时的电磁转矩的方向与转子旋转方向一致,是一个拖动转矩。若电机转子与负载相连,就能拖动机械负载而继续旋转。由于负载的增大,功率角必然增大,切向磁拉力和电磁转矩相应地增大,同步电机就处于同步电动机负载运行状态。这时电机的定子合成磁场的磁极是拖动者,转子磁极是被拖动者。两者仍同步旋转,而进行电功率变为机械功率的转换。这就是三相同步电动机的工作原理。

2. 同步电动机的磁动势

当同步电动机的定子三相对称绕组接到三相对称电源上时,就会产生三相合成旋转磁动势,简称电枢磁动势,用空间向量 $\dot{F}_a$ 表示。设电枢磁动势 $\dot{F}_a$ 的转向为逆时针方向,转速为同步转速。在同步电动机负载运行时,其转子也是逆时针方向以同步转速旋转。由直流励磁电流 I_f 产生的磁动势,称为励磁磁动势,用 $\dot{F}_0$ 表示,它也是一个空间向量。电枢磁动势 $\dot{F}_a$ 与励磁磁动势 $\dot{F}_0$,两者都以同步转速逆时针方向旋转,但是两者在空间的位置不一定相同。

为分析简单起见,不考虑主磁路的饱和,即认为主磁路是线性磁路,则主磁路中的磁通可以认为是作用在主磁路上的各个磁动势各自产生的磁通的叠加。当这些磁通与定子绕组相交链时,各自在定子绕组中产生电动势。这些电动势的叠加即定子绕组中的电动势。

先考虑励磁磁动势 $\dot{F}_0$ 单独在电机主磁路中产生磁通时的情况。我们先规定两个轴:把转子 N 极和 S 极的中心线称纵轴,或称 d 轴或直轴;与纵轴相距 $90°$ 空间电角度的地方称为横轴,或称为 q 轴或交轴,见图 3-34。d 轴、q 轴随转子一同旋转。从图 3-34 可见,励磁磁动势 $\dot{F}_0$ 总是在纵轴方向,产生的磁通如图 3-35 所示。将由励磁磁动势 $\dot{F}_0$ 单独产生的磁通叫励磁磁通,用 Φ_0 表示。Φ_0 经过的磁路是关于纵轴对称的磁路。

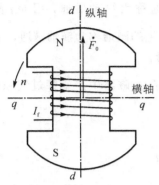

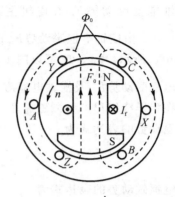

图 3 - 34　同步电机的纵轴与横轴　　　　图 3 - 35　由励磁磁动势 $\dot{F}_0$ 单独产生的磁通 Φ_0

对于电枢磁动势 $\dot{F}_a$ 单独在电机主磁路中产生磁通时的情况，则比励磁磁动势 $\dot{F}_0$ 产生磁通时的情况要复杂。由于 $\dot{F}_a$ 与 $\dot{F}_0$ 的空间位置不一定相同，所以只要 $\dot{F}_a$ 与 $\dot{F}_0$ 的空间位置不相同，就必然使 $\dot{F}_a$ 的方向不在纵轴方向。对于凸极式同步电动机，由于气隙的不均匀，即使知道电枢磁动势 $\dot{F}_a$ 的大小和位置，也很难求得磁通。

3. 凸极同步电动机的双反应原理

如果给定电枢磁动势 $\dot{F}_a$ 与励磁磁动势 $\dot{F}_0$ 的相对位置，如图 3 - 36(a)所示，由于电枢磁动势 $\dot{F}_a$ 与励磁磁动势 $\dot{F}_0$ 无相对运动，可以把电枢磁动势 $\dot{F}_a$ 分解成两个分量：一个分量叫纵轴电枢磁动势，用 $\dot{F}_{ad}$ 表示，作用在纵轴方向；另一个分量叫横轴电枢磁动势，用 $\dot{F}_{aq}$ 表示，作用在横轴方向，即

$$\dot{F}_a = \dot{F}_{ad} + \dot{F}_{aq} \tag{3-88}$$

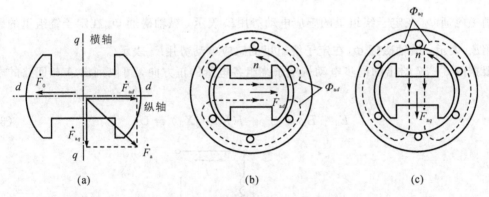

图 3 - 36　电枢反应磁动势及磁通

对于电枢磁动势 $\dot{F}_a$ 在电机主磁路中产生的磁通，可视为纵轴电枢磁动势 $\dot{F}_{ad}$ 在电机主磁路中产生的磁通 Φ_{ad} 与横轴电枢磁动势 $\dot{F}_{aq}$ 在电机主磁路中产生的磁通 Φ_{aq} 的叠加。因为 $\dot{F}_{ad}$ 固定在纵轴方向，$\dot{F}_{aq}$ 固定在横轴方向，尽管气隙不均匀，但对纵轴或横轴来说，都分别为对称磁路，这就给分析带来了方便。这种处理问题的方法，称为双反应原理。

由纵轴电枢磁动势 $\dot{F}_{ad}$ 在电机主磁路中产生的磁通称为纵轴磁通，用 $\varPhi_{ad}$ 表示，如图 3-36(b)所示。由横轴电枢磁动势 $\dot{F}_{aq}$ 在电机主磁路中产生的磁通称为横轴磁通，用 $\varPhi_{aq}$ 表示。如图 3-36(c)所示。$\varPhi_{ad}$、$\varPhi_{aq}$ 都以同步转速逆时针旋转着。

纵轴电枢磁动势 $\dot{F}_{ad}$ 及横轴电枢磁动势 $\dot{F}_{aq}$ 除了各自在主磁路中产生穿过气隙的磁通外，分别都要在定子绕组里产生漏磁通。

电枢磁动势的表达式为

$$\dot{F}_{a} = \frac{3}{2} \frac{4}{\pi} \frac{\sqrt{2}}{2} \frac{Nk_{w}}{n_{p}} \dot{I} \tag{3-89}$$

纵轴电枢磁动势的表达式为

$$\dot{F}_{ad} = \frac{3}{2} \frac{4}{\pi} \frac{\sqrt{2}}{2} \frac{Nk_{w}}{n_{p}} \dot{I}_{d} \tag{3-90}$$

横轴电枢磁动势的表达式为

$$\dot{F}_{aq} = \frac{3}{2} \frac{4}{\pi} \frac{\sqrt{2}}{2} \frac{Nk_{w}}{n_{p}} \dot{I}_{q} \tag{3-91}$$

考虑到 $\dot{F}_{a}=\dot{F}_{ad}+\dot{F}_{aq}$ 的关系，有

$$\dot{I} = \dot{I}_{d} + \dot{I}_{q} \tag{3-92}$$

即把电枢电流 $\dot{I}$ 按相量的关系分解成两个分量：一个分量是 $\dot{I}_{d}$；另一个分量是 $\dot{I}_{q}$。其中，$\dot{I}_{d}$ 产生了磁动势 $\dot{F}_{ad}$；$\dot{I}_{q}$ 产生了磁动势 $\dot{F}_{aq}$。

4. 同步电动机的电压方程

1）凸极式同步电动机的电压方程

不管是励磁磁通 $\varPhi_{0}$，还是纵轴磁通 $\varPhi_{ad}$ 及横轴磁通 $\varPhi_{aq}$，都以同步转速逆时针旋转，因此都要在定子绕组中产生相应的感应电动势。

励磁磁通 $\varPhi_{0}$ 在定子绕组里的感应电动势用 $\dot{E}_{0}$ 表示，纵轴磁通 $\varPhi_{ad}$ 在定子绕组里的感应电动势用 $\dot{E}_{ad}$ 表示，横轴磁通 $\varPhi_{aq}$ 在定子绕组里的感应电动势用 $\dot{E}_{aq}$ 表示。

根据图 3-37 给出的同步电动机定子绕组各电量的正方向，可以列出 A 相回路的电压方程式：

$$\dot{E}_{0} + \dot{E}_{ad} + \dot{E}_{aq} + \dot{I}(R_{s} + jX_{ls}) = \dot{U} \tag{3-93}$$

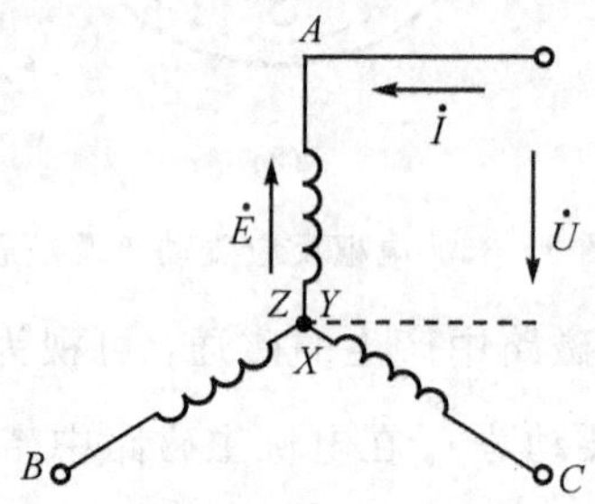

图 3-37　同步电动机各量的正方向（电动机惯例）

因假设磁路线性，E_{ad} 与 Φ_{ad} 成正比，Φ_{ad} 与 F_{ad} 成正比，F_{ad} 与 I_d 成正比，所以 E_{ad} 与 I_d 成正比。$\dot{I}$ 与 $\dot{E}$ 正方向相反，故 $\dot{I}_d$ 落后于 $\dot{E}_{ad}$ 90°时间电角度，于是电动势 $\dot{E}_{ad}$ 可以写成

$$\dot{E}_{ad} = \mathrm{j}\,\dot{I}_d X_{ad} \tag{3-94}$$

同理，电动势 $\dot{E}_{aq}$ 可以写成

$$\dot{E}_{aq} = \mathrm{j}\,\dot{I}_q X_{aq} \tag{3-95}$$

式中，X_{ad}——纵轴电枢反应电抗；

　　X_{aq}——横轴电枢反应电抗。

X_{ad}、X_{aq} 对于同一台电机，在线性磁路假设条件下都是常数。

将式(3-94)、式(3-95)代入式(3-93)，得

$$\dot{U} = \dot{E}_0 + \mathrm{j}\,\dot{I}_d X_{ad} + \mathrm{j}\,\dot{I}_q X_{aq} + \dot{I}(R_s + \mathrm{j}X_{1s})$$

再将 $\dot{I} = \dot{I}_d + \dot{I}_q$ 代入上式，得

$$\begin{aligned}\dot{U} &= \dot{E}_0 + \mathrm{j}\,\dot{I}_d X_{ad} + \mathrm{j}\,\dot{I}_q X_{aq} + (\dot{I}_d + \dot{I}_q)(R_s + \mathrm{j}X_{1s}) \\ &= \dot{E}_0 + \mathrm{j}\,\dot{I}_d(X_{ad} + X_{1s}) + \mathrm{j}\,\dot{I}_q(X_{aq} + X_{1s}) + (\dot{I}_d + \dot{I}_q)R_s\end{aligned} \tag{3-96}$$

一般情况下，当同步电动机容量较大时，可忽略电阻 R_s，于是

$$\dot{U} = \dot{E}_0 + \mathrm{j}\,\dot{I}_d X_d + \mathrm{j}\,\dot{I}_q X_q \tag{3-97}$$

式中，$X_d = X_{ad} + X_{1s}$——纵轴同步电抗；

　　$X_q = X_{aq} + X_{1s}$——横轴同步电抗。

在一般凸极式同步电动机中，$X_d > X_q$。

2) 隐极式同步电动机的电压方程

如果是隐极式同步电动机，电机的气隙是均匀的，则表现的参数，如纵、横轴同步电抗 X_d、X_q，两者在数值上彼此相等，即

$$X_d = X_q = X_c$$

式中，X_c——隐极式同步电动机的同步电抗。

对隐极式同步电动机，式(3-97)可变为

$$\dot{U} = \dot{E}_0 + \mathrm{j}\,\dot{I}_d X_d + \mathrm{j}\,\dot{I}_q X_q = \dot{E}_0 + \mathrm{j}(\dot{I}_d + \dot{I}_q)X_c = \dot{E}_0 + \mathrm{j}\,\dot{I}_a X_c \tag{3-98}$$

5. 同步电动机的相量图

同步电机作为电动机运行时，电源必须向电机的定子绕组传输有功功率。从图3-37规定的电动机惯例知道，这时输入给电机的有功功率 P_1 必须满足

$$P_1 = 3UI\cos\varphi > 0 \tag{3-99}$$

这就是说，定子相电流的有功分量 $I\cos\varphi$ 应与相电压 U 同相位。可见，$\dot{U}$、$\dot{I}$ 二者之间的功率因数角 φ 必须小于 90°，才能使电机运行于电动机状态。图3-38是根据凸极式同步电动机的电压方程式，在 $\varphi < 90°$(领先性)时，电机运行于电动机状态画出的相量图。

图中，$\dot{U}$、$\dot{I}$ 之间的夹角为 φ，是功率因数角；$\dot{E}_0$、$\dot{U}$ 之间的夹角为 θ；$\dot{E}_0$、$\dot{I}$ 之间的夹角为 ψ，并且

$$I_d = I\sin\psi$$
$$I_q = I\cos\psi \tag{3-100}$$

图 3-39 是根据隐极式同步电动机的电压方程式画出的相量图。

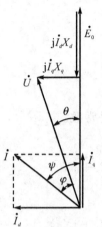
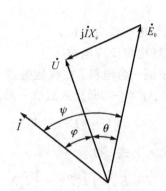

图 3-38　凸极式同步电动机相量图　　　图 3-39　隐极式同步电动机相量图

3.5.3　三相同步电动机的功率和转矩方程

1. 同步电动机的功率方程

同步电动机从电源吸收有功功率 $P_1 = 3UI\cos\varphi$，在扣除消耗于定子绕组的铜损耗 $p_{Cu} = 3I^2R_s$ 后，转变为电磁功率 P_{em}，即有

$$P_1 - p_{Cu} = P_{em} \tag{3-101}$$

从电磁功率 P_{em} 里再扣除铁损耗 p_{Fe} 和机械摩擦损耗 p_m 后，转变为机械功率 P_2 输出给负载，即

$$P_{em} - p_{Fe} - p_m = P_2 \tag{3-102}$$

其中，铁损耗 p_{Fe} 与机械损耗 p_m 之和称为空载损耗 p_0，即

$$p_0 = p_{Fe} + p_m \tag{3-103}$$

图 3-40 是同步电动机的功率流程图。

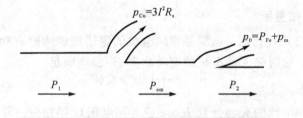

图 3-40　同步电动机的功率流程图

2. 同步电动机的转矩方程

根据功率与转矩的关系，可以导出转矩及转矩平衡方程式。

与异步电动机一样,电磁转矩 T 与电磁功率 P_{em} 的关系为

$$T = \frac{P_{em}}{\Omega} \qquad\qquad (3-104)$$

式中,$\Omega = \dfrac{2\pi n}{60}$,为同步角速度。

将式(3-102)等号两边同除以 Ω,就得到同步电动机的转矩平衡方程式:

$$T_2 = T - T_0 \qquad\qquad (3-105)$$

式中,T_0——空载转矩;

   T_2——输出转矩。

3.5.4 三相同步电动机的功角特性和矩角特性

1. 同步电动机的电磁功率

对于凸极式同步电动机,当忽略定子绕组的电阻 R_s 时,同步电动机的电磁功率为

$$P_{em} = P_1 = 3UI\cos\varphi \qquad\qquad (3-106)$$

由凸极式同步电动机的相量图(图 3-38)可见,$\varphi = \psi - \theta$。于是

$$P_{em} = 3UI\cos\varphi = 3UI\cos(\psi - \theta) = 3UI\cos\psi\cos\theta + 3UI\sin\psi\sin\theta \qquad (3-107)$$

此外,根据相量图可得

$$\begin{cases} I_d = I\sin\psi \\ I_q = I\cos\psi \\ I_d X_d = E_0 - U\cos\theta \\ I_q X_q = U\sin\theta \end{cases} \qquad\qquad (3-108)$$

考虑以上这些关系,得

$$\begin{aligned} P_{em} &= 3UI_q\cos\theta + 3UI_d\sin\theta \\ &= 3U\frac{U\sin\theta}{X_q}\cos\theta + 3U\frac{E_0 - U\cos\theta}{X_d}\sin\theta \\ &= 3\frac{E_0 U}{X_d}\sin\theta + 3U^2\left(\frac{1}{X_q} - \frac{1}{X_d}\right)\cos\theta\sin\theta \end{aligned} \qquad (3-109)$$

或

$$P_{em} = 3\frac{E_0 U}{X_d}\sin\theta + \frac{3U^2(X_d - X_q)}{2X_d X_q}\sin 2\theta \qquad\qquad (3-110)$$

2. 同步电动机的功角特性

接在电网上运行的同步电动机,已知电源电压 U、电源的频率 f_1 都维持不变,如果保持电动机的励磁电流 I_f 不变,则对应的电动势 E_0 的大小也是常数,而且电动机的参数 X_d、X_q 也是已知的常数。此时同步电动机的电磁功率 P_{em} 仅是 θ 的函数,即当 θ 角变化时,电磁功率 P_{em} 也随之变化。我们把 $P_{em} = f(\theta)$ 的关系定义为同步电动机的功角特性。由此所绘制出的曲线称为功角特性曲线,如图 3-41 所示。

式(3-109)凸极式同步电动机的电磁功率 P_{em} 中,第一项与励磁电流 I_f 的大小有关,称为励磁电磁功率。第二项与励磁电流 I_f 的大小无关,是由参数 $X_d \neq X_q$ 引起的,这部分功率只有凸极式同步电动机才有,而对隐极式同步电动机则不存在。所以该项的电磁功率称为凸

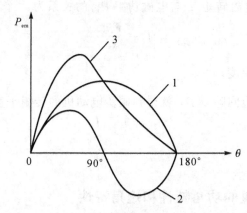

图 3-41　凸极式同步电动机的功角、矩角特性曲线

极电磁功率。第一项励磁电磁功率是主要的，第二项凸极电磁功率比第一项小得多。

励磁电磁功率 P_{em1} 为

$$P_{em1} = \frac{3E_0 U}{X_d} \sin\theta \qquad (3-111)$$

励磁电磁功率 P_{em1} 与 θ 呈正弦曲线变化关系，如图 3-41 中曲线 1 所示。

当 $\theta = 90°$ 时，P_{em1} 为最大，用 P'_{em} 表示，则

$$P'_{em} = \frac{3E_0 U}{X_d} \qquad (3-112)$$

凸极电磁功率 P_{em2} 为

$$P_{em2} = \frac{3U^2 (X_d - X_q)}{2 X_d X_q} \sin 2\theta \qquad (3-113)$$

当 $\theta = 45°$ 时，P_{em2} 为最大，用 P''_{em} 表示，则

$$P''_{em} = \frac{3U^2 (X_d - X_q)}{2 X_d X_q} \qquad (3-114)$$

P_{em2} 与 θ 呈正弦曲线变化关系，如图 3-41 中曲线 2 所示。图 3-41 中曲线 3 是合成的总的电磁功率与 θ 角的关系曲线。可见，总的最大电磁功率 P_{max} 对应的 θ 角略小于 $90°$。

3. 同步电动机的矩角特性

由电磁功率的表达式除以同步角速度 Ω，得电磁转矩为

$$T = 3\frac{E_0 U}{\Omega X_d} \sin\theta + \frac{3U^2 (X_d - X_q)}{2 X_d X_q \Omega} \sin 2\theta \qquad (3-115)$$

可见，在电源电压 U、电源的频率 f_1、励磁电流 I_f 都维持不变时，同步电动机的电磁转矩 T 也仅是 θ 的函数，即当 θ 角变化时，电磁转矩 T 也跟着变化。把 $T = f(\theta)$ 的关系定义为同步电动机的矩角特性，由此所绘制出的曲线称为矩角特性曲线。比较功角特性与矩角特性的表达式，相互之间相差一个比例常数，所以图 3-41 中的曲线也可视为矩角特性曲线。若是隐极式同步电动机，则功角特性的表达式为

$$P_{em} = 3\frac{E_0 U}{X_c} \sin\theta \qquad (3-116)$$

矩角特性的表达式为

$$T = 3 \frac{E_0 U}{\Omega x_c} \sin\theta \qquad (3-117)$$

隐极式同步电动机的功角、矩角特性曲线如图 3-42 所示。隐极式同步电动机的最大电磁功率与最大电磁转矩分别为

$$P_{max} = \frac{3E_0 U}{X_c} \qquad (3-118)$$

$$T_{max} = \frac{3E_0 U}{\Omega X_c} \qquad (3-119)$$

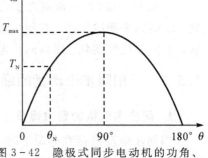

图 3-42　隐极式同步电动机的功角、矩角特性曲线

4. 同步电动机的稳定运行

为分析方便，以隐极式同步电动机为例来讨论同步电动机能否稳定运行的问题。

(1) 当电动机拖动负载运行在 $\theta = 0° \sim 90°$ 的范围时：若原来的电动机运行于 θ_1，见图 3-43(a)，这时电磁转矩 T 与负载转矩 T_L 相平衡，即 $T = T_L$。由于某种原因，负载转矩 T_L 突然变大了，为 T'_L。这时转子要减速并使 θ 角增大，在 $\theta = 0° \sim 90°$ 的范围内，随着 θ 角增大将导致电磁转矩 T 增大。当 θ 变为 θ_2 时，所对应的电磁转矩为 T'，如果 $T' = T'_L$，则电动机在功率角为 θ_2 处同步运行。如果负载转矩又恢复为 T_L，转子要加速并使 θ 角减小，当 θ 恢复为 θ_1 时，又有 $T = T_L$，所以电动机能够稳定运行。

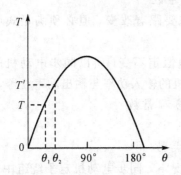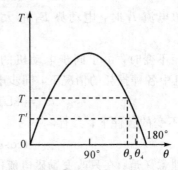

图 3-43　同步电动机运行分析

(2) 当电动机拖动负载运行在 $\theta = 90° \sim 180°$ 的范围时：若原来电动机运行于 θ_3，见图 3-43(b)，这时电磁转矩 T 与负载转矩 T_L 相平衡，即 $T = T_L$。由于某种原因，负载转矩 T_L 突然变大了，为 T'_L。这时转子要减速并使 θ 角增大，但在 $\theta = 90° \sim 180°$ 的范围内，随着 θ 角增大将导致电磁转矩 T 减小。当 θ 变为 θ_4 时，所对应的电磁转矩为 T'，显然 $T' < T'_L$，则转子要继续减速并使 θ 角进一步增大。从而使得电磁转矩 T 进一步减小，电机进一步减速，电磁转矩则继续减小。所以在 $\theta = 90° \sim 180°$ 的范围内电动机不能够稳定运行。

与异步电动机一样，将最大电磁转矩 T_{max} 与额定电磁转矩 T_N 之比称为过载倍数，用 λ 表示，即

$$\lambda = \frac{T_{max}}{T_N} \approx \frac{\sin 90°}{\sin \theta_N} = 2 \sim 3.5$$

这样隐极式同步电动机额定运行时，$\theta_N \approx 30° \sim 16.5°$。对凸极式同步电动机，额定运行时

的功率角还要小些。

当负载改变时，θ 角随之变化，就能使同步电动机的电磁转矩 T 或电磁功率 P_{em} 跟着变化，以达到平衡的状态。在同步电动机稳定运行时，电机的转子转速 n 严格按照同步转速旋转，不发生任何变化，所以同步电动机的机械特性为一条水平的直线。

3.5.5　三相同步电动机的励磁调节和 V 形曲线

1. 同步电动机的励磁调节

当同步电动机接在电源上时，认为电源的电压 U 以及频率 f_1 都不变，维持常数，另外，让同步电动机拖动的有功负载也保持为常数，仅改变同步电动机的励磁电流 I_f，就能调节同步电动机的功率因数。为分析方便起见，以隐极式同步电动机为例，并忽略电机中的各种损耗。

同步电动机的负载不变，是指电动机转轴上的输出转矩 T_2 不变，在忽略空载转矩时有

$$T = T_2 \tag{3-120}$$

当 T_2 不变时，可以认为电磁转矩 T 也不变。根据式（3-117），有

$$T = \frac{3}{\Omega} \frac{E_0 U}{X_c} \sin\theta = 常数 \tag{3-121}$$

由于电源电压 U、频率 f_1 以及同步电抗 X_c 都是常数，故上式中

$$E_0 \sin\theta = 常数 \tag{3-122}$$

当改变励磁电流 I_f 时，电动势 E_0 的大小也要跟着改变，但必须满足式（3-122）的关系式。

当负载转矩不变时，由于同步电动机的转速恒定不变，所以同步电动机的输出功率不变。在忽略电机中各种损耗的情况下，同步电动机的输入功率与输出功率相等，于是有

$$P_1 = 3UI\cos\varphi = 常数 \tag{3-123}$$

在电压 U 不变的条件下，必有

$$I\cos\varphi = 常数 \tag{3-124}$$

上式的物理意义是：在只改变励磁电流的情况下，同步电动机定子绕组中电流的有功分量保持不变。根据式（3-122）和式（3-124）的条件作出隐极式同步电动机在三种不同的励磁电流时的相量图，如图 3-44 所示。

显然，

$$E_0'' < E_0 < E_0'$$

因此，

$$I_f'' < I_f < I_f'$$

由图 3-44 可见，在改变励磁电流的大小时，为了满足式（3-124）的条件，电流相量 $\dot{I}$ 的末端总是落在与电压相量 $\dot{U}$ 相垂直的固定的虚线上。同样地，为了满足式（3-122）的条件，电动势相量 $\dot{E}_0$ 的末端总是落在与电压相量 $\dot{U}$ 相平行的固定的虚线上。从图 3-44 可以看出，当改变励磁电流 I_f 时，同步电动机功率因数变化的规律：

（1）当励磁电流为 I_f 时，使定子电流 $\dot{I}$ 与定子电压 $\dot{U}$ 同相位，这种情况称为正常励磁状

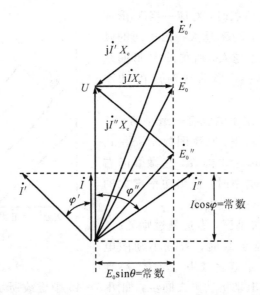

图 3-44　同步电动机拖动机械负载不变时，仅改变励磁电流的相量图

态，见图 3-44 中的 $\dot{E}_0$、$\dot{I}$ 相量。在正常励磁状态下，同步电动机只从电网吸收有功功率，不吸收任何无功功率。也就是说，这种情况下运行的同步电动机像个纯电阻负载，功率因数 $\cos\varphi = 1$。

（2）当励磁电流比正常励磁电流小时，称为欠励状态，见图 3-44 中的 $\dot{E}_0''$、$\dot{I}''$ 相量。这时 $E_0'' < E_0$，功率因数角为 φ''（滞后性）。在这种情况下，同步电动机除了从电网吸收有功功率外，还要从电网吸收滞后性的无功功率。这种情况下运行的同步电动机像个电阻电感性负载。本来电网就供应着如异步电动机、变压器等需要滞后性无功功率的负载，现在同步电动机处于欠励状态运行时，也需要电网提供滞后性的无功功率，从而进一步加重了电网的负担，所以同步电动机一般很少采用欠励的运行方式。

（3）当励磁电流比正常励磁电流大时，称为过励状态，见图 3-44 中的 $\dot{E}_0'$、$\dot{I}'$ 相量。这时 $E_0' > E_0$，功率因数角为 φ'（领先性）。在这种情况下，同步电动机除了从电网吸收有功功率以外，还要从电网吸收领先性的无功功率。这种情况下运行的同步电动机像一个电阻电容性负载。由此可见，在过励状态下运行的同步电动机对改善电网的功率因数是非常有益的。

总之，当改变同步电动机的励磁电流时，能够改变同步电动机的功率因数，这个特点是三相异步电动机所不具备的。所以在同步电动机拖动负载运行时，一般要过励，至少运行在正常励磁状态，不会让它运行在欠励状态。

2. 同步电动机的 V 形曲线

同步电动机的 V 形曲线是指当电源电压和电源的频率均为额定值时，在输出功率不变的条件下，调节励磁电流 I_f，定子电流 I 相应地发生变化。以励磁电流 I_f 为横坐标，定子电流 I 为纵坐标，将两个电流数值变化关系绘制成曲线，由于其形状像英文字母"V"，故称其为 V 形曲线。

当电动机带有不同的负载时，对应一组 V 形曲线，如图 3-45 所示。输出功率越大，在相同的励磁电流条件下，定子电流也越大，所得的 V 形曲线往右上方移动。图中各条 V 形曲线对应的功率为 $P_2''' > P_2'' > P_2'$。

对于每条 V 形曲线，定子电流有一最小值，这时定子仅从电网吸收有功功率，功率因数 $\cos\varphi=1$。把这些点连起来，称为 $\cos\varphi=1$ 的线。它微微向右倾斜，说明输出为纯有功功率时，输出功率增大的同时，必须相应地增加一些励磁电流。

$\cos\varphi=1$ 线的左边是欠励区，右边是过励区。

当同步电动机带一定负载时，若减小励磁电流，电动势 E_0 减小，P_{em} 亦随之减小，当 P_{em} 小到

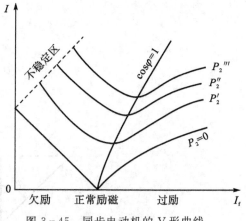

图 3-45　同步电动机的 V 形曲线

一定程度时，θ 超过 90°，电动机就失去同步，如图 3-45 中虚线所示的不稳定区。从这个角度看，同步电动机最好不运行于欠励状态。

3.6　应用实例

三相异步电动机可用于驱动各种通用机械，如压缩机、水泵、鼓风机、磨煤机、轧钢机、卷扬机、破碎机、切削机床、运输机械及其他机械设备，在矿山、机械、冶金、石油、化工、电站等各种工矿企业中作原动机用。市面上作为动力使用的各种电机中，绝大多数为三相异步电机。同步电机的效率高，可以改善功率因数，因此某些场所，比如大功率的鼓风机、水泵，使用同步电机，既可以提高效率，还可以改善电网侧的功率因数。下面给出几例异步电机使用的实际案例。

1. 鼓风机

鼓风机是一种将电能转化为空气动能的设备，用来输送介质，以清洁空气、清洁煤气、二氧化硫及其他惰性气体为主，还可输送其他易燃、易爆、易蚀、有毒及特殊气体，因而能广泛适用于冶金、化工、化肥、石化、食品、建材、石油、矿井、纺织、煤气站、气力输送、污水处理等各工业部门。图 3-46 为两款鼓风机的图片。

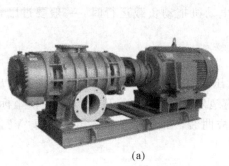 

(a)　　　　　　　　　　　(b)

图 3-46　鼓风机

2. 卷扬机

卷扬机又称绞车，是用卷筒缠绕钢丝绳或链条提升或牵引重物的轻小型起重设备。卷扬机可以垂直提升、水平或倾斜拽引重物。卷扬机分为手动卷扬机和电动卷扬机两种。现在以电动卷扬机为主。它可单独使用，也可作起重、筑路和矿井提升等机械中的组成部件，因操作简单、绕绳量大、移置方便而广泛应用，主要运用于建筑、水利工程、林业、矿山、码头等的物料升降或平拖。图 3-47 为两款卷扬机图片。

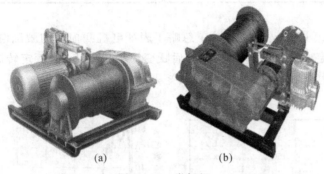

(a)　　　　　　　(b)

图 3-47　卷扬机

3.7　三相交流电动机的仿真

下面以三相异步电动机为例，在 MATLAB/Simulink 平台上对三相异步电动机进行仿真。

异步电动机由三相对称正弦电压（工频电源）供电。在 MATLAB/Simulink 平台上建立的仿真模型如图 3-48 所示。三相异步电动机的参数见表 3-1。

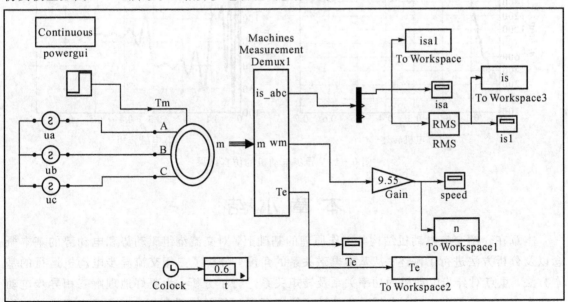

图 3-48　三相异步电动机由工频电源供电的仿真模型

表 3 - 1   三相异步电动机的参数

相电压	380 V	电源频率	50 Hz
定子绕组相电阻	1.33 Ω	定子绕组相漏感	0.0077 H
转子绕组相电阻	1.12 Ω	转子绕组相漏感	0.0140 H
互感	0.2866 H	转动惯量	0.05 kg.m²
极对数	2	负载转矩	65.77 Nm

该电机功率为 10 kW，△接法。除了忽略了表征电机铁损耗的激磁电阻外，其余参数与例题 3 - 3 相同。设定电机空载起动，0.3 s 后跃变为 65.77 Nm 的额定转矩。图 3 - 49 给出了仿真的 A 相电流(瞬时值和有效值)、电磁转矩及电机转速。

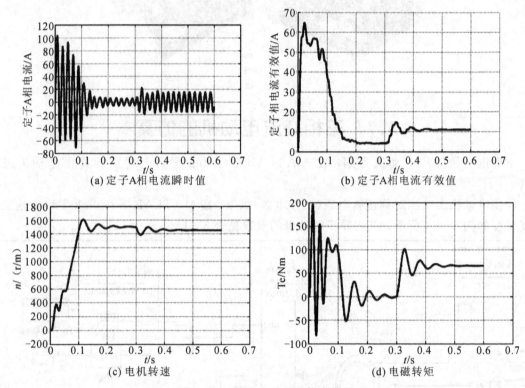

(a) 定子A相电流瞬时值

(b) 定子A相电流有效值

(c) 电机转速

(d) 电磁转矩

图 3 - 49   异步电动机的仿真结果

本 章 小 结

本章在介绍交流电动机结构与工作原理的基础上，对交流绕组磁动势和电动势的基本概念以及分析方法进行了阐述；从基本电磁关系的角度，分析了三相交流异步电动机运行的基本方法，重点对异步电动机的功率关系及转矩关系进行了分析；为更好地理解三相异步电动机稳态工作时的等效电路，分析时先从转子绕组开路的简单情况分析，再过渡到正常的工作情况；对三相同步电动机进行了简要分析，主要介绍了其基本工作原理，分析了功角特性和矩角特性，并介绍了 V 形曲线等概念；最后给出了异步电动机的应用实例和仿真。

思考与练习题

3-1　为什么说异步电机的工作原理与变压器的工作原理类似？试分析两者的异同点。

3-2　试说明异步电机频率折算和绕组折算的意义、折算条件及折算方法。

3-3　异步电动机在无载运行、额定负载运行及短路堵转运行三种情况下的等值电路有什么不同？当定子外加电压一定时，三种情况下的定、转子感应电动势大小、转子电流及转子功率因数角、定子电流及定子功率因数角有什么不同？

3-4　用异步电动机相量图解释为什么异步电动机的功率因数总是落后的？为什么异步电动机不宜在轻负载下运行？

3-5　异步电动机运行时，若负载转矩不变而电源电压下降 10% ，则对电机的同步转速 n_1、转子转速 n、主磁通 Φ_m、转子电流 I_r、转子回路功率因数 $\cos\varphi_2$、定子电流 I_s 等有何影响？如果负载转矩为额定负载转矩，长期低压运行，会有何后果？

3-6　异步电动机与同步电动机在电磁转矩的形成上有什么相同之处？

3-7　同步电动机功率角是什么角？

3-8　同步电动机欠励运行时，从电网吸收什么性质的无功功率？过励时，从电网吸收什么性质的无功功率？

3-9　同步电动机带额定负载时，$\cos\varphi=1.0$，若保持励磁电流不变，而负载降为零，功率因数是否会改变？

3-10　在凸极式同步电动机中为什么要把电枢反应磁动势分成纵轴和横轴两个分量？

3-11　一台凸极式同步电动机转子若不加励磁电流，它的功角特性和矩角特性是什么样的？

3-12　一台凸极式同步电动机空载运行时，如果突然失去励磁电流，电动机的转速会怎样变化？

3-13　一台拖动恒转矩负载运行的同步电动机，忽略定子电阻，当功率因数为领先性的情况下，若减小励磁电流，电枢电流将怎样变化？

3-14　一台额定频率为 50 Hz 的三相异步电机，当定子绕组加额定电压、转子绕组开路时，每相感应电动势为 100 V。设电机额定运行时的转速 $n=960$ r/m，转子转向与旋转磁场相同，问：

（1）此时电机运行在什么状态？

（2）此时转子每相电势 E_{rn} 为多少？

（3）转子参数 $R_r=0.1\ \Omega$，$X_{1rn}=0.002\ \Omega$（注意，此漏抗对应于额定转速），额定运行时转子电流 I_r 是多少？

3-15　一台三相异步电动机的数据为：$U_s=380$ V，$f_N=50$ Hz，$n_N=1426$ r/m，定子绕组为△接法。已知该三相异步电动机一相的参数 $R_s=2.865\ \Omega$，$X_{1s}=7.71\ \Omega$，$R'_r=2.82\ \Omega$，$X'_{1r}=11.75\ \Omega$，$X_m=202\ \Omega$，R_m 忽略不计。试求：

（1）额定负载时的转差率和转子电流的频率。

（2）作 T 形等值电路，并计算额定负载时的定子电流 I_s、转子电流折算值 I'_r、输入功率

P_1 和功率因数 $\cos\varphi_1$。

3-16 一台三相四极异步电动机，其额定功率 $P_N=5.5$ kW，额定频率 $f_N=50$ Hz。在额定负载运行情况下，由电源输入的功率为 6.32 kW，定子铜损耗为 341 W，转子铜损耗为 237.5 W，铁损耗为 167.5 W，机械损耗为 45 W，附加损耗为 29 W。

(1) 画出功率流程图，标明各功率及损耗。

(2) 在额定运行的情况下，电动机的效率、转差率、转速、电磁转矩以及转轴上的输出转矩各是多少？

3-17 一台三相六极异步电动机，已知其额定数据 $P_N=28$ kW，$U_N=380$ V，$n_N=950$ r/m，$f_N=50$ Hz。额定负载时定子边的功率因数 $\cos\varphi_{1N}=0.88$，定子铜损耗、铁损耗共为 2.2 kW，机械损耗为 1.1 kW，忽略附加损耗。计算在额定负载时：(1) 转差率；(2) 转子铜耗；(3) 效率；(4) 定子电流；(5) 转子电流的频率。

3-18 一台三相四极异步电动机额定数据为：$P_N=10$ kW，$U_N=380$ V，$I_N=19.8$ A，定子绕组为 Y 接法，$R_s=0.5$ Ω。已知空载试验数据 $U_0=380$ V，$P_0=0.425$ kW，$I_0=5.4$ A，机械损耗 $p_m=0.08$ kW，忽略附加损耗；短路试验数据 $U_k=120$ V，$P_k=0.92$ kW，$I_k=18.1$ A。认为 $X_{1s}=X_{1r}'$，求电机的参数 R_r'、X_{1s}、X_{1r}'、R_m 和 X_m。

3-19 已知一台三相八极异步电动机额定数据，额定功率 $P_N=260$ kW，额定电压 $U_N=380$ V，额定频率 $f_N=50$ Hz，额定转速 $n_N=722$ r/m。求：

(1) 额定转差率；(2) 额定转矩。

3-20 一台三相凸极式同步电动机，定子绕组为 Y 接法，额定电压为 380 V，纵轴同步电抗 $X_d=6.06$ Ω，横轴同步电抗 $X_q=3.43$ Ω。运行时电动势 $E_0=250$ V（相值），功率角 $\theta=28°$，求电磁功率 P_{em}。

3-21 一台同步电动机在额定电压下运行且从电网吸收一功率因数为 0.8 领先性的额定电流，该电机的同步电抗标幺值为 $X_d{}^*=1.0$，$X_q{}^*=0.6$，试求该电机的空载电动势 E_0 和功率角 θ。

第 4 章　三相交流电动机的电力拖动

4.1　电力拖动系统基础

原动机带动生产机械运动，或通过传动机构经过中间变速或运动方式变换，再带动生产机械的工作机构运动的过程称为电力拖动。电力拖动系统构成如图 4-1 所示。

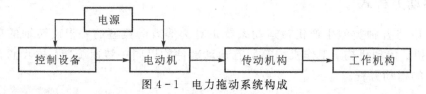

图 4-1　电力拖动系统构成

电力拖动系统可分为典型的单轴或多轴拖动系统，又可按照不同的生产机械负载分为以下几种类型。

1. 摩擦类负载

摩擦类负载的特点是：由多根转动轴组成旋转运动系统，如图 4-2 所示。

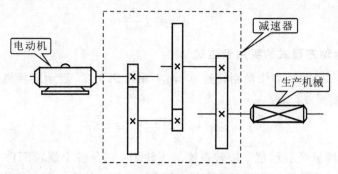

图 4-2　摩擦类负载拖动系统

2. 位能类负载

位能类负载的特点是：以位能负载为主，还包括少量的摩擦负载，如图 4-3 所示。

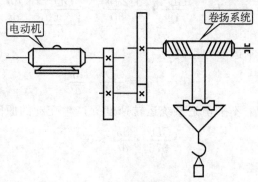

图 4-3　位能类负载拖动系统

3. 鼓风机类负载

鼓风机类负载的特点是：阻转矩随着转速的升高而不断增大，如图4-4所示。

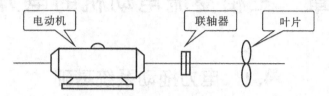

图4-4 鼓风机类负载拖动系统

4.1.1 运动方程式

由于可以将各种类型生产机械运动系统折算为等效的典型的一根旋转轴的单轴拖动系统，即电动机、传动机构、工作机构等所有运动部件均以同一转速旋转，故我们首先分析单轴拖动系统的运动方程。

1. 单轴拖动系统运动方程式

依照动力学定律，电动机的电磁转矩 T 除克服运动系统的负载转矩 $T_L = T_2 + T_0$ 之外，还使整个系统沿着电动机电磁转矩的方向产生角加速度 $\dfrac{\mathrm{d}\Omega}{\mathrm{d}t}$，而 $\dfrac{\mathrm{d}\Omega}{\mathrm{d}t}$ 的大小与旋转体的转动惯量 J 成正比，即

$$T - T_L = J \frac{\mathrm{d}\Omega}{\mathrm{d}t} \tag{4-1}$$

2. 拖动系统运动方程式的实用表达式

在工程计算中，表示转动快慢用转速 n，而不用角速度 Ω；表示旋转物体的惯性用飞轮矩 GD^2，而不用转动惯量 J，即

$$J = m\rho^2 = \frac{G}{g}\left(\frac{D}{2}\right)^2 = \frac{GD^2}{4g} \tag{4-2}$$

注意：GD^2 这个物理量是表示整个旋转系统的飞轮矩，它是各个旋转部件飞轮矩折算到电动机轴上的总和。无论是计算或书写 GD^2 时，都写在一起，它是一个完整的符号，而绝对不能分开。将 $\Omega = \dfrac{2\pi n}{60}$ 代入上面的旋转动力学方程，则

$$T - T_L = \frac{GD^2}{4g} \cdot \frac{\mathrm{d}}{\mathrm{d}t}\frac{2\pi n}{60} = \frac{GD^2}{\dfrac{4 \times 60g}{2\pi}} \cdot \frac{\mathrm{d}n}{\mathrm{d}t} \tag{4-3}$$

所以，电力拖动系统的基本运动方程式为

$$T - T_L = \frac{GD^2}{375} \cdot \frac{\mathrm{d}n}{\mathrm{d}t} \tag{4-4}$$

式(4-4)表明 T 与 T_L 不平衡是系统运转速度 n 产生变动的原因，即当 $T > T_L$ 时，有

$$\frac{GD^2}{375} \cdot \frac{\mathrm{d}n}{\mathrm{d}t} > 0$$

系统处于加速过程，转速升高；当 $T < T_L$ 时，有

$$\frac{GD^2}{375} \cdot \frac{dn}{dt} < 0$$

系统处于减速过程，转速降低。不管是转速 n 上升，还是下降，电力拖动系统的转速都处于变化过程中，所以称这种工作状态为过渡过程或动态。当 $T = T_L$ 时，有

$$\frac{GD^2}{375} \cdot \frac{dn}{dt} = 0$$

系统处于恒定转速运转或静止不动状态，$n = \text{const}$（常数），系统的这种工作状态称为稳定状态或静态。

4.1.2　生产机械的负载转矩特性

生产机械的负载转矩特性指的是电动机转速 n 与负载转矩 T_L 之间的函数关系。生产机械的负载转矩特性曲线按负载性质的不同可归纳为三种类型。

1. 恒转矩型的机械特性

恒转矩型负载的特点是负载转矩为常数，不随转速的变化而变化，即 $T_L =$ 常数。这类负载的生产机械有起重机、金属切削机床的进给装置、卷扬机、龙门刨床、印刷机和载物时的传送带等。它又具体分为：

（1）反抗性恒转矩特性：转矩总是阻碍运动的。当转动方向改变时，负载转矩的方向也随之改变，如图 4-5(a)所示。

（2）位能性恒转矩特性：它是受重力作用而产生的转矩。当转动方向改变时，位能性转矩仍保持其原来的作用方向，如图 4-5(b)所示。

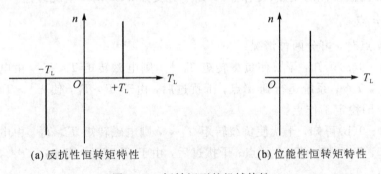

(a) 反抗性恒转矩特性　　　　　(b) 位能性恒转矩特性

图 4-5　恒转矩型的机械特性

2. 恒功率型的机械特性

恒功率型负载的特点是负载转矩 T_L 与转速 n 成反比，其乘积近似保持不变，如图 4-6 所示。如机床对零件的切削运动就属于这类负载的生产机械特性。

恒功率型机械特性 $T_L \propto \dfrac{k}{n}$，即

$$T_L \Omega = P_L = \text{const}$$

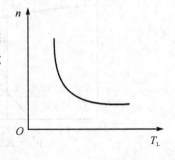

图 4-6　恒功率型的机械特性

3. 通风机型的机械特性

通风机型负载转矩的大小与运行速度的平方成正比，如通风机、水泵、油泵等都属于这种负载。这些设备中的空气、水、油对机器叶片的阻力与转速的平方成正比。

理想通风机型负载的机械特性为 $T_L = kn^2$，如图 4-7 所示，而实际的通风机型负载的机械特性为 $T_L = T_0 + kn^2$，如图 4-8 所示。

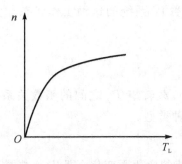
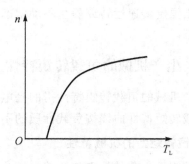

图 4-7　理想通风机型负载的机械特性　　　图 4-8　实际通风机负型载的机械特性

4.1.3　电力拖动系统稳定运行的条件

由旋转运动方程 $T - T_L = J \dfrac{d\Omega}{dt}$ 可知，当 $T - T_L > 0$ 时，过渡过程加速，当 $T - T_L < 0$ 时，过渡过程减速，而电力拖动系统稳定运行的条件是 $n = \text{const}$，即 $T - T_L = 0$，也即电动机的机械特性与负载的机械特性的交点（工作点），以下分交点 a、b 两种情况讨论。

1. 工作在 a 点

工作点为 a 点时，可分两种情况：

（1）由图 4-9(a)可知，干扰使负载转矩 $T_L \uparrow$，则电磁转矩 $T < T_L$，由电动机的机械特性曲线可知 $n \downarrow$，$T \uparrow$，系统运行到 a' 点；干扰过后，由于 $T > T_L$，使 $n \uparrow$，$T \downarrow$，则 $T = T_L$，系统回到 a 点，即稳定工作点。

（2）由图 4-9(b)可知，干扰使负载转矩 $T_L \downarrow$，则电磁转矩 $T > T_L$，由电动机的机械特性曲线可知 $n \uparrow$，$T \downarrow$，$T = T_L \rightarrow a''$ 点；干扰过后，由于 $T < T_L$，使 $n \downarrow$，$T \uparrow$，$T = T_L$，系统

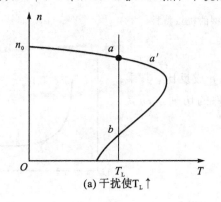
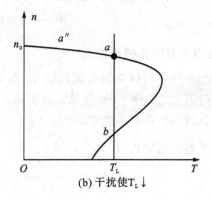

(a) 干扰使$T_L \uparrow$　　　　　　　　　(b) 干扰使$T_L \downarrow$

图 4-9　电力拖动系统工作在 a 点的运行情况

回到 a 点，即稳定工作点。

2. 工作在 b 点

工作点为 b 点时，亦可分两种情况：

（1）由图 4-10 可知，干扰使负载转矩 $T_L \uparrow$，则电磁转矩 $T < T_L$，由电动机的机械特性曲线可知 $n \downarrow$，$T \downarrow$，则 $n \downarrow \downarrow$，最终 $n = 0$，即堵转；干扰过后，由于 $T < T_L$，不能运行。

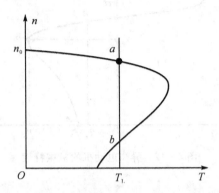

图 4-10 电力拖动系统工作在 b 点的运行情况

（2）干扰使负载转矩 $T_L \downarrow$，则电磁转矩 $T > T_L$，由电动机的机械特性曲线可知 $n \uparrow$，$T \uparrow$，则 $n \uparrow \uparrow$，系统运行到 b' 点；干扰过后，由于 $T < T_L$，$n \downarrow$，$T \downarrow$，系统运行到 a 点，即稳定工作点，如图 4-11 所示。

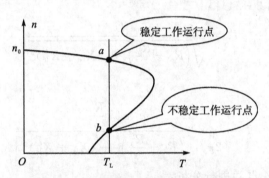

图 4-11 电力拖动系统稳定运行情况

由此可得如下结论，交点 a 为稳定工作运行点，b 为不稳定工作运行点，即稳定运行的充分条件是

$$\frac{\mathrm{d}T}{\mathrm{d}n} < \frac{\mathrm{d}T_L}{\mathrm{d}n}$$

4.2 三相异步电动机的电力拖动

4.2.1 异步电动机的机械特性

异步电动机的机械特性是指电动机的转速 n 与转矩 T 的关系，即 $T = f(n)$，由前面的运

动方程可知,它决定拖动系统稳定运行及过渡过程的工作情况,如图4-12所示。其中,固有机械特性是指在额定电压及额定频率下,定子及转子电路不外接电阻,电磁转矩与转子转速(或转差率)之间的关系,即 $T=f(n)$ 或 $T=f(s)$,具体可有以下两种表达式:

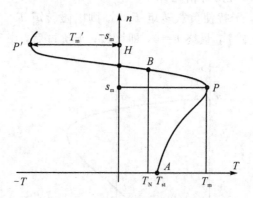

图4-12 异步电动机的机械特性

1. 参数表达式

$$T=\frac{P_{em}}{\Omega_1}=\frac{m_1 I'^2_r \frac{R'_r}{s}}{\frac{2\pi n_1}{60}}=\frac{m_1 n_p I'^2_r \frac{R'_r}{s}}{2\pi f_1} \tag{4-5}$$

由近似等值电路(图3-24)得

$$I'_r=\frac{U_s}{\sqrt{\left(R_s+\frac{R'_r}{s}\right)^2+(X_{1s}+X'_{1r})^2}}$$

则

$$T=\frac{m_1 n_p U_s^2 \frac{R'_r}{s}}{2\pi f_1\left[\left(R_s+\frac{R'_r}{s}\right)^2+(X_{1s}+X'_{1r})^2\right]} \tag{4-6}$$

由上式可得几个特殊点并进行分析:

(1)最大转矩。令 $\frac{dT}{ds}=0$,得临界转差率:

$$s_m=\pm\frac{R'_r}{\sqrt{R_s^2+(X_{1s}+X'_{1r})^2}} \tag{4-7}$$

最大转矩为

$$T_m=\pm\frac{m_1 n_p U_s^2}{4\pi f_1\left[\pm R_s+\sqrt{R_s^2+(X_{1s}+X'_{1r})^2}\right]} \tag{4-8}$$

式中,"+"号用于电动机状态;"-"号用于发电机状态。

当满足 $\frac{R_s^2}{(X_{1s}+X'_{1r})^2}\leqslant 5\%$ 的条件时,可以忽略 R_s,则得如下的近似式:

$$s_m=\pm\frac{R'_r}{X_{1s}+X'_{1r}},$$

$$T_m \approx \pm \frac{m_1 n_p U_s^2}{4\pi f_1 (X_{ls} + X'_{lr})}$$

结论：当 $f_1 = \text{const}$，参数不变时，$T_m \propto U_s^2$，T_m 与 R_r 无关，$s_m \propto R_r$；

当 $U_s = \text{const}$，$f_1 = \text{const}$ 时，$T_m \propto \dfrac{1}{X_{ls} + X'_{lr}}$；

当 $U_s = \text{const}$，参数不变时，$T_m \propto \dfrac{1}{f_1}$。

（2）过载倍数。最大转矩与额定转矩之比，称为电动机的过载倍数或过载能力，即

$$\lambda = \frac{T_m}{T_N} \tag{4-9}$$

（3）最初起动转矩为

$$T_{st} = T_{s=1} = \frac{m_1 n_p U_s^2 R'_r}{2\pi f_1 [(R_s + R'_r)^2 + (X_{ls} + X'_{lr})^2]} \tag{4-10}$$

结论：当 $f_1 = \text{const}$，参数不变时，$T_{st} \propto U_s^2$；

在转子回路中串入适当的电阻，可以使 T_{st} 达到最大值，即 $T_{st} = T_m$；

当 $U_s = \text{const}$，参数不变时，$T_{st} \propto \dfrac{1}{f_1}$。

（4）起动转矩倍数。最初起动转矩与额定转矩之比，称为电动机的起动转矩倍数，即

$$k_{st} = \frac{T_{st}}{T_N} \tag{4-11}$$

（5）额定工作点。电动机的转矩和转速均为额定值的工作点，即 (T_N, s_N)。

（6）同步转速点。电动机的转速为同步转速和转矩为零的工作点，即 $n = n_1$，$T = 0$。

2. 电磁转矩的实用表达式

由参数表达式，得

$$
\frac{T}{T_m} = \frac{\dfrac{m_1 n_p U_s^2 \dfrac{R'_r}{s}}{2\pi f_1 \left[\left(R_s + \dfrac{R'_r}{s}\right)^2 + (X_{ls} + X'_{lr})^2\right]}}{\dfrac{m_1 n_p U_s^2}{4\pi f_1 [R_s + \sqrt{R_s^2 + (X_{ls} + X'_{lr})^2}]}}
$$

$$
= \frac{2R'_r\left(R_s + \dfrac{R'_r}{s_m}\right)}{s\left(2\dfrac{R_s R'_r}{s} + \dfrac{R'^2_r}{s^2} + \dfrac{R'^2_r}{s_m^2}\right)} = \frac{2\left(1 + \dfrac{R_s}{R'_r}s_m\right)}{\dfrac{s}{s_m} + \dfrac{s_m}{s} + 2\dfrac{R_s}{R'_r}s_m}
$$

因为 $R_s \approx R'_r$，且 s_m 很小，所以 $2\dfrac{R_s}{R'_r}s_m$ 也很小，可以忽略之，则得机械特性的实用表达式为

$$T = \frac{2T_m}{\dfrac{s}{s_m} + \dfrac{s_m}{s}} \tag{4-12}$$

将 $\lambda = \dfrac{T_m}{T_N}$ 代入上式中，解得

$$s_m = s_N(\lambda + \sqrt{\lambda^2 - 1}) \tag{4-13}$$

4.2.2　异步电动机的人为机械特性

由电动机的机械特性参数表达式可知，异步电动机电磁转矩 T 的数值是由某一转速 n（或 s）下，电源电压 U_s、电源频率 f_1、定子极对数 n_p、定子和转子电路的电阻 R_s 与 R_r' 及电抗 X_s、X_r' 等参数决定的。人为地改变电源电压、电源频率、定子极对数、定子和转子电路的电阻及电抗等参数，可得到不同的人为机械特性。

（1）降低定子电压。同步转速与定子电压无关，临界转差率也与定子电压无关。随着定子电压的降低，最大转矩和起动转矩大幅度减小，如图 4-13 所示。

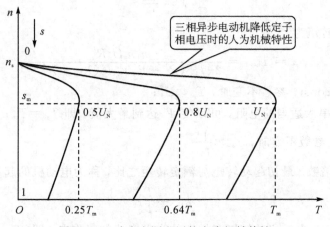

图 4-13　改变电源电压的人为机械特性

（2）定子电路串电阻或电抗。定子电路串电阻或电抗后，最大转矩、起动转矩以及临界转差率均减小，如图 4-14 所示。

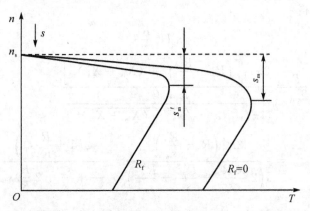

图 4-14　定子电路串电阻或电抗时的人为机械特性

（3）转子电路串电阻。转子电路串电阻后，最大转矩保持不变，而临界转差率增加，起动转矩视具体情况而定，如图 4-15 所示。

起动过程分析：

（1）串联 R_{st1} 和 R_{st2} 起动（特性 a），总电阻 $R_{22}=R_2+R_{st1}+R_{st2}$；

（2）合上 Q_2，切除 R_{st2}（特性 b），总电阻 $R_{21}=R_2+R_{st1}$；

（3）合上 Q_1，切除 R_{st1}（特性 c），总电阻 $R_{20}=R_2$。

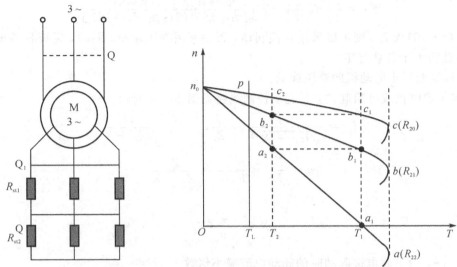

图 4 – 15　绕线式异步电动机转子电路串电阻时的人为机械特性

4.2.3　三相异步电动机的起动

1. 三相异步电动机的起动问题及起动方法

对于三相异步电动机的起动，要求：① 电动机应有足够大的起动转矩；② 在满足起动转矩要求的前提下，起动电流越小越好；③ 起动设备应力求结构简单，操作方便，价格低廉，制造和维修方便；④ 应力求降低起动过程中的能量损耗。

一般电动机的起动电流可达额定电流的 4～7 倍，这样大的起动电流，一方面使电源和线路上产生很大的压降，影响其他用电设备的正常运行，使电动机的转速下降，欠电压继电保护动作而将正在运转的电气设备断电等；另一方面，起动电流很大将引起电机发热，特别是频繁起动的电机，发热更为厉害。

要限制起动电流，可以采取降压或增大电机参数的方法。为增大起动转矩，可适当加大转子的电阻。所以大容量的异步电动机一般采用加装起动装置起动。

1）起动时的情况

起动瞬间，$s=1$，根据电磁转矩和转子电流的公式，有

$$T_{st} = \frac{m_1 n_p U_s^2 R_r'}{2\pi f_1 [(R_s + R_r')^2 + (X_{1s} + X_{1r}')^2]} \tag{4-14}$$

$$I_{st} = I_s = I_r' = \frac{U_s}{\sqrt{(R_s + R_r')^2 + (X_{1s} + X_{1r}')^2}} \tag{4-15}$$

电机起动时一般要求 $T_{st} \geq 1.2 T_L$，若起动转矩 T_{st} 过小，将无法直接起动电动机。若起动电流 I_{st} 过大，将造成电动机过热，减少其寿命，产生强大的电动力，损坏电机，甚至危害到人的生命，还会使电网电压降低，影响其他正常工作的电动机。

2）起动方法

（1）直接起动。该方法适用于小容量鼠笼型电动机。容量在 7.5 kW 以下的鼠笼型电动机均可以直接起动，一般可按下面的经验公式决定：

$$K_I = \frac{I_{st}}{I_N} \leqslant \frac{1}{4}\left[3 + \frac{\text{电网容量 } P_{dw}(\text{kVA})}{\text{起动电动机的容量 } P_N(\text{kW})}\right] \qquad (4-16)$$

若式(4-16)成立，则可以采用直接起动，否则要用降压起动。同时，需要校验电动机的起动转矩是否大于负载转矩。

(2) 鼠笼型异步电动机的降压起动。

① 定子串电抗或电阻起动，其起动控制线路见图4-16所示。

$$I_{st} = \frac{U_s}{\sqrt{R_k^2 + X_k^2}} = \frac{U_s}{Z_k}, \quad I'_{st} = \frac{U_s}{Z_k + X}$$

则

$$u = \frac{I'_{st}}{I_{st}} = \frac{I'_{st}}{K_I I_N} = \frac{Z_k}{Z_k + X}$$

解得

$$X = \frac{1-u}{u}Z_k$$

式中，$u = \dfrac{I'_{st}}{I_{st}}$，为串联电抗起动时的起动电流减小倍数。

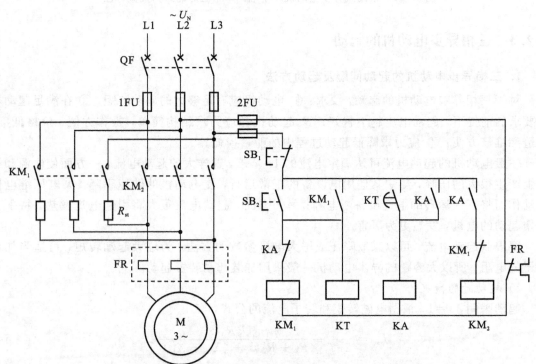

KM₁—降压起动接触器；SB₁—停车按钮；KM₂—全压运行接触器；SB₂—起动按钮；
KT—时间继电器；KA—中间继电器；FR—热继电器；QF—电压断路器

图4-16　定子串电阻或电抗的降压起动控制线路

同理，若串联电阻起动，则起动电阻为

$$R = \sqrt{\frac{R_k^2 + X_k^2}{\left(\dfrac{I'_{st}}{I_{st}}\right)^2} - X_k^2} - R_k \qquad (4-17)$$

电磁转矩与定子电流的平方成正比，所以

$$\frac{T'_{st}}{T_{st}} = \left(\frac{I'_{st}}{I_{st}}\right)^2 = u^2 \tag{4-18}$$

起动时，电抗器或电阻接入定子电路，起动后，切除电抗器或电阻，进入正常运行。三相异步电动机定子边串入电抗器或电阻起动时，定子绕组实际所加电压降低，从而减小起动电流。但定子边串电阻起动时，能耗较大，实际应用不多。定子串电阻或电抗时的人为机械特性如图 4-17 所示。

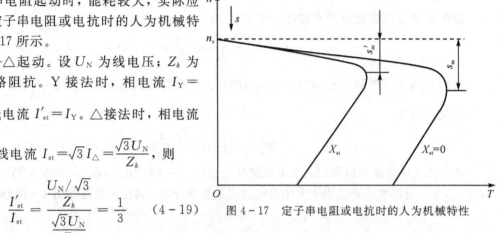

② Y-△起动。设 U_N 为线电压；Z_k 为电机的短路阻抗。Y 接法时，相电流 $I_Y = \dfrac{U_N/\sqrt{3}}{Z_k}$，线电流 $I'_{st} = I_Y$。△接法时，相电流 $I_{\triangle} = \dfrac{U_N}{Z_k}$，线电流 $I_{st} = \sqrt{3}\,I_{\triangle} = \dfrac{\sqrt{3}\,U_N}{Z_k}$，则

$$\frac{I'_{st}}{I_{st}} = \frac{\dfrac{U_N/\sqrt{3}}{Z_k}}{\dfrac{\sqrt{3}\,U_N}{Z_k}} = \frac{1}{3} \tag{4-19}$$

图 4-17　定子串电阻或电抗时的人为机械特性

即采用 Y-△起动，线电流降低到直接起动时的三分之一。同理分析，可知转矩关系：

$$\frac{T'_{st}}{T_{st}} = \left(\frac{U'_1}{U_1}\right)^2 = \left(\frac{U_N/\sqrt{3}}{U_N}\right)^2 = \frac{1}{3} \tag{4-20}$$

即采用 Y-△起动，转矩降低到直接起动时的三分之一。其控制线路如图 4-18 所示。

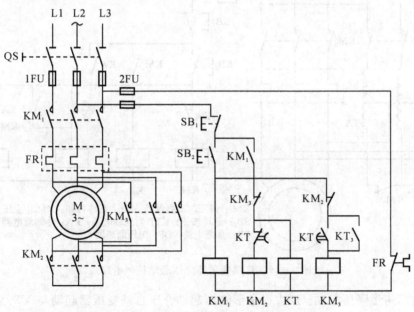

KM₁—起动接触器；KM₂—星形接法接触器；SB₂—起动按钮；
KT—时间继电器；FR—热继电器；SB₁—停车按钮；
QS—刀开关；1FU，2FU—熔断器；KM₃—三角形接法接触器

图 4-18　Y-△起动控制线路

③ 自耦变压器降压起动：

$$\frac{I''_{st}}{I_{st}} = \frac{U'}{U_N} = \frac{W_2}{W_1} = \frac{1}{K_A}$$

$$\frac{I'_{st}}{I''_{st}} = \frac{W_2}{W_1} = \frac{1}{K_A}$$

供电电源变压器提供的直接起动电流 I_{st} 为

$$I'_{st} = \frac{I''_{st}}{K_A} = \frac{I_{st}}{K_A{}^2} \tag{4-21}$$

采用自耦变压器降压起动时，对电网的冲击电流降低到直接起动时的 $\frac{1}{K_A{}^2}$ 倍。

转矩关系为

$$\frac{T'_{st}}{T_{st}} = \left(\frac{U'}{U_N}\right)^2 = \frac{1}{K_A{}^2} \tag{4-22}$$

电压抽头可以根据负载情况及电源情况来选择，一种是 40%、60%、80%，另一种是 55%、64%、73%。自耦变压器适用于大中型电动机的重载起动。其控制线路如图 4-19 所示。

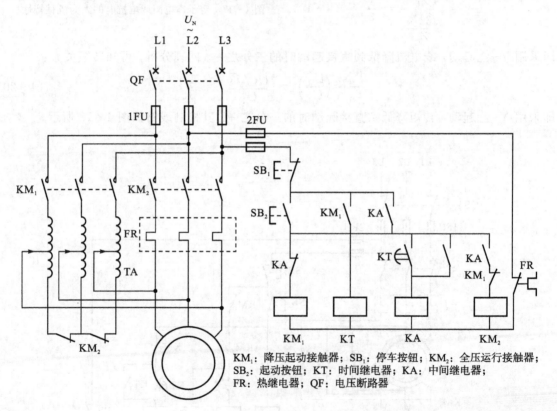

KM₁：降压起动接触器；SB₁：停车按钮；KM₂：全压运行接触器；
SB₂：起动按钮；KT：时间继电器；KA：中间继电器；
FR：热继电器；QF：电压断路器

图 4-19 自耦变压器降压起动控制电路

④ 延边三角形降压起动。延边三角形降压起动介于自耦变压器起动与 Y-△起动方法之间，其电路如图 4-20 所示。

如果将延边三角形看成一部分为 Y 接法，另一部分为△接法，则 Y 部分比重越大，起动时电压降得越多。若电源线电压为 380 V，根据分析和试验可知，Y 和△的抽头比例为 1∶1

时，电动机每相电压是 268 V；抽头比例为 1∶2 时，每相绕组的电压为 290 V。可见，延边三角形可采用不同的抽头比来满足不同负载特性的要求。

延边三角形起动的优点是节省金属，重量轻；缺点是内部接线复杂。

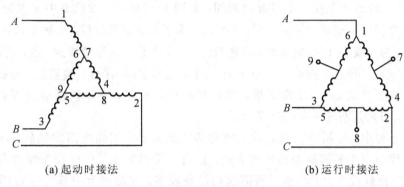

(a) 起动时接法　　　　　　　　(b) 运行时接法

图 4-20　延边三角形降压起动电路

鼠笼型异步电动机除了可在定子绕组上想办法降压起动外，还可以通过改进鼠笼的结构来改善起动性能，这类电动机主要有深槽式和双笼式。

2. 绕线型三相异步电动机的起动

前面在分析机械特性时已经说明，适当增加转子电路的电阻不仅可以降低起动电流，还可以提高起动转矩。绕线转子异步电动机正是利用这一特性，起动时在转子回路中串入电阻器或频敏变阻器来改善起动性能。

（1）转子串电阻分级起动。开始起动时，在转子中串入合适的电阻，以最大电磁转矩起动，如图 4-21(a)所示。通过适时切除电阻，可使起动时间缩短，最后达到稳定工作点。该方法既可限制起动电流，又可提高起动转矩。为了在整个起动过程中得到比较大的起动转矩，

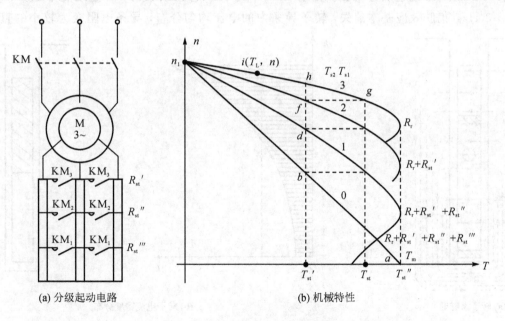

(a) 分级起动电路　　　　　　　(b) 机械特性

图 4-21　转子串电阻分级起动

需分几级切除起动电阻。

① 接触器 KM_1、KM_2、KM_3 的主触点全断开，电动机定子接额定电压，转子每相串入全部电阻。如正确选取电阻的阻值，使转子回路的总电阻值等于定转子回路的总电抗，则此时 $s_m=1$，即最大转矩产生在电动机起动瞬间，如图 4-21(b) 中曲线 0 中 a 点为起动转矩。

② 由于 $T>T_L$，电机加速到 b 点时，$T=T_{s2}$，为了加速起动过程，接触器 KM_1 闭合切除起动电阻，特性变为曲线 1，因机械惯性，转速瞬时不变，工作点水平过渡到 c 点，使该点 $T=T_{s1}$。

③ 因 $T_{s1}>T_L$，转速沿曲线 1 继续上升，到 d 点时 KM_2 闭合，被切除，电机运行点从 d 转变到特性曲线 2 上的 e 点。依次类推，直到切除全部电阻；电动机便沿着固有特性曲线 3 加速，经 h 点，最后运行于 i 点（$T=T_L$）。

上述起动过程中，电阻分三级切除，故称为三级起动，切除电阻时的转矩称切换转矩。在整个起动过程中产生的转矩都是比较大的，适合于重载起动，广泛用于桥式起重机、卷扬机、龙门吊车等重载设备。其缺点是所需起动设备较多，起动时有一部分能量消耗在起动电阻上，起动级数也较少。

(2) 转子串频敏变阻器起动。频敏变阻器的特点是它的阻值会随着转速的升高而自动减小。

电机开始起动时，转子电流的频率较高，频敏变阻器的等效电阻比较大，可起到限制起动电流和提高起动转矩的作用。随着转速的升高，转子电流的频率下降，频敏变阻器的等效电阻也随之减小，使电动机起动平滑。当转速接近额定值时，可将频敏变阻器切除。

3. 高起动转矩的鼠笼型异步电动机

1) 深槽式鼠笼型异步电动机

这种电动机刚开始起动时，由于集肤效应，使转子电阻增大，槽高愈大，集肤效应愈强，如图 4-22 所示。随着转速升高，转差率 s 下降，转子电阻 R_r 变小。当起动完毕，频率 f_2 仅为 1～3 Hz，集肤效应基本消失，转子导条内的电流均匀分布，导条电阻变为较小的直流电

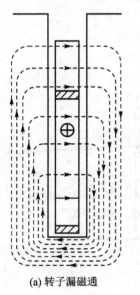
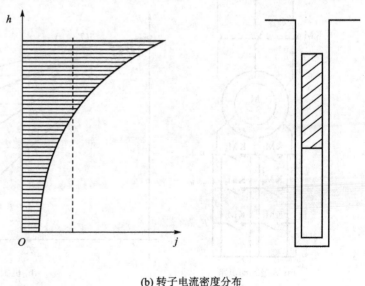

(a) 转子漏磁通　　　　　　　　　　　　　(b) 转子电流密度分布

图 4-22　深槽式电动机

阻，当 $n=n_N$ 时，R_r 达到最小值。

2）双鼠笼型异步电动机

双鼠笼型异步电动机的转子上有两套导条，如图 4-23 所示的上笼与下笼，两笼间由狭长的缝隙隔开。上笼通常用电阻系数较大的黄铜或铝青铜制成，且导条截面较小，故电阻较大，又称为起动笼；下笼截面较大，用紫铜等电阻系数较小的材料制成，故电阻较小，又称为工作笼。起动时，$n=0$，$s=1$，$f_2=sf_1=f_1$，f_2 较高，则 sX_{1r} 较大，$sX_r \gg R_r$，槽内电流的分布主要取决于漏抗的大小。因 $X_{1rn} \propto f_2$，$X_{1rn} \gg R_r$，$X_{1rn外} < X_{1rn内}$，即电流主要通过上笼，故又称上笼为起动笼。由于上笼本身电阻大，起动时，电流减小，转矩增大，其机械特性如图 4-23(b)中的曲线 1 所示。正常运行时，s 很小，f_2 很小，电流分配主要取决于转子电阻 R_r，$R_r \gg sX_r$，即下笼电流大，上笼电流小，下笼起主要作用。故又称下笼为运行笼，其机械特性如图 4-23(b)中的曲线 2 所示。曲线 3 为曲线 1 和 2 的合成曲线，即双鼠笼异步电动机的机械特性。可见，双鼠笼型异步电动机起动转矩较大，具有较好的起动性能，但缺点是转子漏抗较大，功率因数稍低，过载能力比普通型异步电动机低，而且用铜量较多，制造工艺复杂，价格较高，一般用于起动转矩要求较高的生产机械上。

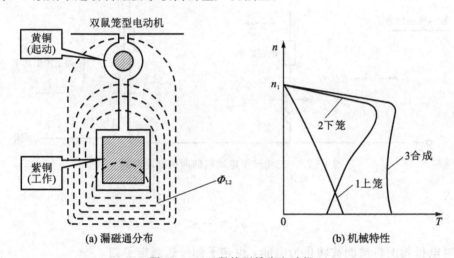

图 4-23　双鼠笼型异步电动机

4.2.4　三相异步电动机的制动

1. 三相异步电动机的回馈制动

1）回馈制动的实现及能量关系

电动机在外力（如起重机下放重物）作用下，电机的转速大于同步转速，转子中感应电动势、电流和转矩的方向都发生了变化，转矩方向与转子转向相反，成为制动转矩，即产生回馈条件：$n > n_1$，$s = \dfrac{n_1 - n}{n_1} < 0$，此时由功率平衡关系可知，电动机处于发电运行状态。其原理如图 4-24 所示，其电路如图 4-25 所示。

因为 $s < 0$，忽略电动机机械损耗和附加损耗时，轴上输出的机械功率为

$$P_2 = P_m = 3I_r'^2 \frac{1-s}{s} R_r' < 0 \qquad (4-23)$$

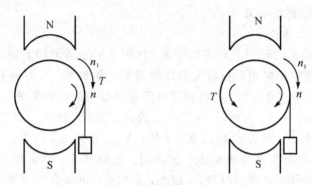

图 4 - 24　回馈制动原理图

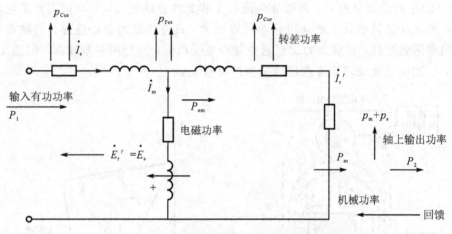

图 4 - 25　三相异步电动机的回馈制动电路

电磁功率为

$$P_{em} = 3I'^{\,2}_r \frac{R'_r}{s} < 0$$

制动时电机轴上机械能被转化为电能,由转子侧传送到定子侧。

$$\cos\varphi_r = \frac{R'_r/s}{\sqrt{(R'_r/s)^2 + X'^{\,2}_{1r}}} < 0$$

$$\dot{E}'_r = \dot{I}'_r \frac{R'_r}{s} + j\,\dot{I}'_r X'_{1r}$$

$$\varphi_r > 90° \Rightarrow \varphi_s > 90°$$

$$P_1 = 3U_s I_s \cos\varphi_s < 0 \tag{4-24}$$

式(4-24)表明,由转子侧传送到定子侧的功率最终回送电网。此时电动机将机械能转变为电能馈送电网,所以称为回馈制动。其矢量图如图 4-26 所示。

2) 回馈制动时的机械特性及制动电阻的计算

电动机拖动位能性负载,高速下放重物时,经常采用反向回馈制动运行方式,为调节下放速度,在转子回路中附加调速电阻,制动电阻的计算与调速电阻的计算方法相同。

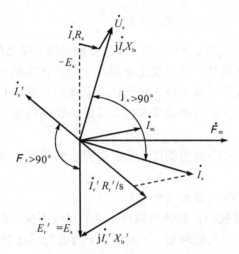

图 4-26　三相异步电动机的回馈制动矢量图

2. 反接制动

1）定子两相反接的反接制动

改变电动机定子绕组与电源的连接相序，如图 4-27 所示，断开 QS_1，接通 QS_2 即可。电源的相序改变，旋转磁场立即反转，而使转子绕组中感应电动势、电流和电磁转矩都改变方向。因机械惯性，转子转向未变，电磁转矩与转子转向相反，电机进行制动，称为电源反接制动。

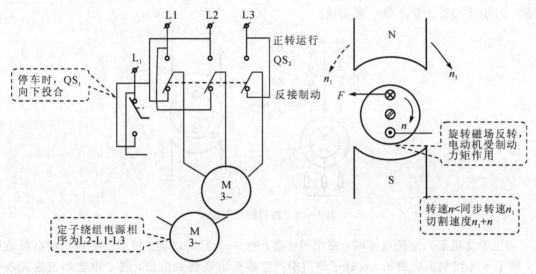

图 4-27　定子电源反接制动原理

转子实际旋转方向与定子磁场旋转方向相反：n 与 n_1 方向相反，则转差率 $s = \dfrac{n_1 - n}{n_1} > 1$。

$$P_2 = P_m = 3 I_r'^2 \frac{1-s}{s} R_r' < 0 \qquad\qquad (4-25)$$

$$P_{em} = 3I'^2_r \frac{R'_r}{s} > 0 \qquad (4-26)$$

电动机输入功率为 $-P_2 + P_{em} = 3I'^2_r R'_r$，即反接制动时，电动机从轴上输入机械功率，也从电网输入电功率，并全部消耗在转子绕组电阻中。为保护电机不致过热损坏，即限制制动电流和增大制动转矩，需在转子回路串入较大的制动电阻。制动电阻的计算方法如下：

（1）当采用反接制动方式实现制动停车时，可根据要求的最大制动转矩来计算所需要的制动电阻。

（2）当采用反接制动方式下放重物时，可根据要求的稳定下放速度来确定所需要的附加制动电阻值。

2）转速反向的反接制动（倒拉反接制动）

当绕线转子异步电动机拖动位能性负载时，定子接线不变，在转子回路中串入一个较大的电阻。因此时电磁转矩小于负载转矩，转速下降，当电机减速至 $n=0$ 时，电磁转矩仍小于负载转矩，在位能负载的作用下，使电动机反转。

当 $T_{st} < T_L$ 时，电动机反转，$s = \dfrac{n_1 - (-n)}{n_1} = \dfrac{n_1 + n}{n_1} > 1$ 称为倒拉反接制动。绕线转子异步电动机倒拉反接制动状态，常用于起重机低速下放重物。

3. 能耗制动

1）能耗制动的基本原理

没有外加的交流电源，在直流磁场的作用下，将储存的能量消耗完，即能耗制动。将运行着的异步电动机的定子绕组从三相交流电源上断开后，立即接到直流电源上，如图 4-28 所示，用断开 QS_1、闭合 QS_2 来实现。

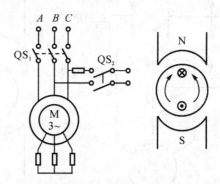

图 4-28 能耗制动原理图

当定子绕组通入直流电源时，在电机中将产生一个恒定磁场。转子因机械惯性继续旋转时，转子导体切割恒定磁场，在转子绕组中产生感应电动势和电流，转子电流和恒定磁场作用产生电磁转矩，根据右手定则可以判定电磁转矩的方向与转子转动的方向相反，为制动转矩。

2）能耗制动的特性

等效化法：使直流励磁电流 I_D 和交流电流 I_1，通过定子磁通势 F_1 发生等效关系。

等效代替的条件：

（1）保持磁通势的幅值不变；

（2）保持磁通势与转子间相对转速不变。

3）定子等效电流

当定子绕组采用 Y 接法时，图 4-29 为能耗制动矢量图。

$$F_{m1} = \frac{0.9Nk_w I}{n_p} = \frac{4\sqrt{2}\,N_1 k_{w1} I}{2\pi n_p} \tag{4-27}$$

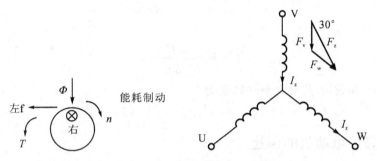

图 4-29　能耗制动矢量图

当直流电流 I_z 流过 V、W 绕组时，每相绕组所产生的磁通势相等，基波幅值为

$$F_v = F_w = \frac{4}{\pi} \frac{I_z N_1 k_{w1}}{2n_p} \qquad (I_z = \sqrt{2}\,I) \tag{4-28}$$

合成磁通势的基波幅值为

$$F_z = 2F_v \cos 30° = \sqrt{3}\,\frac{4}{\pi} \frac{I_z N_1 k_{w1}}{2n_p} \tag{4-29}$$

若将 F_z 看成由有效值为 I_s 的三相交流电流所产生的，则有

$$F_1 = \frac{3}{2} \times \frac{4}{\pi} \frac{\sqrt{2}\,I_s N_1 k_{w1}}{2n_p} \tag{4-30}$$

令 $F_1 = F_z$，可得 $I_s = \sqrt{\dfrac{2}{3}}\,I_z$，即相当于由有效值为 $\sqrt{\dfrac{2}{3}}\,I_z$ 的三相交流电流所产生的合成磁通势。

4）能耗制动的机械特性

合成磁通势与转子相对转速为 $(-n)$，磁通势的转速即同步转速为

$$n_1 = \frac{60f}{n_p}$$

能耗制动转差率定义为 $v = -\dfrac{n}{n_1}$，则

$$T = \frac{3I_s^2 X_m^2 \dfrac{R_r'}{v}}{\Omega_1 \left[\left(\dfrac{R_r'}{v} \right)^2 + (X_m + X_{lr}')^2 \right]} = \frac{3I_s^2 X_m^2 R_r'}{\Omega_1 \left[R_r'^2 + v^2 (X_m + X_{lr}')^2 \right]} v$$

$$T_m = \frac{3}{\Omega_1} \frac{I_s^2 X_m^2}{2(X_m + X_{lr}')}, \qquad I_s = \sqrt{\frac{2}{3}}\,I_z \tag{4-31}$$

临界能耗制动转差率为

$$v_{cr} = \frac{R_r'}{X_m + X_{lr}'}$$

5）能耗制动在交流拖动系统中的应用

（1）定子通入的直流电流 I_D 的估算：对于鼠笼机，$I_D = (4 \sim 5)I_0$；对于绕线机，则取 $(2 \sim 3)I_0$，异步电动机的空载电流 $I_0 = (0.2 \sim 0.5)I_{1N}$。

（2）转子串接的制动电阻为

$$R_T = (0.2 \sim 0.4)\frac{E_{rN}}{\sqrt{3}\,I_{rN}} - R_r$$

式中，

$$R_r = \frac{s_N E_{rN}}{\sqrt{3}\,I_{rN}}$$

按上面选择的 I_D 和 R_T，其最大制动转矩为

$$T_{max} = (1.25 \sim 2.2)T_N$$

4.2.5　三相异步电动机的调速

人为地在同一负载下使电动机转速从某一数值改变为另一数值，以满足生产过程的需要，这一过程称为调速。近年来，随着电力电子技术的发展，异步电动机的调速性能大有改善，交流调速应用日益广泛，在许多领域有取代直流调速系统的趋势。

从异步电动机的转速关系式可以看出，$n = (1-s)n_1 = (1-s)\dfrac{60f_1}{n_p}$，异步电动机调速可分为以下三大类：① 改变定子绕组的磁极对数 n_p，即变极调速。② 改变供电电网的频率 f_1，即变频调速。③ 改变电动机的转差率 s，方法有改变电压调速、绕线式电机转子串电阻调速和串级调速。后两种属于无级调速。

1. 变极调速

1）变极方法

电流反向变极法指绕组改接后，使其中一半绕组中的电流改变了方向，从而改变了极对数，其原理如图 4-30 所示。

2）三相绕组的换接方法

由于换接后相序发生了变化，所以改变接线必须同时改变定子绕组的相序，以保证转向不变，如图 4-31 所示。起动时宜低速起动。

3）容许输出

变极调速时，电动机的容许输出功率在变速前后的关系为

$$P_2 = \eta P_1 = \eta 3 U_s I_s \cos\varphi_1 \tag{4-32}$$

式中 ，η——电动机效率；

　　　U_s——电动机定子相电压；

　　　I_s——电动机定子相电流；

　　　P_1——定子输入功率；

　　　$\cos\varphi_1$——定子功率因数。

在高、低速运行时，电动机绕组内均流过额定电流，这样在两种连接法下的转矩之比为：

（1）对于 $Y \rightarrow YY$，极对数 n_p 减小一倍：

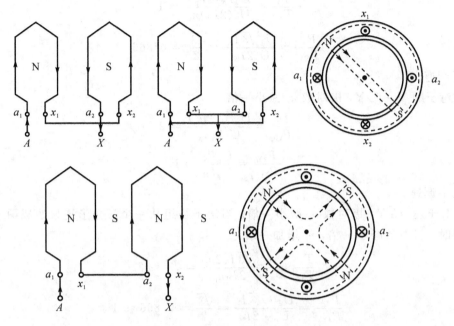

图 4-30　改变极对数的调速原理

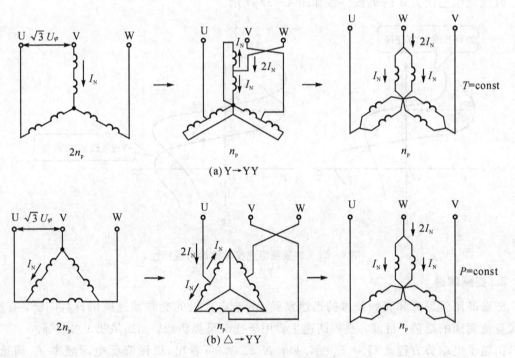

图 4-31　电机绕组极对数变换

$$\frac{T_{\mathrm{Y}}}{T_{\mathrm{YY}}} = \frac{U_\varphi I_{\mathrm{N}}(2n_{\mathrm{p}})}{U_\varphi(2I_{\mathrm{N}})n_{\mathrm{p}}} = 1 \tag{4-33}$$

$$\frac{P_{\mathrm{Y}}}{P_{\mathrm{YY}}} = \frac{U_\varphi \sqrt{3} I_{\mathrm{N}}}{U_\varphi 2I_{\mathrm{N}}} = \frac{\sqrt{3}}{2} = 0.866 \tag{4-34}$$

为恒转矩调速。

（2）对于顺 Y→反 Y，极对数 n_{p} 减小一倍：

$$\frac{T_{\mathrm{Y}}}{T_{\mathrm{YF}}} = \frac{U_\varphi I_{\mathrm{N}}(2n_{\mathrm{p}})}{U_\varphi I_{\mathrm{N}} n_{\mathrm{p}}} = 2 \tag{4-35}$$

$$\frac{P_{\mathrm{2Y}}}{P_{\mathrm{2YF}}} = \frac{U_\varphi I_{\mathrm{N}}}{U_\varphi I_{\mathrm{N}}} = 1 \tag{4-36}$$

则为恒功率调速。

（3）对于△→YY，极对数 n_{p} 减小一倍。当定子绕组从一个三角形连接改成两个星形连接的并联时，极对数减小一倍，n_{s} 增加一倍：

$$\frac{T_{\triangle}}{T_{\mathrm{YY}}} = \frac{U_\varphi \sqrt{3} I_{\mathrm{N}} 2n_{\mathrm{p}}}{U_\varphi 2I_{\mathrm{N}} n_{\mathrm{p}}} = \sqrt{3} \approx 2 \tag{4-37}$$

$$\frac{P_{\mathrm{2\triangle}}}{P_{\mathrm{2YY}}} = \frac{U_\varphi \cdot \sqrt{3} I_{\mathrm{N}}}{U_\varphi \cdot 2I_{\mathrm{N}}} = \frac{\sqrt{3}}{2} = 0.866 \approx 1 \tag{4-38}$$

既不是恒转矩调速，也不是恒功率调速，但比较接近于恒功率调速。

改变绕组连接方式的机械特性如图 4-32 所示。

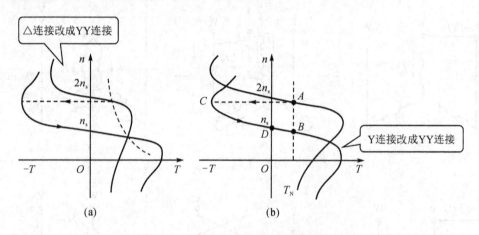

图 4-32　改变绕组连接方式的机械特性

2. 变频调速

随着晶闸管整流和变频技术的迅速发展，异步电动机的变频调速应用日益广泛，有逐步取代直流调速的趋势，目前，变频调速主要用于拖动泵类负载，如通风机、水泵等。

由定子电动势方程式 $U_{\mathrm{s}} \approx E_{\mathrm{g}} = 4.44 f_1 N_1 k_{\mathrm{w1}} \Phi_{\mathrm{m}}$ 可看出，试图降低电源频率 f_1 调速时，若电源电压 U_{s} 不变，则磁通 Φ_{m} 将增加，使铁芯饱和，从而导致励磁电流和铁损耗大量增加，电机温升过高等，这是不允许的。因此在变频调速的同时，为保持磁通 Φ_{m} 不变，就必须降低电源电压，使 U_{s}/f_1 为常数。

变频调速根据电动机输出性能的不同可分为：保持电动机过载能力不变，保持电动机恒转矩输出，保持电动机恒功率输出。

变频调速的主要优点是能平滑调速，调速范围广，效率高；主要缺点是系统较复杂，成本较高。

三相异步电动机定子每相电动势的有效值是 $E_g = 4.44 f_1 N_1 k_{w1} \Phi_m$，只要控制好 E_g 和 f_1，便可达到控制磁通 Φ_m 的目的，因而采用变压变频调速的基本控制方式应考虑以下两种情形：

（1）基频以下调速。

保持 Φ_m 不变，当频率 f_1 从额定值 f_{1N} 向下调节时，使 $\dfrac{E_g}{f_1} =$ 常值，采用电动势频率比为恒值的控制方式。当电动势值较高时，忽略定子绕组的漏磁阻抗压降，而认为定子相电压 $U_s \approx E_g$，则得 $\dfrac{U_s}{f_1} =$ 常值，这是恒压频比的控制方式。

低频时，U_s 和 E_g 都较小，定子漏磁阻抗压降所占的份量就比较显著，不再能忽略。这时，可以人为地把电压 U_s 抬高一些，以便近似地补偿定子压降。带定子压降补偿的恒压频比控制特性曲线如图 4-33 中的 b 线，无补偿的控制特性曲线则为 a 线。

（2）基频以上调速。

在基频以上调速时，频率从 f_{1N} 向上升高，保持 $U_s = U_{sN}$，这将迫使磁通与频率成反比地降低，相当于直流电动机弱磁升速的情况。把基频以下和基频以上两种情况的控制特性画在一起，如图 4-34 所示。

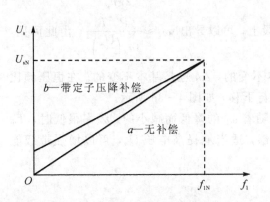

图 4-33　恒压频比控制特性曲线　　　图 4-34　异步电动机变压变频调速的控制特性

在基频以下，磁通恒定，属于"恒转矩调速"性质，而在基频以上，转速升高时磁通降低，基本上属于"恒功率调速"。

3. 异步电动机电压-频率协调控制时的机械特性

1）恒压恒频正弦波供电时异步电动机的机械特性

当定子电压 U_s 和电源角频率 ω_1 恒定时，可以改写成如下形式：

$$T = 3 n_p \left(\frac{U_s}{\omega_1} \right)^2 \frac{s \omega_1 R_r'}{(s R_s + R_r')^2 + s^2 \omega_1^2 (L_{ls} + L_{lr}')^2} \tag{4-39}$$

当 s 很小时，忽略分母中含 s 各项，则 $T \approx 3 n_p \left(\dfrac{U_s}{\omega_1} \right)^2 \dfrac{s \omega_1}{R_r'} \propto s$，转矩近似与 s 成正比，机械特性 $T = f(s)$ 是一段直线，见图 4-35。当 s 接近于 1 时，可忽略分母中的 R_r'，则

$$T \approx 3n_p \left(\frac{U_s}{\omega_1}\right)^2 \frac{\omega_1 R'_r}{s\left[R_s{}^2 + \omega_1^2 (L_{1s} + L'_{1r})^2\right]} \propto \frac{1}{s}$$

s 接近于 1 时转矩近似与 s 成反比，这时，$T = f(s)$ 是对称于原点的一段双曲线。当 s 为以上两段的中间数值时，机械特性从直线段逐渐过渡到双曲线段，如图 4-35 所示。

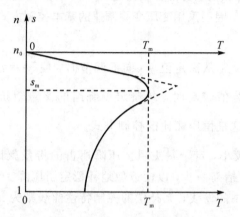

图 4-35　恒压恒频时异步电动机的机械特性

2）基频以下电压-频率协调控制时的机械特性

（1）恒压频比控制（$U_s/\omega_1 =$ 恒值）。同步转速 n_1 随角频率变化，$n_1 = \dfrac{60\omega_1}{2\pi n_p}$，带负载时的转

速降落 $\Delta n = sn_1 = \dfrac{60}{2\pi n_p} s\omega_1$，在机械特性近似直线段上，可以导出 $s\omega_1 \approx \dfrac{R'_r T}{3n_p \left(\dfrac{U_s}{\omega_1}\right)^2}$，由此可见，

当 U_s/ω_1 为恒值时，对于同一转矩 T，$s\omega_1$ 是基本不变的，Δn 也是基本不变的。在恒压频比的条件下改变角频率 ω_1 时，机械特性基本上是平行下移，如图 4-35 所示。

频率越低时最大转矩值越小，最大转矩 T_m 是随着 ω_1 的降低而减小的。频率很低时，T_m 太小将限制电动机的带载能力，采用定子压降补偿，适当地提高电压 U_s，可以增强带载能力，见图 4-36。

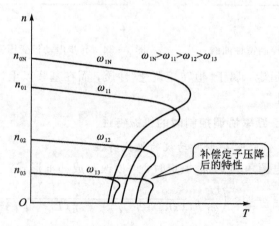

图 4-36　恒压频比控制时变频调速的机械特性

（2）恒 E_g/ω_1 控制。在电压-频率协调控制中，恰当地提高电压 U_s，克服定子阻抗压降以

后，能维持 E_g/ω_1 为恒值（基频以下），则无论频率高低，每极磁通 Φ_m 均为常值，由等效电路得转子电流和电磁转矩为

$$I'_r = \frac{E_g}{\sqrt{\left(\dfrac{R'_r}{s}\right)^2 + \omega_1^2 L'^2_{1r}}} \tag{4-40}$$

$$T = \frac{3n_p}{\omega_1} \cdot \frac{E_g^2}{\left(\dfrac{R'_r}{s}\right)^2 + \omega_1^2 L'^2_{1r}} \cdot \frac{R'_r}{s} = 3n_p \left(\frac{E_g}{\omega_1}\right)^2 \frac{s\omega_1 R'_r}{R'^2_r + s^2 \omega_1^2 L'^2_{1r}} \tag{4-41}$$

上式即恒 E_g/ω_1 时的机械特性方程式。

其中，E_g 为气隙磁通在定子每相绕组中的感应电动势；E_s 为定子全磁通在定子每相绕组中的感应电动势；E_r 为转子全磁通在转子绕组中的感应电动势（折合到定子边）。

当 s 很小时，忽略分母中含 s 项，则 $T \approx 3n_p \left(\dfrac{E_g}{\omega_1}\right)^2 \dfrac{s\omega_1}{R'_r} \propto s$，机械特性的这一段近似为一条直线。当 s 接近于 1 时，可忽略分母中的 R'^2_r 项，则 $T \approx 3n_p \left(\dfrac{E_g}{\omega_1}\right)^2 \dfrac{R'_r}{s\omega_1 L'^2_{1r}} \propto \dfrac{1}{s}$，这是一段双曲线。

将 T 对 s 求导，并令 $\mathrm{d}T/\mathrm{d}s = 0$，可得恒 E_g/ω_1 控制特性在最大转矩时的转差率 $s_m = \dfrac{R'_r}{\omega_1 L'_{1r}}$ 和最大转矩 $T_m = \dfrac{3}{2} n_p \left(\dfrac{E_g}{\omega_1}\right)^2 \dfrac{1}{L'_{1r}}$，当 E_g/ω_1 为恒值时，T_m 恒定不变。可见恒 E_g/ω_1 控制的稳态性能是优于恒 U_s/ω_1 控制的，它正是恒 U_s/ω_1 控制中补偿定子压降所追求的目标。

（3）恒 E'_r/ω_1 控制。如果把电压-频率协调控制中的电压 U_s 再进一步提高，把转子漏抗的压降也抵消掉，得到恒 E'_r/ω_1 控制，$I'_r = \dfrac{E'_r}{R'_r/s}$，电磁转矩 $T = \dfrac{3n_p}{\omega_1} \cdot \dfrac{E'^2_r}{\left(\dfrac{R'_r}{s}\right)^2} \cdot \dfrac{R'_r}{s} =$

$3n_p \left(\dfrac{E'_r}{\omega_1}\right)^2 \cdot \dfrac{s\omega_1}{R'_r}$，机械特性 $T = f(s)$ 完全是一条直线，也把它画在图 4-37 上。显然，恒 E'_r/ω_1 控制的稳态性能最好，可以获得和直流电动机一样的线性机械特性。

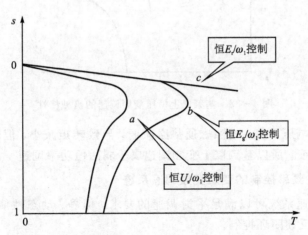

图 4-37 不同电压-频率协调控制方式时的机械特性

气隙磁通的感应电动势 E_g 对应于气隙磁通幅值 Φ_m，转子全磁通的感应电动势 E'_r 对应

于转子全磁通幅值 Φ_{rm}: $E'_r = 4.44 f_1 N k_w \Phi_{rm}$, 只要能够按照转子全磁通幅值 Φ_{rm} = 恒值进行控制, 就可以获得恒 E'_r / ω_1。

分析可得如下结论:

恒压频比(U_s / ω_1 = 恒值)控制最容易实现, 其变频机械特性基本上是平行下移, 硬度也较好, 能够满足一般的调速要求, 但低速带载能力差强人意, 须对定子压降实行补偿。

恒 E_g / ω_1 控制是通常对恒压频比控制实行电压补偿的标准, 可以在稳态时达到 Φ_m = 恒值, 从而改善低速性能。但机械特性还是非线性的, 产生转矩的能力仍受到限制。

恒 E'_r / ω_1 控制可以得到和直流他励电动机一样的线性机械特性, 按照转子全磁通 Φ_{rm} 恒定进行控制即得 E'_r / ω_1 = 恒值, 在动态中也尽可能保持 Φ_{rm} 恒定是矢量控制系统所追求的目标, 当然实现起来是比较复杂的。

3) 基频以上恒压变频时的机械特性

在频率 f_{1N} 以上变频调速时, 由于电压 $U_s = U_{sN}$ 不变, 机械特性方程式为

$$T = 3 n_p U_{sN}^2 \frac{s R'_r}{\omega_1 [(s R_s + R'_r)^2 + s^2 \omega_1^2 (L_{ls} + L'_{lr})^2]} \tag{4-42}$$

最大转矩 $T_{max} = \frac{3}{2} n_p U_{sN}^2 \dfrac{1}{\omega_1 [R_s + \sqrt{R_s^2 + \omega_1^2 (L_{ls} + L'_{lr})^2}]}$, 当角频率 ω_1 提高时, 同步转速随之提高, 最大转矩减小, 机械特性上移, 而形状基本不变, 如图 4-38 所示。

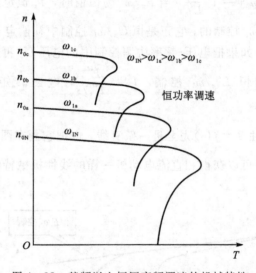

图 4-38 基频以上恒压变频调速的机械特性

由于频率提高而电压不变, 气隙磁通势必减弱, 导致转矩减小, 但转速却升高了, 可以认为输出功率基本不变。所以基频以上变频调速属于弱磁恒功率调速。

4. 转速闭环转差频率控制的变压变频调速系统

转速开环变频调速系统可以满足平滑调速的要求, 但静、动态性能都有限, 要提高静、动态性能, 要用转速反馈闭环控制。

1) 转差频率控制的基本概念

恒 E_g / ω_1 控制(即恒 Φ_m 控制)时的电磁转矩公式为

$$T = 3n_p \left(\frac{E_g}{\omega_1} \right)^2 \frac{s\omega_1 R'_r}{R'^2_r + s^2 \omega_1^2 L'^2_{lr}}$$

将 $E_g = 4.44 f_1 N_1 k_{w1} \Phi_m = 4.44 \frac{\omega_1}{2\pi} N_1 k_{w1} \Phi_m = \frac{1}{\sqrt{2}} \omega_1 N_1 k_{w1} \Phi_m$ 代入上式，得

$$T = \frac{3}{2} n_p N^2 k_w^2 \Phi_m^2 \frac{s\omega_1 R'_r}{R'^2_r + s^2 \omega_1^2 L'^2_{lr}}$$

令转差角频率 $\omega_s = s\omega_1$，则

$$T = K_m \Phi_m^2 \frac{\omega_s R'_r}{R'^2_r + (\omega_s L'_{lr})^2}$$

当电机稳态运行时，s 值很小，ω_s 也很小，可以认为 $\omega_s L'_{lr} \ll R'_r$，则转矩可近似表示为 $T \approx K_m \Phi_m^2 \frac{\omega_s}{R'_r}$ 在 s 值很小的稳态运行范围内，如果能够保持气隙磁通 Φ_m 不变，异步电动机的转矩就近似与转差角频率 ω_s 成正比。

控制转差频率就代表控制转矩，这就是转差频率控制的基本概念。

2）基于异步电动机稳态模型的转差频率控制规律

转矩特性（即机械特性）$T = f(\omega_s)$ 如图 4-39 所示，在 ω_s 较小的稳态运行段，转矩 T_e 基本上与 ω_s 成正比，当 T 达到其最大值 T_{max} 时，ω_s 达到 ω_{smax} 值。取 $dT_e/d\omega_s = 0$，可得

$$\omega_{smax} = \frac{R'_r}{L'_{lr}} = \frac{R_r}{L_{lr}}$$

$$T_{max} = \frac{K_m \Phi_m^2}{2L'_{lr}}$$

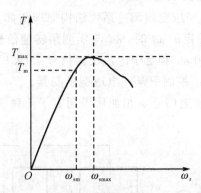

图 4-39　按恒 Φ_m 值控制的 $T = f(\omega_s)$ 特性

在转差频率控制系统中，只要使 ω_s 限幅值为

$$\omega_{sm} < \omega_{smax} = \frac{R_r}{L_{lr}}$$

就可以基本保持 T 与 ω_s 的正比关系，也就可以用转差频率来控制转矩，这是转差频率控制的基本规律之一。

上述规律是在保持 Φ_m 恒定的前提下才成立的，按恒 E_g/ω_1 控制时可保持 Φ_m 恒定。在等效电路中可得

$$\dot{U}_s = \dot{I}_s (R_s + j\omega_1 L_{ls}) + \dot{E}_g = \dot{I}_s (R_s + j\omega_1 L_{ls}) + \left(\frac{\dot{E}_g}{\omega_1} \right) \omega_1$$

由此可见，要实现恒 E_g/ω_1 控制，须在 U_s/ω_1＝恒值的基础上再提高电压 U_s 以补偿定子电流压降。如果忽略电流相量相位变化的影响，不同定子电流时恒 E_g/ω_1 控制所需的电压-频率特性 $U_s=f(\omega_1,I_s)$ 如图 4-40 所示。保持 E_g/ω_1 恒定，也就是保持 Φ_m 恒定，这是转差频率控制的基本规律之二。

总结起来，转差频率控制的规律是：

(1) 在 $\omega_s\leqslant\omega_{sm}$ 的范围内，转矩 T 基本上与 ω_s 成正比，条件是气隙磁通不变。

(2) 在不同的定子电流值时，按图 4-40 的 $U_s=f(\omega_1,I_s)$ 函数关系控制定子电压和频率，就能保持气隙磁通 Φ_m 恒定。

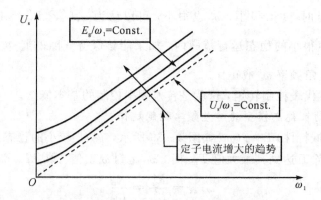

图 4-40　不同定子电流时恒 E_g/ω 控制所需的电压-频率特性

3) 转差频率控制的变压变频调速系统

转差频率控制的转速闭环变压变频调速系统结构原理图如图 4-41 所示，当转速调节器 ASR 的输出信号是转差频率给定的 ω_s^* 时，ω_s^* 与实测角转速信号 ω 相加，即得定子角频率给定信号 ω_1^*，即 $\omega_s^*+\omega=\omega_1^*$，由 ω_1^* 和定子电流反馈信号 I_s 从 $U_s=f(\omega_1,I_s)$ 函数中查得定子电压给定信号 U_s^*，用 U_s^* 和 ω_1^* 控制 PWM 电压型逆变器。

转差角频率 ω_s^* 与实测角转速信号 ω 相加后得到定子角频率输入信号 ω_1^*，是转差频率控

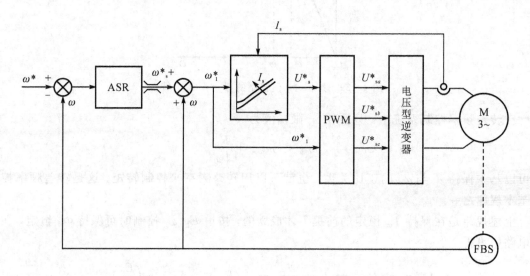

图 4-41　转差频率控制的转速闭环变压变频调速系统结构原理图

制系统突出的特点或优点。在调速过程中，实际角频率 ω_1 随着实际角转速 ω 同步地上升或下降，加、减速平滑而且稳定。在动态过程中转速调节器 ASR 饱和，系统能用对应于 ω_{sm} 的限幅转矩 T_m 进行控制，保证了在允许条件下的快速性。但还不能完全达到直流双闭环系统的水平，存在差距的原因有以下几个方面：

（1）在分析转差频率控制规律时，是从异步电动机稳态等效电路和稳态转矩公式出发的，所谓的保持磁通 Φ_m 恒定的结论也只在稳态情况下才能成立。

（2）$U_s = f(\omega_1, I_s)$ 函数关系中只抓住了定子电流的幅值，没有控制电流的相位，而在动态中电流的相位也是影响转矩变化的因素。

在角频率控制环节中，取 $\omega_1 = \omega_s + \omega$，使角频率 ω_1 得以与角转速 ω 同步升降，这本是转差频率控制的优点。然而，如果转速检测信号不准确或存在干扰，也就会直接给频率造成误差，因为所有这些偏差和干扰都以正反馈的形式毫无衰减地传递到频率控制信号上来了。

4.2.6 现代交流调速系统的组成

1. 交流调速系统的组成

目前在交流调速系统中，变频调速应用最多、最广泛，可以构成高动态性能的交流调速系统，取代直流调速。变频调速技术及其装置仍是目前的主流技术与主流产品。它由变频器、交流电机及传感检测器组成，如图 4-42 所示的交流调速系统，变频器是把工频电源（50 Hz 或 60 Hz）变换成各种频率的交流电源，以实现电机的变速运行的设备，具体应用见后面的第 4.5 节内容。

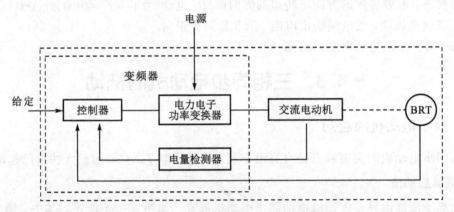

图 4-42 交流调速系统组成结构框图

2. 交流电动机调速系统类型

常见的交流调速方法：① 降电压调速，② 转差离合器调速，③ 转子串电阻调速，④ 绕线转子电动机串级调速和双馈电动机调速，⑤ 变极对数调速，⑥ 变压变频调速等。

从能量转换的角度看，转差功率是否增大，是消耗掉还是得到回收，是评价调速系统效率高低的标志。从这点出发，可以把交流电机的调速系统分成三类：

（1）转差功率消耗型调速系统：全部转差功率转换成热能的形式而消耗掉。上述的第①、②、③三种调速方法都属于这一类，晶闸管调压调速也属于这一类。在异步电动机调速系统中，这类系统的效率最低，是以增加转差功率为代价来换取转速的降低。但是由于这类系统结构最简单,所以对于要求不高的小容量场合还有一定的应用。

(2)转差功率回馈型调速系统:转差功率一小部分消耗掉,大部分则通过变流装置回馈给电网。转速越低,回馈的功率越多。上述第④种调速方法属于这一类,即绕线式异步电动机串级调速属于这一类。显然,这类调速系统效率较高。

(3)转差功率不变型调速系统:转差功率中转子铜耗部分的消耗是不可避免的,但在这类系统中,无论转速高低,转差功率的消耗基本不变,因此效率很高。上述的第⑤、⑥两种调速方法属于此类,即变频调速属于此类。

同步电机没有转差,也就没有转差功率,所以同步电机调速系统只能是转差功率不变型(恒等于0),在同步电机的变压变频调速方法中,从频率控制的方式来看,可分为他控变频调速和自控变频调速两类。

4.2.7 三相异步电动机的各种运行状态

可以用四象限运行的方法描述三相异步电动机的各种运行状态,如图 4-43 所示。在不同的运行状态下,功率的传递方向也不同。

电动运行状态:转子旋转方向与旋转磁势的旋转方向相同,且与电磁转矩的方向相同。电动机从电网吸收电能,从轴上输出机械能。第 I 象限为正向电动状态;第 III 象限为反向电动状态。

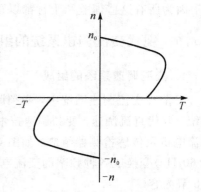

图 4-43　三相异步电动机的运行状态

制动状态:电磁转矩的方向与转速的方向相反。电动机从轴上吸收机械能,给电网输出电能。第 II 象限为正向制动状态;第 IV 象限为反向制动状态。

*4.3　三相同步电动机的拖动

4.3.1　同步电动机的起动

三相同步电动机的主要缺点是自身没有起动转矩,即 $T_{st}=0$,因此无法自己起动。

1. 拖动起动法

拖动起动法即由异步电动机拖动同步电动机起动,如图 4-44 所示。其中,辅助异步电动机参数:磁极对数为 n_p,功率为 $(10\% \sim 20\%)P_N$;三相同步电动机参数:磁极对数为 n_p,功率为 P_N。

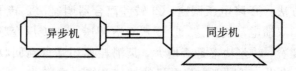

图 4-44　同步电动机的拖动起动

2. 异步起动法

图 4-45 为同步电动机的异步起动，当开关 QB 在 1 位置时为起动状态，R 为防止励磁线圈产生高压。当 n 接近 n_1 时将 QB 扳向 2 处，将转子拉入同步，R_1 调节 $\cos\psi_2$ 至要求。

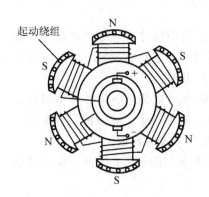

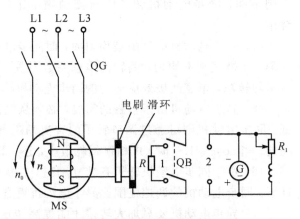

(a) 同步电动机的起动绕组　　　　　　(b) 同步电动机异步起动法的接线图

图 4-45　同步电动机的异步起动

4.3.2　同步电动机的调速

同步电动机历来是以转速与电源频率保持严格同步著称的。只要电源频率保持恒定，同步电动机的转速就绝对不变。

采用电力电子装置实现电压-频率协调控制，改变了同步电动机历来只能恒速运行而不能进行调速的情况。起动费事、重载时振荡或失步等问题也已不再是同步电动机广泛应用的障碍。

1. 同步电机的特点与问题

同步电机的优点是转速与电压频率严格同步；功率因数达到 1.0，甚至超前。

同步电机存在起动困难，重载时有振荡，甚至失步危险等问题。

由上述可知，问题的根源在于供电电源频率固定不变，采用电压-频率协调控制可解决由固定频率电源供电而产生的问题。

2. 同步调速系统的类型

(1) 他控变频调速系统：用独立的变压变频装置给同步电动机供电的系统。

(2) 自控变频调速系统：用电动机本身轴上所带转子位置检测器或电动机反电动势波形提供的转子位置信号来控制变压变频装置换相时刻的系统。

3. 同步调速系统的特点

(1) 交流电机旋转磁场的同步角转速 ω_1 与定子电源频率 f_1 有确定的关系：

$$\omega_1 = \frac{2\pi f_1}{n_p}$$

异步电动机的稳态角转速总是低于同步角转速，二者之差叫做转差，以 ω_s 表示；同步电动机的稳态转速等于同步转速，转差 $\omega_s = 0$。

（2）异步电动机的磁场仅靠定子供电产生，而同步电动机除定子磁动势外，转子侧还有独立的直流励磁，或者用永久磁钢励磁。

（3）同步电动机和异步电动机的定子都有同样的交流绕组，一般都是三相的，而转子绕组则不同，同步电动机转子除直流励磁绕组（或永久磁钢）外，还可能有自身短路的阻尼绕组。

（4）异步电动机的气隙是均匀的，而同步电动机则有隐极与凸极之分，隐极式电机气隙均匀，凸极式则不均匀，两轴的电感系数不等，造成数学模型上的复杂性。但凸极效应能产生平均转矩，单靠凸极效应运行的同步电动机称作磁阻式同步电动机。

（5）异步电动机由于励磁的需要，必须从电源吸取滞后的无功电流，空载时功率因数很低。同步电动机则可通过调节转子的直流励磁电流，改变输入功率因数，可以滞后，也可以超前。当 $\cos\varphi = 1.0$ 时，电枢铜损耗最小，还可以节约变压变频装置的容量。

（6）由于同步电动机转子有独立励磁，在极低的电源频率下也能运行，因此，在同样条件下，同步电动机的调速范围比异步电动机更宽。

（7）异步电动机要靠加大转差才能提高转矩，而同步电机只需加大功角（见同步电机的功角特性）就能增大转矩，同步电动机比异步电动机对转矩扰动具有更强的承受能力，能作出更快的动态响应。

4. 他控变频同步电动机调速系统

与异步电动机变压变频调速一样，用独立的变压变频装置给同步电动机供电的系统称作他控变频调速系统。

1）转速开环恒压频比控制的同步电动机群调速系统

转速开环恒压频比控制的同步电动机群调速系统是一种最简单的他控变频调速系统，多用于化纺工业小容量多电动机拖动系统中。这种系统采用多台永磁或磁阻同步电动机并联接在公共的变频器上，由统一的频率给定信号同时调节各台电动机的转速。

（1）系统的组成。转速开环恒压频比控制的同步电动机群调速系统的组成如图4-46所示。

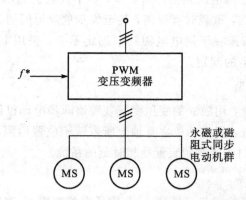

图4-46 多台同步电动机的恒压频比控制调速系统的组成

（2）系统控制。

① 多台永磁或磁阻同步电动机并联接在公共的电压源型PWM变压变频器上，由统一的频率给定信号 f^* 同时调节各台电动机的转速。

② PWM 变压变频器中，带定子压降补偿的恒压频比控制保证了同步电动机气隙磁通恒定，缓慢地调节频率给定信号 f^* 可以逐渐地同时改变各台电机的转速。

（3）系统的特点。

① 系统结构简单，控制方便，只需一台变频器供电，成本低廉。

② 由于采用开环调速方式，系统存在一个明显的缺点，就是转子振荡和失步问题并未解决，因此各台同步电动机的负载不能太大。

2）由交-直-交电流型负载换流变压变频器供电的同步电动机调速系统

大型同步电动机转子上一般都具有励磁绕组，通过滑环由直流励磁电源供电，或者由交流励磁发电机经过随转子一起旋转的整流器供电。对于经常高速运行的机械设备，定子常用交-直-交电流型变压变频器供电，其电机侧变换器（即逆变器）比给异步电动机供电时更简单，可以省去强迫换流电路，而利用同步电动机定子中的感应电动势实现换相。这样的逆变器称作负载换流逆变器（Load-Commutated Inverter，LCI）。

（1）系统组成。由交-直-交电流型负载换流变压变频器供电的同步电动机调速系统的组成如图 4-47 所示。

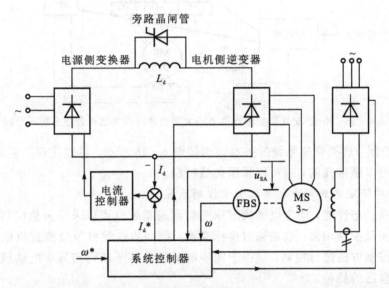

图 4-47　由交-直-交电流型负载换流变压变频器供电的同步电动机调速系统的组成

（2）系统控制。在图 4-47 中，系统控制器的程序包括转速调节、转差控制、负载换流控制和励磁电流控制，FBS 是测速反馈环节。由于变压变频装置是电流型的，因而单独画出电流控制器（包括电流调节和电源侧变换器的触发控制）。

（3）换流问题。LCI 同步调速系统在起动和低速时存在换流问题，低速时同步电动机感应电动势不够大，不足以保证可靠换流；当电机静止时，感应电动势为零，根本无法换流。

（4）解决方案。采用"直流侧电流断续"的特殊方法，使中间直流环节电抗器的旁路晶闸管导通，让电抗器放电，同时切断直流电流，允许逆变器换相，换相后再关断旁路晶闸管，使电流恢复正常。用这种换流方式可使电动机转速升到额定值的 3%～5%，然后再切换到负载电动势换流。

3）由交-交变压变频器供电的大型低速同步电动机调速系统

由交-交变压变频器供电的大型低速同步电动机调速系统用于低速的电力拖动，例如无齿轮传动的可逆轧机、矿井提升机、水泥转窑等。

该系统由交-交变压变频器（又称周波变换器）供电，其输出频率为 20～25 Hz（当电网频率为 50 Hz 时），对于一台 20 极的同步电动机，同步转速为 120～150 r/min，直接用来拖动轧钢机等设备是很合适的，可以省去庞大的齿轮传动装置。

（1）系统组成。由交-交变压变频器供电的大型低速同步电动机调速系统的组成如图4－48所示。

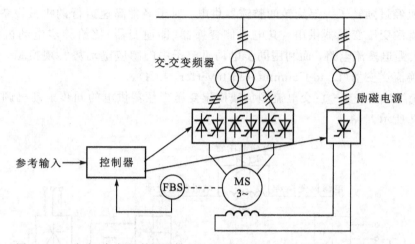

图4－48　由交-交变压变频器供电的大型低速同步电动机调速系统的组成

（2）系统控制。这类调速系统的基本结构如图 4－48 所示，可以实现 4 象限运行。其中，控制器按需要可以是常规的，也可以采用矢量控制。

4）按气隙磁场定向的同步电动机矢量控制系统

为了获得高动态性能，同步电动机变压变频调速系统也可以采用矢量控制，其基本原理和异步电动机矢量控制相似，也是通过坐标变换，把同步电动机等效成直流电动机，再模仿直流电动机的控制方法进行控制。但由于同步电动机的转子结构与异步电动机不同，其矢量坐标变换也有自己的特色。

（1）系统模型。建立系统模型时首先需要以下几点假定条件：假设是隐极电机，或者说，忽略凸极的磁阻变化；忽略阻尼绕组的效应；忽略磁化曲线的饱和非线性因素；暂先忽略定子电阻和漏抗的影响。

（2）同步电动机空间矢量。在同步电动机中，除转子直流励磁外，定子磁动势还产生电枢反应，直流励磁与电枢反应合成起来产生气隙磁通，合成磁通在定子中感应的电动势与外加电压基本平衡。同步电动机磁动势与磁通的空间矢量图示于图 4－49 中。

（3）同步电机矢量控制系统。同步电动机矢量控制系统（见图 4－50）采用了和直流电动机调速系统相仿的双闭环控制结构。其中转速控制 ASR 的输出是转矩给定信号 T^*，按照公式 T^* 除以磁通模拟信号 Φ_R^*，即得定子电流转矩分量的给定信号 i_{st}^*，Φ_R^* 是由磁通给定信号 Φ^* 经磁通滞后模型模拟其滞后效应后得到的。其中，磁通和电流控制部分包括：

① 给定磁通 Φ^* 乘以系数 K_Φ，即得合成励磁电流的给定信号 i_R^*，另外，按功率因数要求

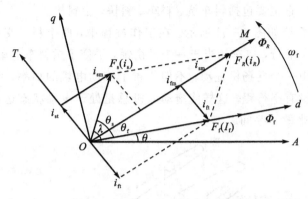

图 4 - 49 同步电动机近似的空间矢量图和时间相量图

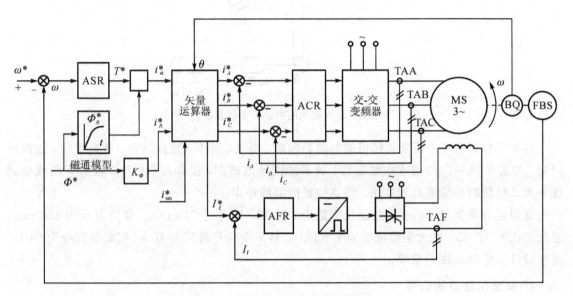

图 4 - 50 同步电动机矢量控制系统

还可得定子电流励磁分量给定信号 i_{sm}^*。

② 将 i_R^*、i_{st}^*、i_{sm}^* 和来自位置传感器 BQ 的旋转坐标相位角 θ 一起送入矢量运算器，计算出定子三相电流的给定信号 i_A^*、i_B^*、i_C^* 和励磁电流给定信号 I_f^*。

③ 通过 ACR 和 AFR 实行电流闭环控制，可使实际电流 i_A、i_B、i_C 以及 I_f 跟随其给定值变化，获得良好的动态性能。当负载变化时，还能尽量保持同步电动机的气隙磁通、定子电动势及功率因数不变。

4.4 应用实例

我们以 MM440 变频器在料车卷扬调速系统中的应用为例，详细说明实际生产中交流电动机调速的应用。

在冶金高炉炼铁生产线上，一般将把准备好的炉料从地面的贮矿槽运送到炉顶的生产机械称为高炉上料设备。它主要包括料车坑、料车、斜桥、上料机。

料车的机械传动系统如图 4-51 所示。在工作过程中，两个料车交替上料，当装满炉料的料车上升时，空料车下行，空车相当于一个平衡锤，平衡了重料车的车箱自重。这样，上行或下行时，两个料车由一个卷扬机拖动，不但节省了拖动电机的功率，而且当电机运转时总有一个重料车上行，没有空行程。这样使拖动电机总是处于电动状态运行，避免了电动机处于发电运行状态所带来的一些问题。

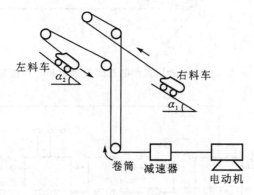

图 4-51　料车的机械传动调速系统

料车工作过程中，要求卷扬机能够频繁起动、制动、停车、反向运行，转速平稳，过渡时间短，并能按照一定的速度曲线运行。该系统调速范围广，工作可靠。料车在进入曲线轨迹段和离开料坑时不能有高速冲击，终点位置能准确停车。

现假定有某钢铁厂高炉，电动机容量为 37 kW，转速为 740 r/m，卷筒直径为 500 mm，总减速比为 15.75，最大钢绳速度为 1.5 m/s，料车全行程时间为 40 s，钢绳全行程为 51 m，要求设计一个料车调速系统。

1. 交流电动机的选用

炼铁高炉主卷扬机变频调速拖动系统在选择交流异步电动机时，需要考虑以下问题：应注意低频时有效转矩必须满足的要求；电动机必须有足够大的起动转矩来确保重载起动。针对本系统 100 m³ 的高炉，选用 Y2805-8 的三相交流感应电动机，其额定功率为 37 kW，额定电流为 78.2 A，额定电压为 380 V，额定转速为 740 r/m，效率为 91%，功率因数为 0.79。

2. 变频器的选择

（1）变频器的容量。变频器的容量应按运行过程中可能出现的最大工作电流来选择。所选择的变频器容量应比变频器说明书中的"配用电动机容量"大一挡至二挡；且应具有无反馈矢量控制功能。本系统选用西门子 MM440，额定功率为 55 kW、额定电流为 110 A 的变频器。

（2）制动单元。从上料卷扬运行速度曲线可以看出，料车在减速或定位停车时，应选择相应的制动单元及制动电阻。

（3）控制与保护。料车卷扬系统是钢铁生产中的重要环节，拖动控制系统应保证绝对安全可靠。同时，高炉炼铁生产现场环境较为恶劣，所以，系统还应具有必要的故障检测和诊断功能。

3. PLC 的选择

可编程控制器选用西门子 S7-300，这种型号的 PLC 具有通用性应用、性能高、模块化设计的性能特征，具备紧凑设计模块。

4. 变频调速系统设计

根据速度要求，电动机在高速、中速、低速段的速度曲线采用变频器设定的固定频率，按速度切换主令控制器发出的信号，由 PLC 控制转速的切换。

（1）变频调速系统的电气设计。变频调速系统的电路原理图如图 4-52 所示。

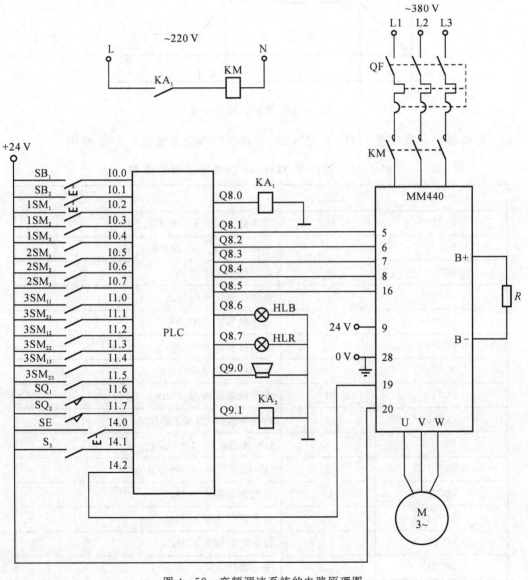

图 4-52　变频调速系统的电路原理图

根据料车运行速度，可画出变频器频率曲线，如图 4-53 所示。图中，*OA* 为重料车起动加速段；*AB* 为料车高速运行段；*BC* 为料车的第一次减速段，由主令控制器发出第一次减速信号给 PLC，由 PLC 控制变频器 MM440，使频率从 50 Hz 下降到 20 Hz；*CD* 为料车中速运行段；*DE* 为料车第二次减速段，由主令控制器发出第二次减速信号给 PLC。由 PLC 控制MM440，使频率从 20 Hz 下降到 6 Hz；*EF* 为料车低速运行段；*FG* 为料车制动停车段，当料车运行至高炉顶时，限位开关发出停车命令，由 PLC 控制 MM440 完成停车。

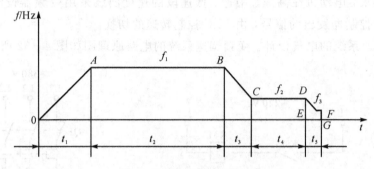

图 4-53　变频器频率曲线

（2）变频器的参数设置。西门子 MM440 变频器的参数设置如表 4-1 所示。

表 4-1　西门子 MM440 变频器的参数设置

参　数	设置值	说　明
P0100	0	功率以 kW 表示，频率为 50 Hz
P0300	1	电动机类型选择（异步电动机）
P0304	380	电动机额定电压（V）
P0305	78.2	电动机额定电流（A）
P0307	37	电动机额定功率（kW）
P0309	91	电动机额定效率（%）
P0310	50	电动机额定频率（Hz）
P0311	740	电动机额定转速（r/min）
P0700	2	命令源选择"由端子排输入"
P0701	1	ON 接通正转，OFF 停止
P0702	2	ON 接通反转，OFF 停止
P0703	17	设置固定频率 1（Hz）
P0704	17	设置固定频率 2（Hz）
P0705	17	设置固定频率 3（Hz）
P0731	52.3	变频器故障
P1000	3	选择固定频率设定值

续表

参　　数	设置值	说　　明
P1001	50	设置固定频率 $f_1 = 50$ Hz
P1002	20	设置固定频率 $f_2 = 20$ Hz
P1004	6	设置固定频率 $f_3 = 6$ Hz
P1080	0	电动机运行的最低频率（Hz）
P1082	50	电动机运行的最高频率（Hz）
P1120	3	斜坡上升时间（s）
P1121	3	斜坡下降时间（s）
P1300	20	变频器为无速度反馈的矢量控制

（3）S7-300PLC 程序设计。S7-300PLC 的 I/O 分配如表 4 - 2 所示，程序梯形图如图 4 - 54 所示。

表 4 - 2 S7-300PLC 的 I/O 分配

设　　备	地址	设　　备	地址
主接触器合闸按钮 SB$_1$	I0.0	左车限位开关 SQ$_2$	I1.7
主接触器分闸按钮 SB$_2$	I0.1	急停开关 SE	I4.0
1SM 左车上行触头 1SM$_1$	I0.2	松绳保护开关 S$_3$	I4.1
1SM 右车上行触头 1SM$_2$	I0.3	变频器故障保护输出 19、20	I4.2
1SM 手动停车触头 1SM$_3$	I0.4	变频器合闸继电器 KA$_1$	Q8.0
2SM 手动操作触头 2SM$_1$	I0.5	左料车上行（5 端口）	Q8.1
2SM 自动操作触头 2SM$_2$	I0.6	右料车上行（6 端口）	Q8.2
2SM 停车触头 2SM$_3$	I0.7	高速运行（7 端口）	Q8.3
3SM 左车快速上行触头 3SM$_{11}$	I1.0	中速运行（8 端口）	Q8.4
3SM 右车快速上行触头 3SM$_{21}$	I1.1	低速运行（16 端口）	Q8.5
3SM 左车中速上行触头 3SM$_{12}$	I1.2	工作电源指示 HB	Q8.6
3SM 右车中速上行触头 3SM$_{22}$	I1.3	故障灯光指示 HR	Q8.7
3SM 左车慢速上行触头 3SM$_{13}$	I1.4	故障音响报警 HZ	Q9.0
3SM 右车慢速上行触头 3SM$_{23}$	I1.5	报闸继电器 KA$_2$	Q9.1
左车限位开关 SQ$_1$	I1.6		

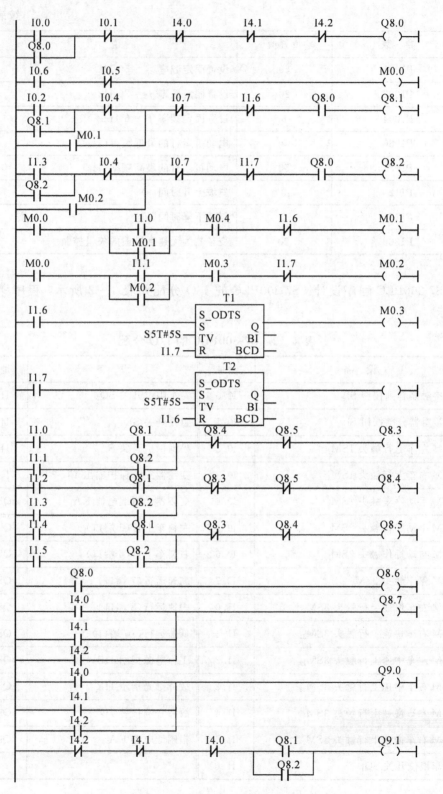

图 4-54 S7-300PLC 程序梯形图

4.5　三相交流电动机电力拖动的仿真

在 MATLAB/Simulink 平台上可以对三相交流电动机的电力拖动进行仿真，主要包括三相异步电动机起动、制动、调速仿真以及三相同步电动机运行仿真。

使用 MATLAB 的 Simulink 工具箱可建立三相异步电动机的直接起动仿真模型，如图 4-55 所示，测取三相异步电动机直接起动过程中的转速、电磁转矩和电枢电流的变化规律。其仿真模型包括三相异步电动机模块（Asynchronous Machine）、电源模块（Power Source）、断路器模块（Circuit Breaker）和测量模块（Machine Measurements）等。三相异步电动机的参数为：150 kW，400 V，50 Hz，1487 r/m。三相异步电动机直接起动时的转速波形、电磁转矩波形、定子电流波形和转子电流波形分别如图 4-56～图 4-59 所示。

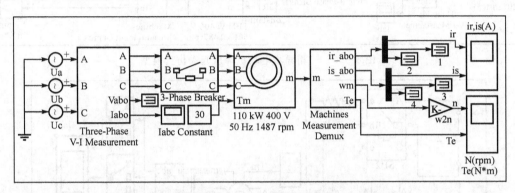

图 4-55　三相异步电动机直接起动仿真模型

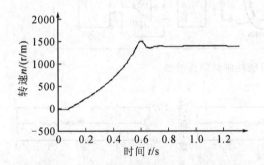

图 4-56　三相异步电动机直接起动转速波形

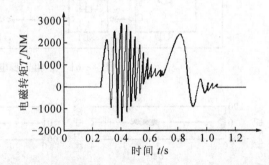

图 4-57　三相异步电动机直接起动电磁转矩波形

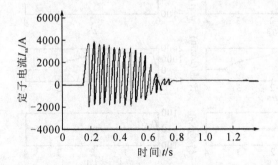

图 4-58　三相异步电动机直接起动定子电流波形

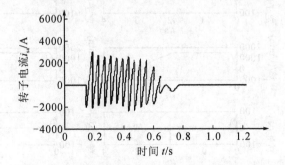

图 4-59　三相异步电动机直接起动转子电流波形

三相异步电动机的能耗制动仿真模型和能耗制动瞬态特性曲线如图 4-61、图 4-62 所示。

由仿真结果可知，随着限流电阻的增大，定子上的冲击电流和制动电流，转子上的冲击电流及冲击转矩减小，异步电机的制动时间变长。

三相异步电动机的调压调速仿真模型和运行仿真模型分别如图 4-63、图 4-64 所示。

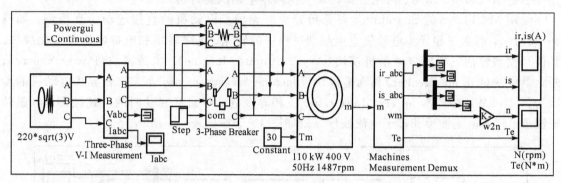

图 4-60 三相异步电动机降压起动仿真模型

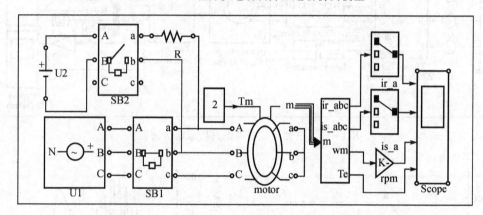

图 4-61 三相异步电动机能耗制动仿真模型

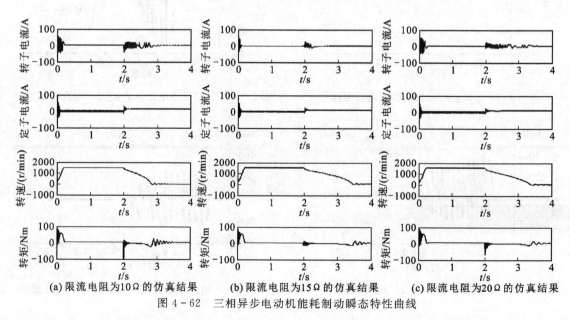

(a) 限流电阻为 10Ω 的仿真结果   (b) 限流电阻为 15Ω 的仿真结果   (c) 限流电阻为 20Ω 的仿真结果

图 4-62 三相异步电动机能耗制动瞬态特性曲线

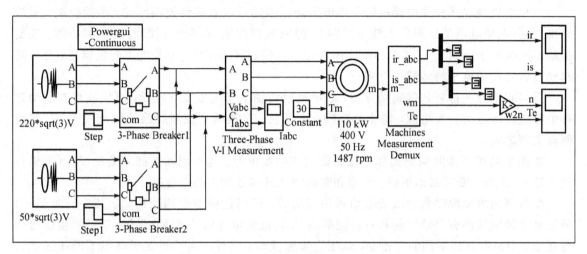

图 4 - 63　三相异步电动机调压调速仿真模型

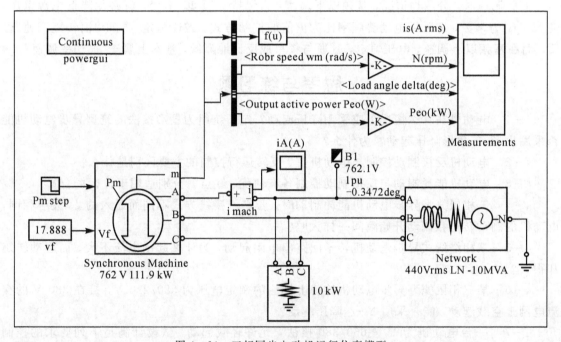

图 4 - 64　三相同步电动机运行仿真模型

本 章 小 结

　　三相交流异步电动机起动的最大问题是起动电流过大，限制起动电流的有效方法之一是降压。其中定子绕组串电阻降压起动控制是在起动时串入电阻，起动完毕后短接电阻，实现全压运行。对于正常运行时电动机额定电压等于电源线电压，定子绕组为三角形连接方式的三相交流异步电动机，可以采用星形-三角形降压起动，这种控制线路中，从星形起动到三角形运行可以采用通电延时型时间继电器。对于容量较大的正常运行时的定子绕组接成星形的笼型异步电动机，可采用自耦变压器降压起动。

三相交流绕线式异步电动机转子串电阻降压起动可以有三种控制方式：手动控制、电流原则控制（电流继电器线圈串入转子回路）、时间原则控制（几个时间继电器依次动作、控制接触器短接转子电阻）。转子串频敏变阻器可以使控制线路简单，减少电阻能量损耗，并且随起动过程自动完成平滑地减小电阻。

反接制动是一种有效的制动方法，在电动机转轴上连接速度继电器，可以使得在制动过程中转速接近零时切断电源，防止电动机反向旋转。反接制动控制线路的构成与正、反转控制有类似之处。

能耗制动可以按时间原则和电流原则组成控制电路。这种制动控制需整流设备（提供直流电源），常用于要求制动平稳、准确和起动频繁且容量较大的电动机。

变极调速可以成倍数地改变电动机磁极对数，所以能够实现调速控制。其中三角形-双星形接法控制线路有手动控制和自动控制（利用时间继电器）；三角形-星形-双星形接法可获得低速、中速和高速不同的三速度，利用自锁和互锁，实现对电动机定子绕组不同接法达到调速目的。

变频调速时，分两种情况，基频以下调速，为保持磁通 Φ_m 不变，就必须降低电源电压，使 U_1/f_1 为常数，即采用电动势频率比为恒值的控制方式，磁通恒定，属于"恒转矩调速"性质；而在基频以上调速，电压恒定，磁通与频率成反比地降低，基本上属于"恒功率调速"。

思考与练习题

4-1　电动机在什么情况下应采用降压起动？定子绕组为星形接法的笼型异步电动机能否采用星形-三角形降压起动？为什么？

4-2　电动机反接制动控制与电动机正、反转运行控制的主要区别是什么？

4-3　电动机能耗制动与反接制动控制各有何优、缺点？分别适用于什么场合？

4-4　三相鼠笼型异步电动机能耗制动时，若定子接线方式不同而通入的 I_- 大小相同，电动机的制动转矩在制动开始瞬间一样大吗？

4-5　三相绕线式异步电动机转子回路串电阻起动，为什么起动电流不大，而起动转矩却很大？

4-6　某三相鼠笼型异步电动机铭牌上标注的额定电压为 380/220 V，接在 380 V 的交流电网上空载起动，能否采用 Y-△降压起动？

4-7　一台电动机为 Y/△660/380 接法，允许轻载起动，试设计满足下列要求的控制线路：

(1) 采用手动和自动控制降压起动；

(2) 实现连续运转和点动工作，且当点动工作时要求处于降压状态工作；

(3) 具有必要的连锁和保护环节。

4-8　一台三相鼠笼型异步电动机的技术数据为：$P_N = 40$ kW，$n_N = 2930$ r/m，$U_N = 380$ V，$\eta_N = 0.9$，$\cos\varphi_N = 0.85$，$K_I = 5.5$，$K_T = 1.2$，采用△接法，供电变压器允许起动电流为 150 A 时，能否在下面情况下用 Y-△起动：

(1) 负载转矩为 $0.25T_N$；

(2) 负载转矩为 $0.4T_N$。

4-9　一台绕线式三相异步电动机，其技术数据为：$P_N=75$ kW，$n_N=720$ r/m，$U_N=380$ V，转子每相电阻为 $1.0\ \Omega$，$\lambda=2.4$，拖动恒转矩负载 $T_L=0.85T_N$，要求电动机的转速为 $n=540$ r/m，试问：

(1) 当采用转子串电阻调速时，每相串入电阻值 R 是多少？

(2) 当采用变频调速，保持 U/f 为常数时，频率与电压各为多少？

4-10　某绕线式异步电动机的技术数据为：$P_N=5$ kW，$n_N=960$ r/m，$U_{1N}=380$ V，$I_{sN}=14.9$ A，$E_{rN}=164$ V，$I_{rN}=20.6$ A，定子绕组采用 Y 接法，$\lambda=2.3$。拖动 $T_L=0.75T_N$ 恒转矩负载，要求制动停车时最大转矩为 $1.8T_N$。现采用反接制动，求每相串入的制动电阻值。

4-11　某三相鼠笼型异步电动机，$P_N=15$ kW，$U_N=380$ V，△连接，$n_N=2930$ r/m，$f_N=50$ Hz，$\lambda=2.2$。拖动一恒转矩负载运行，$T=40$ Nm。求：

(1) $f_1=50$ Hz，$U_s=U_N$ 时的转速；

(2) $f_1=40$ Hz，$U_s=0.8U_N$ 时的转速；

(3) $f_1=60$ Hz，$U_s=U_N$ 时的转速。

4-12　保持 Φ_m 为常数的恒磁通控制系统，在低速空载时会发生什么情况？采用何种控制的变频系统可以克服这个问题？

4-13　某企业电源电压为 6000 V，内部使用了多台异步电动机，其总输出功率为 1500 kW，平均效率为 70%，功率因数为 0.8(滞后)，企业新增一台 400 kW 的设备，计划采用运行于过励状态的同步电动机拖动，补偿企业的功率因数到 1(不计同步电动机本身损耗)。试求：

(1) 同步电动机的容量为多大？

(2) 同步电动机的功率因数为多少？

4-14　设计一个控制线路，要求第一台电动机起动 10 s 后，第二台电动机自行起动，运行 5 s 后，第一台电动机停止并同时使第三台电动机自行起动，再运行 15 s 后电动机全部停止。

第 5 章 直流电机原理

直流电动机和直流发电机统称为直流电机，二者是可逆的，把直流电能转换为机械能的装置称为电动机，反之称为发电机。直流电动机与交流异步电动机相比，具有较好的起动性能，可在较宽的范围内达到平滑无级调速，同时又比较经济，所以广泛应用于轧钢机、电力机车、大型机床拖动系统以及玩具行业中。直流发电机主要是采用交流电机拖动用作直流电源，但随着电力电子技术的发展，晶闸管变流装置将逐步取代用作直流电源的直流发电机。

电机是利用电磁作用原理进行能量转换的机械装置。直流电机能将直流电能转换为机械能，或将机械能换转为直流电能。将直流电能转换成机械能的装置称为直流电动机，将机械能转换为直流电能的装置称为直流发电机。直流电机的结构复杂、使用有色金属多、生产工艺复杂、价格昂贵、运行可靠性差等缺点，限制了直流电机的广泛应用。随着近年电力电子学和微电子学的迅速发展，在很多领域内，直流电动机将逐步为交流调速电动机所取代，直流发电机则正在被电力电子器件整流装置所取代。但是直流电机的主要优点——良好的起动性能和调速性能、较大的过载能力等，使得直流电机在许多场合仍继续发挥重要作用。直流电动机常应用于那些对起动和调速性能要求较高的生产机械，如大型机床、电力机车、轧钢机、矿井卷扬机、船舶机械、造纸机和纺织机等。直流发电机作为直流电源，供给需要直流电能的场合，如化工中的电解、电镀等。本章主要分析直流电机的工作原理、结构、磁场、感应电动势、电磁转矩等问题。

5.1 直流电机的工作原理

图 5-1 是一台直流电动机的最简单模型。N 和 S 是一对固定的磁极，可以是电磁铁，也

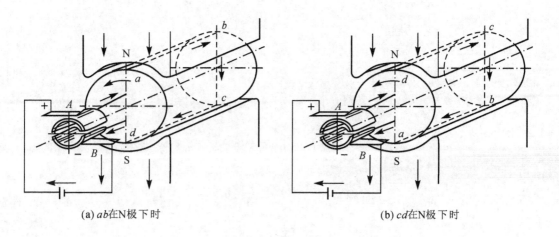

(a) ab在N极下时　　　　　　　　　　　　(b) cd在N极下时

图 5-1 直流电动机工作原理示意图

可以是永久磁铁。磁极之间有一个可以转动的铁质圆柱体，称为电枢铁芯。铁芯表面固定一个用绝缘导体构成的电枢线圈 abcd，线圈的两端分别接到相互绝缘的两个半圆形铜片（换向片）上，它们组合在一起，称为换向器，在每个半圆形铜片上又分别放置着一个固定不动而与之滑动接触的电刷 A 和 B，线圈 abcd 通过换向器和电刷接通外电路。

5.1.1　直流电动机的基本工作原理

加于直流电动机的直流电源，借助于换向器和电刷的作用，使直流电动机电枢线圈中流过的电流方向是交变的，从而使电枢产生的电磁转矩的方向恒定不变，确保直流电动机朝确定的方向连续旋转。这就是直流电动机的基本工作原理。

实际的直流电动机，电枢圆周上均匀地嵌放着许多线圈，相应地，换向器由许多换向片组成，使电枢线圈所产生的总的电磁转矩足够大并且比较均匀，电动机的转速也就比较均匀。

5.1.2　直流发电机的基本工作原理

图 5-2 是直流发电机的工作原理图，同直流电动机一样，直流发电机电枢线圈中的感应电动势的方向也是交变的，而通过换向器和电刷的整流作用，在电刷 A、B 上输出的电动势是极性不变的直流电动势。在电刷 A、B 之间接上负载，发电机就能向负载提供直流电能。这就是直流发电机的基本工作原理。

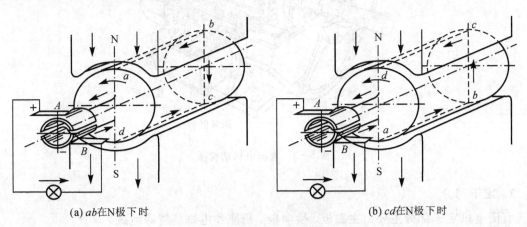

(a) ab在N极下时　　　　　　　　　(b) cd在N极下时

图 5-2　直流发电机的工作原理图

从以上分析可以看出：一台直流电机原则上可以作为电动机运行，也可以作为发电机运行，取决于外界不同的条件。将直流电源加于电刷，输入电能，电机将电能转换为机械能，拖动生产机械旋转，作电动机运行；如用原动机拖动直流电机的电枢旋转，输入机械能，电机将机械能转换为直流电能，从电刷上引出直流电动势，作发电机运行。同一台电机，既能作电动机运行，又能作发电机运行的原理，称为电机的可逆原理。

5.2 直流电机的结构和额定值

5.2.1 直流电机的结构

由直流电动机和发电机工作原理示意图可以看到，直流电机的结构应由定子和转子两大部分组成。直流电机运行时静止不动的部分称为定子，定子的主要作用是产生磁场，由机座、主磁极、换向极、端盖、轴承和电刷装置等组成。直流电机运行时转动的部分称为转子，其主要作用是产生电磁转矩和感应电动势，是直流电机进行能量转换的枢纽，所以通常又称为电枢，由转轴、电枢铁芯、电枢绕组、换向器和风扇等组成。

直流电机是由静止的定子部分和转动的转子部分构成的，定、转子之间有一定大小的间隙（以后称为气隙），如图 5-3 所示。

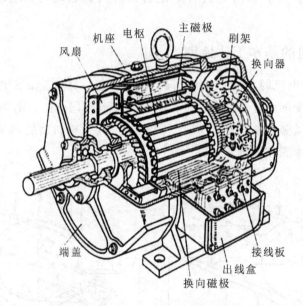

图 5-3 直流电机结构图

1. 定子部分

直流电机定子部分主要由主磁极、换向极、机座和电刷装置等组成。

（1）主磁极：又称主极。在一般大中型直流电机中，主磁极是一种电磁铁。

（2）换向极：容量在 1 kW 以上的直流电机，在相邻两主磁极之间要装上换向极。换向极又称附加极或间极，其作用是改善直流电机的换向。

（3）机座：一般直流电机都用整体机座。所谓整体机座，就是一个机座同时起两方面的作用，一方面起导磁的作用，一方面起机械支撑的作用。

（4）电刷装置：电刷装置是把直流电压、直流电流引入或引出的装置。

2. 转子部分

直流电机转子部分主要由电枢铁芯和电枢绕组、换向器、转轴和风扇等组成。

（1）电枢铁芯：电枢铁芯的作用有二，一是作为主磁路的主要部分；二是嵌放电枢绕组。

（2）电枢绕组：直流电机的主要电路部分，是通过电流和感应产生电动势以实现机电能量转换的。

（3）换向器：在直流发电机中，它的作用是将绕组内的交变电动势转换为电刷端上的直流电动势。在直流电动机中，它将电刷上所通过的直流电流转换为绕组内的交变电流。

5.2.2 直流电机的电枢绕组

按照连接规律的不同，电枢绕组分为单叠绕组（见图 5-4）、单波绕组（见图 5-5）、复叠绕组、复波绕组、蛙绕组等多种类型。本节先介绍电枢绕组元件的基本特点，再以单叠绕组和单波绕组为例阐述电枢绕组的构成原理和连接规律。

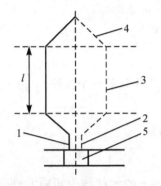
1—首端；2—末端；3—元件边；
4—端接部分；5—换向片
图 5-4 单叠绕组

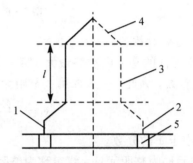
1—首端；2—末端；3—元件边；
4—端接部分；5—换向片
图 5-5 单波绕组

1. 电枢绕组元件

电枢绕组元件由绝缘漆包铜线绕制而成，每个元件有两个嵌放在电枢槽内、能与磁场作用产生转矩或电动势的有效边，称为元件边。元件的槽外部分（亦即元件边以外的部分）称为端接部分。为便于嵌线，每个元件的一个元件边嵌放在某一槽的上层，称为上层边，画图时以实线表示；另一个元件边则嵌放在另一槽的下层，称为下层边，画图时以虚线表示。每个元件有两个出线端，称为首端和末端，均与换向片相连，如图 5-4、图 5-5 所示。每一个元件有两个元件边，每片换向片又总是接一个元件的上层边和另一个元件的下层边，所以元件数 S 总等于换向片数 K，即 $S=K$；而每个电枢槽分上、下两层嵌放两个元件边，所以元件数 S 又等于槽数 Z，即 $S=K=Z$。

2. 节距

节距是用来表征电枢绕组元件本身和元件之间连接规律的数据。直流电机电枢绕组的节距有第一节距 y_1、第二节距 y_2、合成节距 y 和换向器节距 y_k 4 种，如图 5-6 所示。

（1）第一节距。同一元件的两个元件边在电枢圆周上所跨的距离，用槽数来表示，称为第一节距 y_1。一个磁极在电枢圆周上所跨的距离称为极距 τ，当用槽数表示时，节距的表达式为

$$y = \frac{Z}{2n_p}$$

(5-1)

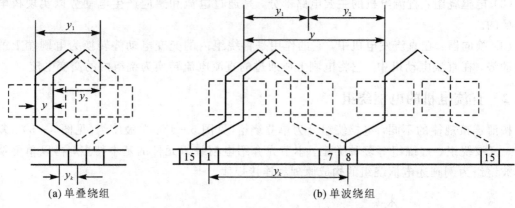

图 5-6　节距示意图

式中，n_p——磁极对数。

为使每个元件的感应电动势最大，第一节距 y_1 应尽量等于一个极距 τ，但 τ 一定是整数，而 y_1 必须是整数，为此，一般取第一节距为

$$y_1 = \frac{Z}{2n_\mathrm{p}} \pm \varepsilon = 整数 \tag{5-2}$$

式中，ε——小于 1 的分数。

$y_1 = \tau$ 的元件为整距元件，绕组称为整距绕组；$y_1 < \tau$ 的元件称为短距元件，绕组称为短距绕组；$y_1 > \tau$ 的元件称为长距元件，其电磁效果与 $y_1 < \varepsilon$ 的元件相近，但端接部分较长，耗铜多，一般不用。

（2）第二节距。第一个元件的下层边与直接相连的第二个元件的上层边之间在电枢圆周上的距离，用槽数表示，称为第二节距 y_2，如图 5-6 所示。

（3）合成节距。直接相连的两个元件的对应边在电枢圆周上的距离，用槽数表示，称为合成节距 y，如图 5-6 所示。

（4）换向器节距。每个元件的首、末两端所连接的两片换向片在换向器圆周上所跨的距离，用换向片数表示，称为换向器节距 y_k。由图 5-6 可见，换向器节距 y_k 与合成节距 y 总是相等的，即 $y_k = y$。

下面通过一个实例来说明单叠绕组的连接方法和特点。

[例题 5-1]　设一台直流发电机，$2n_\mathrm{p} = 4$，$Z = S = K = 16$，连接成单叠右行绕组，计算各节距。

解　第一节距 y_1 为

$$y_1 = \frac{Z}{2n_\mathrm{p}} \pm \varepsilon = \frac{16}{4} = 4$$

合成节距 y 和换向器节距 y_k 为

$$y = y_k = 1$$

第二节距 y_2 为

$$y_2 = y_1 - y = 3$$

绘制绕组展开图，如图 5-7 所示。

所谓绕组展开图，是假想将电枢及换向器沿某一齿的中间切开，并展开成平面的连接

图。作图步骤如下：

（1）画 16 根等长等距的实线，代表各槽上层元件边，再画 16 根等长等距的虚线，代表各槽下层元件边。让虚线与实线靠近一些，实际上一根实线和一根虚线代表一个槽，并依次把槽编上号码。

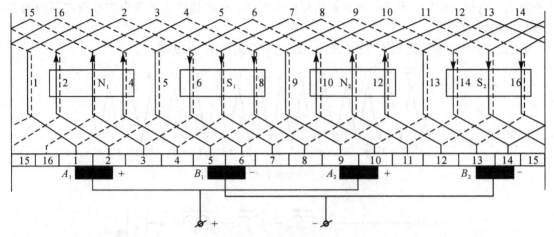

图 5-7　绕组展开图

（2）放置主磁极。让每个磁极的宽度大约等于 0.7τ，4 个磁极均匀放置在电枢槽之，并标上 N、S 极性。假定 N 极的磁力线进入纸面，S 极的磁力线从纸面穿出。

（3）画 16 个小方块，代表换向片，并标上号码，为了作图方便，使换向片宽度等于槽与槽之间的距离。为了能连出形状对称的元件，换向片的编号应与槽的编号有一定的对应关系（由第一节距 y_1 来考虑）。

（4）连绕组。为了便于连接，将元件、槽和换向片按顺序编号。编号时把元件号码、元件上层边所在槽的号码以及元件上层边相连接的换向片号码编得一样，即 1 号元件的上层边放在 1 号槽内并与 1 号换向片相连接。这样，当 1 号元件的上层边放在 1 号槽（实线）并与 1 号换向片相连后，因为 $y_1=4$，则 1 号元件的下层边应放在第 5 号槽（$1+y_1=5$）的下层（虚线）；因 $y_1=y_k=1$，所以 1 号元件的末端应连接在 2 号换向片上（$1+y_1=2$）。一般应使元件左、右对称，这样 1 号换向片与 2 号换向片的分界线正好与元件的中心线相重合。然后将 2 号元件的上层边放入 2 号槽的上层（$1+y=2$），下层边放在 6 号槽的下层（$2+y_1=6$），2 号元件的上层边连在 2 号换向片上，下层边连在 3 号换向片上。按此规律排列与连接下去，一直把 16 个元件都连起来为止。

校核第二节距：第 1 元件放在第 5 号槽的下层边和第 2 号槽第 2 元件的上层边，它们之间满足 $y_2=3$ 的关系。其他元件也如此。

（5）确定每个元件边里导体感应电动势的方向。箭头表示电枢旋转方向，即自右向左运动，根据右手定则就可判定各元件边的感应电动势的方向，即在 N 极下的导体电动势是向下，在 S 极下是向上的。在图示这一瞬间，1、5、9、13 四个元件正好位于两个主磁极的中间，该处气隙磁密为零，所以不感应电动势。

（6）放电刷。在直流电机里，电刷组数也就是刷杆的数目，与主极的个数一样多。对本例来说，就是四组电刷 A_1、B_1、A_2、B_2，它们均匀地放在换向器表面圆周方向的位置。每个电刷的宽度等于每一个换向片的宽度。放电刷的原则是，要求正、负电刷之间得到最大的感应电动势，或被电刷所短路的元件中感应电动势最小，这两个要求实际上是一致的。由于每个元件的几何形状对称，如果把电刷的中心线对准主极的中心线，就能满足上述要求。被电刷所短路的元件正好是 1、5、9、13，这几个元件中的电动势恰好为零。实际运行时，电刷是静止不动的，电枢在旋转，但是，被电刷所短路的元件，永远都是处于两个主磁极之间的地方，当然感应电动势为零。

绕组元件顺序连接图如图 5-8 所示。绕组电路图如图 5-9 所示。

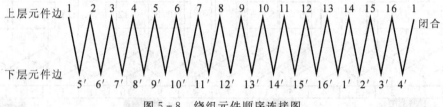

图 5-8 绕组元件顺序连接图

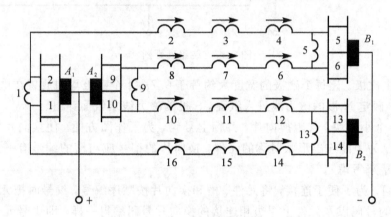

图 5-9 绕组电路图

综上，电枢绕组中的单叠绕组有以下特点：

(1) 位于同一个磁极下的各元件串联起来组成了一条支路，即支路对数等于极对数，$a = n_p$。

(2) 当元件的几何形状对称，电刷放在换向器表面上的位置对准主磁极中心线时，正、负电刷间感应电动势最大，被电刷所短路的元件里感应电动势最小。

(3) 电刷杆数等于极数。

5.2.3 直流电机的励磁方式

励磁绕组的供电方式称为励磁方式。按励磁方式的不同，直流电机可以分为以下 4 类。

1. 他励直流电机

该类电机的励磁绕组由其他直流电源供电，与电枢绕组之间没有电的联系，如图 5-10 (a) 所示。永磁直流电机也属于他励直流电机，因其励磁磁场与电枢电流无关。图 5-10 中电流正方向是以电动机为例设定的。

2．并励直流电机

该类电机的励磁绕组与电枢绕组并联，如图 5－10(b)所示，励磁电压等于电枢绕组端电压。

以上两类电机的励磁电流只有电机额定电流的 $1\%\sim5\%$，所以励磁绕组的导线细而匝数多。

3．串励直流电机

该类电机的励磁绕组与电枢绕组串联，如图 5－10(c)所示，励磁电流等于电枢电流，所以励磁绕组的导线粗而匝数较少。

4．复励直流电机

该类电机的每个主磁极上套有两套励磁绕组，一个与电枢绕组并联，称为并励绕组，一个与电枢绕组串联，称为串励绕组，如图 5－10(d)所示。两个绕组产生的磁动势方向相同时称为积复励，两个磁势方向相反时称为差复励，通常采用积复励方式。直流电机的励磁方式不同，运行特性和适用场合也不同。

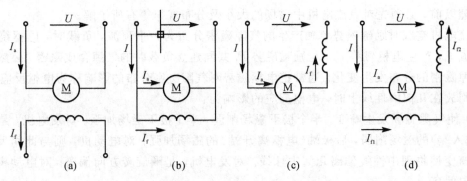

图 5－10　直流电机分类

5.2.4　直流电机的额定值

电机制造厂按照国家标准，根据电机的设计和试验数据而规定的每台电机的主要性能指标称为电机的额定值。额定值一般标在电机的铭牌上或产品说明书上。

直流电机的额定值主要有下列几项：

(1) 额定功率 P_N。额定功率是指电机按照规定的工作方式运行时所能提供的输出功率。对电动机来说，额定功率是指转轴上输出的机械功率；对发电机来说，额定功率是指电枢输出的电功率。额定功率的单位为 kW(千瓦)。

(2) 额定电压 U_N。额定电压是电机电枢绕组能够安全工作的最大外加电压或输出电压，单位为 V(伏)。

(3) 额定电流 I_N。额定电流是电机按照规定的工作方式运行时，电枢绕组允许流过的最大电流，单位为 A(安培)。

(4) 额定转速 n_N。额定转速是指电机在额定电压、额定电流和输出额定功率的情况下运行时，电机的旋转速度，单位为 r/m。

额定值一般标在电机的铭牌上，又称为铭牌数据。还有其他一些额定值，例如额定转矩

T_N、额定效率 η_N 等，不一定标在铭牌上，可查产品说明书或由铭牌上的数据计算得到。

额定功率与额定电压和额定电流之间有如下关系：

直流电动机：$P_N = U_N I_N \eta_N$

直流发电机：$P_N = U_N I_N$

直流电机运行时，如果各个物理量均为额定值，就称电机工作在额定运行状态，亦称为满载运行。在额定运行状态下，电机利用充分，运行可靠，并具有良好的性能。如果电机的电枢电流小于额定电流，则称为欠载运行；电机的电枢电流大于额定电流，则称为过载运行。欠载运行时，电机利用不充分，效率低；过载运行，则易引起电机过热损坏。

5.3　直流电机的磁场、电动势和转矩

5.3.1　直流电机的磁场

由直流电机基本工作原理可知，直流电机无论作发电机运行还是作电动机运行，都必须具有一定强度的磁场，所以磁场是直流电机进行能量转换的媒介。因此，在分析直流电机的运行原理以前，必须先对直流电机中磁场的大小及分布规律等有所了解。

直流电机空载时励磁磁势单独产生的气隙磁密分布为一平顶波，负载时，电枢绕组流过电枢电流 I_a，产生电枢磁势 F_a，与励磁磁势 F_f 共同建立负载时的气隙合成磁密，必然会使原来的气隙磁密的分布发生变化。通常把电枢磁势对气隙磁密分布的影响称为电枢反应。

电刷放在几何中性线上时，电枢反应的影响为：

（1）使气隙磁场发生畸变。半个极下磁场削弱，半个极下磁场加强。对发电机，是前极端（电枢进入端）的磁场削弱，后极端（电枢离开端）的磁场加强；对电动机，则与此相反。气隙磁场的畸变使物理中性线偏离几何中性线。对发电机，是顺旋转方向偏离；对电动机，是逆旋转方向偏离。

（2）磁路饱和时，有去磁作用。因为磁路饱和时，半个极下增加的磁通小于另半个极下减少的磁通，使每个极下总的磁通有所减小。

5.3.2　电枢绕组的感应电动势

电枢绕组的感应电动势是指直流电机正、负电刷之间的感应电动势，也就是电枢绕组一条并联支路的电动势。电枢旋转时，电枢绕组元件边内的导体切割电动势，由于气隙合成磁密在一个极下的分布不均匀，所以导体中感应电动势的大小是变化的。为分析推导方便起见，可把磁密看成均匀分布的，取每个极下气隙磁密的平均值 B_{av}，从而可得一根导体在一个极距范围内切割气隙磁密产生的电动势的平均值 e_{av}，其表达式为

$$e_{av} = B_{av} l v \qquad (5-3)$$

式中，B_{av}——一个极下气隙磁密的平均值，称平均磁通密度；

l——电枢导体的有效长度（槽内部分）；

v——电枢表面的线速度。

由于

$$B_{av} = \frac{\Phi}{\tau l} \qquad (5-4)$$

$$v = \frac{n}{60} 2n_p \tau \qquad (5-5)$$

所以,一根导体感应电动势的平均值为

$$e_{av} = \frac{\Phi}{\tau l} l \frac{n}{60} 2n_p \tau = \frac{2n_p}{60} \Phi n \qquad (5-6)$$

设电枢绕组总的导体数为 N,则每一条并联支路总的串联导体数为 $\frac{N}{2a}$,因而电枢绕组的感应电动势为

$$E_a = \frac{N}{2a} e_{av} = \frac{N}{2a} \frac{2n_p}{60} \Phi n = \frac{n_p N}{60a} \Phi n = C_e \Phi n \qquad (5-7)$$

式中,$C_e = \frac{n_p N}{60a}$,对已经制造好的电机而言,是一个常数,故称为直流电机的电动势常数。

每极磁通 Φ 的单位用 Wb(韦伯),转速单位用 r/m 时,电动势 E_a 的单位为 V。式(5-7)表明:对已制成的电机,电枢电动势 E_a 与每极磁通 Φ 和转速 n 成正比。

5.3.3 直流电机的电磁转矩

电枢绕组中流过电枢电流 I_a 时,元件的导体中流过支路电流 i_a,成为载流导体,在磁场中受到电磁力的作用。电磁力 f 的方向按左手定则确定,一根导体所受电磁力的大小为

$$f_x = B_x l i_a \qquad (5-8)$$

如果仍把气隙合成磁场看成均匀分布的,气隙磁密用平均值 B_{av} 表示,则每根导体所受电磁力的平均值为

$$f_{av} = B_{av} l i_a \qquad (5-9)$$

一根导体所受电磁力形成的电磁转矩,其大小为

$$T_{av} = f_{av} \frac{D}{2} \qquad (5-10)$$

式中,D——电枢外径。

不同极性磁极下的电枢导体中电流的方向也不同,所以电枢所有导体产生的电磁转矩方向都是一致的,因而电枢绕组的电磁转矩等于一根导体电磁转矩的平均值 T_{av} 乘以电枢绕组总的导体数 N,即

$$T = N T_{av} = N B_{av} l i_a \frac{D}{2} = \frac{n_p N}{2\pi a} \Phi I_a = C_T \Phi I_a \qquad (5-11)$$

式中,$C_T = \frac{n_p N}{2\pi a}$,对已制成的电机而言,是一个常数,称为直流电机的转矩常数。

磁通的单位用 Wb,电流的单位用 A 时,电磁转矩 T 的单位为 Nm(牛米)。式(5-11)表明:对已制成的电机,电磁转矩 T 与每极磁通 Φ 和电枢电流 I_a 成正比。

电枢电动势 $E_a = C_e \Phi n$ 和电磁转矩 $T = C_T \Phi I_a$ 是直流电机两个重要的公式。对于同一台直流电机,电动势常数 C_e 和转矩常数 C_T 之间具有确定的关系:

$$C_T = \frac{60a}{2\pi a} C_e = 9.55 C_e \qquad (5-12)$$

$$C_e = \frac{2\pi a}{60a} C_T = 0.105 C_T \qquad (5-13)$$

[例题 5-2]　一并励电动机额定电压 $U_N = 220$ V，额定电流 $I_N = 40$ A，额定励磁电流 $I_{fN} = 1.2$ A，额定转速 $n_N = 1000$ r/m，电枢电阻 $R_a = 0.5$ Ω，略去电枢反应的去磁作用。其额定转速时的空载特性如表 5-1 所示。

表 5-1　并励电动机额定转速时的空载特性

I_{f0}/A	0.4	0.6	0.8	1.0	1.1	1.2	1.3
E_0/V	83.5	120	158	182	191	198.6	204

求：在负载转矩和励磁电阻不变，电源端电压为 180 V 时，(1) 输入总电流；(2) 电机转速和理想空载转速。

解　根据 $E_0 = C_e \Phi n_N$ 得下列 $C_e \Phi = f(I_{f0})$ 表格：

I_{f0}/A	0.4	0.6	0.8	1.0	1.1	1.2	1.3
$C_e \Phi$	0.0835	0.12	0.158	0.182	0.191	0.1986	0.204

电枢额定电流为

$$I_{aN} = I_N - I_{fN} = 40 - 1.2 = 38.8 \text{ A}$$

(1) 当电源电压由 220 V 降低至 180 V 时，励磁电阻不变，并励绕组的励磁电流为

$$I_f = \frac{U}{U_N} I_{fN} = \frac{180}{220} \times 1.2 = 0.982 \text{ A}$$

对照上述表格，当 $I_{fN} = 1.2$ A 时，$C_e \Phi_N = 0.1986$

当 $I_f = 0.982$ A，采用插入法求 $C_e \Phi$：

$$C_e \Phi = 0.182 - \frac{0.182 - 0.158}{1.0 - 0.8}(1.0 - 0.982) = 0.18 \text{ V/(r/m)}$$

降压后电机负载不变，得

$$T = C_T \Phi_N I_{aN} = C_m \Phi I_a$$

$$I_a = \frac{\Phi_N I_{aN}}{\Phi} = \frac{0.1986}{0.18} \times 38.8 = 42.6 \text{ A}$$

输入电流为

$$I = I_f + I_a = 42.6 + 0.982 = 43.582 \text{ A}$$

(2) 降压后电动机的负载转速为

$$n = \frac{U - I_a R_a}{C_e \Phi} = \frac{180 - 42.6 \times 0.5}{0.18}$$

$$= \frac{180}{0.18} - \frac{42.6 \times 0.5}{0.18} = 1000 - 118.3 = 881.7 \text{ r/m}$$

电机的理想空载转速为

$$n_0 = 1000 \text{ r/m}$$

[例题 5-3]　一台串励式电动机额定电压 $U_N = 230$ V，电枢电阻 $R_a = 0.3$ Ω，串励绕组电阻 $R_f = 0.4$ Ω，当电枢电流 $I_a = 25$ A 时，转速 $n = 700$ r/m，假设电机磁路不饱和。

求：(1) 电枢电流为 35 A 时，电机转速和电磁转矩；

(2) 电机转速为 2000 r/m 时，电动机电枢电流和电磁转矩。

解　(1)因为串励电动机中，

$$I_a = I_f = I$$

若 $I_{a1} = 25$ A，则感应电动势为

$$E_{a1} = U_N - I(R_a + R_f) = 230 - 25(0.3 + 0.4) = 212.5 \text{ V}$$

若 $I_{a2} = 35$ A，则感应电动势为

$$E_{a2} = U_N - I(R_a + R_f) = 230 - 35(0.3 + 0.4) = 205.5 \text{ V}$$

设电机磁路不饱和，则磁通与电流成正比，即

$$E_a = C_e \Phi n \propto In$$

电枢电流为 35 A 时的转速为

$$n_2 = \frac{E_{a2} I_1}{E_{a1} I_2} n_1 = \frac{205.5 \times 25}{212.5 \times 35} \times 700 = 483.5 \text{ r/m}$$

电磁转矩为

$$T = 9.55 \frac{E_a I_{a2}}{n} = 9.55 \frac{205.5 \times 35}{483.5} = 142.1 \text{ Nm}$$

(2) 当转速为 2000 r/m 时，电枢电流很小，可略去电枢绕组的电压降，此时感应电动势 $E_a \approx U_N = 220$ V。则电枢电流为

$$I_a = \frac{E_a n_1}{E_{a1} n} I_{a1} = \frac{220 \times 700}{212.5 \times 2000} \times 25 = 9.06 \text{ A}$$

电磁转矩为

$$T = 9.55 \frac{E_a I_a}{n} = 9.55 \frac{220 \times 9.06}{2000} = 9.52 \text{ Nm}$$

5.4　直流电机的基本平衡方程式

直流电机的基本平衡方程式是指直流电动机稳定运行时，电路系统的电动势平衡方程式、能量转换过程中的功率平衡方程式和机械系统的转矩平衡方程式。

1. 电动势平衡方程式

电枢回路的电动势平衡方程式为

$$U_d = E_a + I_a r_a + 2\Delta u_s \tag{5-14}$$

式中，I_a——电枢电流；

　　　r_a——电枢回路的电阻；

　　　$2\Delta u_s$——正负电刷的接触电压降。在额定负载时，一般情况下取 $2\Delta u_s = 2$ V。

在电机运行状态下，由于 $U_d > E_a$，电流从电网流入电枢绕组，成为电动机运行的电能。同样，在电机运行状态下，电枢会产生电磁转矩，电磁转矩的方向与转向相同，成为驱动转矩。

同一台电机既可作为电动机运行，又可作为发电机运行，只是各有异同。在两种运行状态下，电枢绕组中均产生感应电动势。如果端电压 U_d 大于感应电动势 E_a，即 $U_d > E_a$，电流从电网流入电枢绕组，成为电动机运行；反之，如果 $U_d < E_a$，则电枢绕组向外输送电流，成为发电机运行。同样，在这两种运行状态下，电枢均产生电磁转矩。在电动机中，电磁转矩与转向同方向，成为驱动转矩；而在发电机中，电磁转矩与转向相反，使之成为制动转矩。

2. 功率平衡方程式

以并励电动机为例来进一步介绍电动机内部的功率平衡关系。并励电动机的负载电流 I 为电枢电流 I_a 与励磁电流 I_f 之和，即 $I=I_a+I_f$。

由电网输入的电功率为

$$P_1 = U_d I = U_d I_a + U_d I_f = U_d I_a + p_f \tag{5-15}$$

$$U_d I_a = E_a I_a + I_a^2 r_a + 2\Delta u_s I_a = P_{em} + p_a + p_b \tag{5-16}$$

式中，P_{em} 称为电磁功率，是电枢电流 I_a 与电枢电动势 E_a 的乘积，是电枢绕组因切割主磁通而产生的电功率。输入至电枢回路中的功率除了一小部分化作电枢回路的铜损耗 p_{Cu}（或 p_a）和电刷接触损耗 p_b 外，大部分为电磁功率 P_{em}。在直流并励电动机情况下，电磁功率就是转变为机械功率的功率。这一转变而来的机械功率尚不能全部被利用，还需克服铁芯损耗 p_{Fe}、机械损耗 p_m 和杂散损耗 p_s 后，才是电动机轴上的输出功率 P_2，即有

$$P_{em} = P_2 + p_m + p_{Fe} + p_s \tag{5-17}$$

电动机的功率平衡方程式为

$$P_1 = P_2 + p_m + p_{Fe} + p_s + p_f + p_{Cu} + p_b = P_2 + \sum p \tag{5-18}$$

画出直流并励电动机的功率流程，如图 5-11 所示。

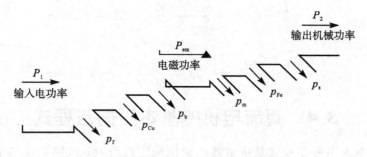

图 5-11　直流并励电动机的功率流程图

3. 转矩平衡方程式

直流电动机的转矩平衡方程式是

$$T = T_2 + T_0 \tag{5-19}$$

电磁转矩为

$$T = \frac{P_{em}}{\omega} = \frac{E_a I_a}{\omega} = \frac{n_{pN}}{2\pi a}\Phi I_a \tag{5-20}$$

电动机轴上的输出转矩为

$$T_2 = \frac{P_2}{\omega} \tag{5-21}$$

损耗引起的空载转矩为

$$T_0 = \frac{p_m + p_{Fe} + p_s}{\omega} \tag{5-22}$$

电动机轴的电磁转矩一部分与负载转矩相平衡，另一部分是空载损耗。

5.5　直流电机的电枢反应和换向

对称负载时，电枢磁动势对主极磁场基波产生的影响称为电枢反应。

当电枢绕组中没有电流通过时，由磁极所形成的磁场称为主磁场，近似按正弦规律分布。当电枢绕组中有电流通过时，绕组本身产生一个磁场，称为电枢磁场。电枢磁场对主磁场的作用将使主磁场发生畸变，产生电枢反应。

电枢反应对直流电机的工作影响很大，使磁极半边的磁场加强，另半边的磁场减弱，负载越大，电枢反应引起的磁场畸变越强烈，其结果将破坏电枢绕组元件的正常换向，易引起火花，使电机工作条件恶化。同时，电枢反应将使极靴尖处磁通密集，造成换向片间的最大电压过高，也易引起火花甚至造成电机环火。

5.5.1　直流电机的磁场

1. 主极磁场

主极磁场由励磁绕组通入励磁电流产生。

(1) 几何中性线 nn。

(2) 物理中性线 mm。

在电枢电流为零的情况下，主极磁场的 nn 和 mm 是重合的。

2. 电枢磁场

当电机在负载下运行时，电枢绕组中有负载电流流过，电枢电流产生的磁场称为电枢磁场。

直流电机在负载下运行，主极磁场和电枢磁场同时存在，它们之间互相影响，把电枢磁场对主磁场的影响叫电枢反应。

直流电机的磁场分布如图 5-12 所示。

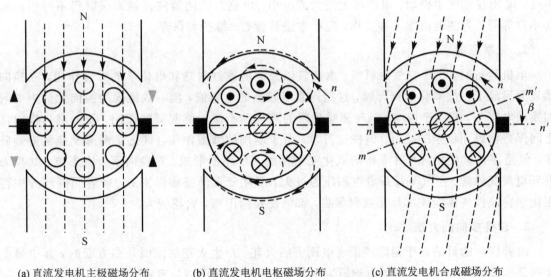

(a) 直流发电机主极磁场分布　　(b) 直流发电机电枢磁场分布　　(c) 直流发电机合成磁场分布

图 5-12　直流电机磁场分布

5.5.2 电枢反应

1. 交轴电枢反应

交轴电枢反应即交轴电枢磁动势对主极磁场的影响。在这里，我们为了分析问题的简单，假定① 磁场是不饱和的，② 发电机电枢转向是逆时针的，电动机则为顺时针的。从而可知：

（1）交轴电枢磁场在半个极内对主极磁场起去磁作用，在另半个极内则起增磁作用，引起气隙磁场畸变，使电枢表面磁通密度等于零的位置偏移几何中性线，新的等于零的位置我们称之为物理中性线。

（2）不计饱和时，交轴电枢反应既无增磁，亦无去磁作用。考虑饱和时，起到去磁作用。

2. 直轴电枢反应

当电刷不在几何中性线上时，出现了直轴电枢反应。

（1）若为发电机，电刷顺着旋转的方向移动一个夹角，对主极磁场而言，直轴起去磁反应，若电刷逆着旋转方向移动一个夹角，则直轴电枢反应将是增磁的。

（2）若为电动机，则刚好相反，这里不再具体分析。

5.5.3 直流电机的换向

直流电机运行时，随着电枢的转动，电枢绕组的元件从一条支路经过电刷短路后进入另一条支路，元件中的电流随之改变方向的过程称为换向过程，简称换向。

产生换向火花的原因有多种，最主要的是电磁原因，其他还有机械方面和化学方面的原因。

1. 机械原因

产生换向火花的机械原因很多，主要是换向器偏心、换向片间云母绝缘凸出、转子平衡不良、电刷在刷握中松动、电刷压力过大或过小、电刷与换向器的接触面研磨得不好因而接触不良等等。为使电机能正常工作，应经常进行检查、维护和保养。

2. 化学原因

电机运行时，由于空气中氧气、水蒸气以及电流通过时热和电化学的综合作用，在换向器表面形成了一层氧化亚铜薄膜，这层薄膜有较高的电阻值，能有效地限制换向元件中的附加换向电流 i_k，有利于换向。同时薄膜吸附的潮气和石墨粉能起润滑作用，使电刷与换向器之间保持良好而稳定的接触。电机运行时，由于电刷的摩擦作用，氧化亚铜薄膜经常遭到破坏。但是在正常使用环境中，新的氧化亚铜薄膜又能不断形成，对换向不会有影响。如果周围环境氧气稀薄、空气干燥或者电刷压力过大，氧化亚铜薄膜难以生成，或者周围环境存在化学腐蚀性气体能破坏氧化亚铜薄膜，都将使换向困难，火花变大。

3. 改善换向的方法

改善换向的目的在于消除或削弱电刷下的火花。产生火花的原因是多方面的，其中最主要的是电磁原因。消除或削弱电磁原因引起的电磁性火花的方法有：

（1）选择合适的电刷，增加电刷与换向片之间的接触电阻。

（2）装设换向极。

（3）装补偿绕组。

5.6　直流电动机的工作特性

直流电动机的工作状态和性能可用下列几个特性来表示：

1. 转速特性

转速特性是指当 $U_a=U_N$，$I_f=I_{fN}$ 时，$n=f(I_a)$ 的关系曲线。由电动势公式和电压方程得转速特性公式为

$$n=\frac{E_a}{C_e\Phi}=\frac{U_a-I_aR_a}{C_e\Phi}=\frac{U_a}{C_e\Phi}-\frac{R_a}{C_e\Phi}I_a \qquad (5-23)$$

若忽略电枢反应，当 I_a 增加时，转速 n 下降，形成转速降 Δn，如图 5-13 所示。若考虑电枢反应的去磁效应，磁通下降可能引起转速的上升，与 I_a 增大引起的转速降相抵消，使电动机的转速变化很小。实际运行中为保证电动机稳定运行，一般使电动机的转速随电流 I_a 的增加而下降。转速降一般为额定转速的 3%～8%，呈基本恒速状态。

2. 转矩特性

转矩特性是指当 $U_a=U_N$，$I_f=I_{fN}$ 时，$T=f(I_a)$ 的关系曲线。由转矩特性公式 $T=C_T\Phi I_a$ 可知，在磁通为额定值时，电磁转矩与电枢电流成正比。若考虑电枢反应的去磁效应，则转矩随电枢电流的增加而略微下降，如图 5-13 所示。

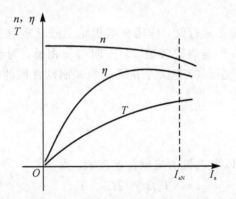

图 5-13　直流电动机的工作特性

3. 效率特性

效率特性是指 $U_a=U_N$，$I_f=I_{fN}$ 时，$\eta=f(I_a)$ 的关系曲线。

电动机运行的总损耗为

$$\sum p=p_m+p_{Fe}+p_s+p_f+p_{Cu}+p_b \qquad (5-24)$$

电动机的损耗中仅电枢回路的铜损耗与电流 I_a 成平方正比关系，其他部分与电枢电流无关。电动机的效率随 I_a 增大而上升，当 I_a 大到一定值后，效率又逐渐下降，如图 5-13 所示。一般直流电动机的效率在 75%～94% 之间。

直流电动机在使用时一定要保证励磁回路连接可靠，绝不能断开。若使励磁电流 $I_F=0$，

则电动机主磁通将迅速下降至剩磁磁通，若电动机负载为轻载，则电动机转速迅速上升，造成"飞车"；若电动机的负载为重载，则电动机的电磁转矩将小于负载，电动机转速减小但电枢电流将飞速增大，超过电动机允许的最大电流值，引起电枢绕组因大电流过热而烧毁。因此在闭合电动机电枢电路前应先闭合励磁电路，保证电动机可靠运行。

5.7 直流发电机

根据励磁方式的不同，直流发电机可分为他励直流发电机、并励直流发电机、串励直流发电机和复励直流发电机。励磁方式不同，发电机的特性就不同。因为本书以电力拖动为主，重点介绍电动机的特性，因此本节只分析他励直流电动机的原理和特性。

5.7.1 直流发电机稳态运行时的基本方程式

电枢旋转时，电枢绕组切割主磁通，产生电枢电动势 E_a，如果外电路接有负载，则产生电枢电流 I_a。按发电机惯例，E_a 的正方向与 U_d 相同。

1. 电动势平衡方程式

用基尔霍夫电压定律，可以列出电动势平衡方程式为

$$U_d = E_a - R_a I_a \qquad\qquad (5-25)$$

上式表明，直流发电机的端电压 U_d 等于电枢电动势 E_a 减去电枢回路内部的电阻压降 $R_a I_a$，所以电枢电动势 E_a 应大于端电压 U_d。

2. 转矩平衡方程式

直流发电机以转速 n 稳态运行时，作用在电机轴上的转矩有三个：一个是原动机的拖动转矩 T_1，方向与 n 相同；一个是电磁转矩 T，方向与 n 相反，为制动性质的转矩；还有一个由电机的机械损耗及铁损耗引起的空载转矩 T_0，也是制动性质的转矩。因此，可以写出稳态运行时的转矩平衡方程式为

$$T_1 = T + T_0 \qquad\qquad (5-26)$$

3. 功率平衡方程式

将式(5-26)两边同乘以发电机的机械角速度 Ω，得

$$T_1\Omega = T\Omega + T_0\Omega \qquad\qquad (5-27)$$

可以写成

$$P_1 = P_{em} + p_0 \qquad\qquad (5-28)$$

式中，$P_1 = T_1\Omega$，为原动机输给发电机的机械功率，即输入功率；$P_{em} = T\Omega$，为发电机的电磁功率；$p_0 = T_0\Omega$，为发电机的空载损耗功率。

电磁功率为

$$P_{em} = T\Omega = \frac{n_p N}{2\pi a}\Phi I_a \frac{2\pi n}{60} = E_a I_a \qquad\qquad (5-29)$$

和直流电动机一样，直流发电机的电磁功率亦是既具有机械功率的性质，又具有电功率的性质，所以是机械能转换为电能的那一部分功率。直流发电机的空载损耗功率也包括机械损耗 p_m 和铁损耗 p_{Fe} 两部分。

式(5-29)表明：发电机输入功率 P_1，其中一小部分供给空载损耗 p_0，而大部分为电磁

功率，是由机械功率转换为电功率的。

将电动势平衡方程式两边同乘以电枢电流 I_a，得

$$E_a I_a = U_d I_a + I_a^2 R_a \qquad (5-30)$$

即

$$P_{em} = P_2 + p_{Cu} \qquad (5-31)$$

式中，$P_2 = U_d I_a$，为发电机输出的功率；$p_{Cu} = I_a^2 R_a$，为电枢回路铜损耗。

式(5-31)可以写成如下形式：

$$P_2 = P_{em} - p_{Cu} \qquad (5-32)$$

综合以上功率关系，可得功率平衡方程式：

$$P_1 = P_{em} + p_0 = P_2 + p_{Cu} + p_m + p_{Fe} \qquad (5-33)$$

一般情况下，直流发电机的总损耗为

$$\sum p = p_{Cu} + p_f + p_{Fe} + p_m \qquad (5-34)$$

直流发电机的效率为

$$\eta = \frac{P_2}{P_1} \times 100\% = \left(1 - \frac{\sum p}{\sum p + P_2}\right) \times 100\% \qquad (5-35)$$

5.7.2　他励直流发电机的运行特性

直流发电机运行时，有 4 个主要物理量，即电枢端电压 U_d、励磁电流 I_f、负载电流 I（他励时 $I = I_a$）和转速 n。其中，转速 n 由原动机确定，一般保持为额定值不变。因此，运行特性就是 U_d、I_a、I_f 三个物理量保持其中一个不变时，另外两个物理量之间的关系。显然，运行特性应有三个。

1. 空载特性

$n = n_0$，$I_a = 0$ 时，端电压 U_0 与励磁电流 I_f 之间的关系 $U_0 = f(I_f)$ 称为空载特性。

空载时，他励发电机的端电压 $U_0 = E_a = C_e \Phi n$，所以空载特性 $U_0 = f(I_f)$ 与电机的空载磁化特性 $\Phi = f(I_f)$ 相似，都是一条饱和曲线。I_f 比较小时，铁芯不饱和，特性近似为直线；I_f 较大时，铁芯随 I_f 的增大而逐步饱和，空载特性出现饱和段。一般情况下，电机的额定电压处于空载特性曲线开始弯曲的线段上，即图 5-14 中 A 点附近。因为如果工作于不饱和部分，磁路导磁截面积大，用铁量多，且较小的磁动势变化会引起电动势和端电压的明显变化，造成电压不稳定；如果工作在过饱和部分，会使励磁电流太大，用铜量增加，同时使电压的调节性能变差（见图 5-14）。

2. 外特性

$n = n_N$，$I_f = I_{fN}$ 时，端电压 U_d 与负载电流 I 之间的关系 $U_d = f(I)$ 称为外特性。

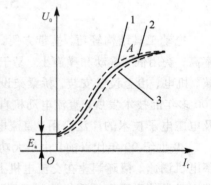

1—空载特性曲线上升分支；

2—平均空载特性曲线；

3—空载特性曲线下降分支

图 5-14　他励直流发电机的空载特性

他励直流发电机的负载电流 I（亦即电枢电流 I_a）增大时，端电压有所下降。从电动势方程式分析可以得知，使端电压 U_d 下降的原因有两个：一是当 $I=I_a$ 增大时，电枢回路电阻上压降 $R_a I_a$ 增大，引起端电压下降；二是 $I=I_a$ 增大时，电枢磁动势增大，电枢反应的去磁作用使每极磁通 Φ 减小，E_a 减小，从而引起端电压 U_d 下降（见图 5-15）。

电压调整率是衡量发电机运行性能的一个重要数据，一般他励发电机的电压调整率约为 10%。

3. 调节特性

$n=n_N$，$U_d=$ 常数时，励磁电流 I_f 与负载电流 I 之间的关系 $I_f=f(I)$ 称为调节特性，如图 5-16 所示。

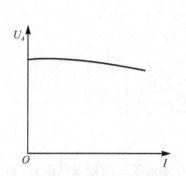

图 5-15　他励直流发电机的外特性

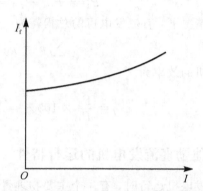

图 5-16　他励直流发电机的调节特性

调节特性是随负载电流增大而上翘的。这是因为随着负载电流的增大，电压有下降趋势，为维持电压不变，就必须增大励磁电流，以补偿电阻压降和电枢反应去磁作用的增加。由于电枢反应的去磁作用与负载电流的关系是非线性的，所以调节特性也不是一条直线。

5.8　应用实例

电动工具结构轻巧，携带方便，比起手工工具可提高劳动生产率达几倍到几十倍，有效率高、费用低、震动和噪声小，易于自动控制的优点。因此，电动工具已广泛应用于机械、建筑、机电、冶金设备安装、桥梁架设、住宅装修、农牧业生产、医疗、卫生等各个方面。经过 100 多年的技术发展，直流电动机自身的理论已基本成熟。随着电磁材料的性能不断提高以及电工电子技术的广泛应用，直流电动机被注入了新的活力，发展前景十分广阔。

20 世纪 90 年代以前，由于大功率晶闸管技术不过关，加上交流调速系统不成熟，大功率电机调速、精确调速在交流电机上无法实现，轧制电机多采用直流电机。随着大功率晶闸管大批量的生产和计算机控制系统的高速发展，交流电动机的调速变得非常简单。鉴于直流电机的调速优势，直流电机在很多领域还是无法替代的。在发电厂里，同步发电机的励磁机、蓄电池的充电机等，都是直流发电机，锅炉给粉机的原动机是直流电动机，此外，在许多工业部门，例如大型轧钢设备、大型精密机床、矿井卷扬机、市内电车、电缆设备要求严格线速度一致的地方等，通常都采用直流电动机作为原动机来拖动工作。直流电机通常作为直流电源，向负载输出电能；还可以作为测速电机、伺服电机、牵引电机（见图 5-17）等。

图 5-17 直流牵引电机

ZYZJ 系列直流电动机(见图 5-18)是在 Z4 系列直流电动机的基础上,针对制糖压榨机轧辊驱动的工况特点,在设计和制造工艺上作了相应改进而开发的专用系列产品。该系列电机采用多角形结构,定子空间利用率高,内部结构紧凑,并采用计算机辅助设计,使电气参数控制适当,因而电机具有体积小、重量轻、转动惯量小等特点。

图 5-18 ZYZJ 系列直流电动机

ZYZJ 系列直流电动机的磁回路采用叠片涂漆结构及其有效措施,使电机能承受脉动电流与电流急剧变化之工况,改善了电机的动态换向性能。电机可用三相桥式整流电流,以及不外接平波电抗器而长期工作。新颖的 F 级绝缘结构,保证了绝缘性能稳定和散热良好;绝缘特殊处理,使电机具有较强的防潮能力和机械强度,可在湿热带地区使用。

5.9 直流电机性能仿真

1. 直流发电机空载特性仿真

[例题 5-4] 一台他励直流发电机的额定电压 $U_N = 100$ V,额定转速 $n_N = 1500$ r/m,励磁电流 $I_{fN} = 1.4$ A,电枢绕组的电阻和电感忽略不计。在额定转速时做发电机空载特性试验,测得的数据见表 5-2,试绘制空载特性曲线。

表 5-2 直流发电机空载特性试验数据

I_r/A	0	0.5	0.7	0.8	1.0	1.2	1.5	1.2	1.0	0.8	0.7	0.5	0
U_o/V	3	80	95.5	102	108	115.5	120	115	110.5	105.5	99.5	85.6	14

解 用 M 语言编写绘制直流发电机空载特性曲线的 MATLAB 程序:

```
clc
clear
```

```
Ifdata1＝[0.0, 0.5, 0.7, 0.8, 1.0, 1.2, 1.5];
Ifdata2＝[0.0, 0.5, 0.7, 0.8, 1.0, 1.2, 1.5];          %励磁电流 If 值
U0data1＝[3, 80, 95.5, 102, 108, 111.5, 120];
U0data2＝[14, 85.6, 99.5, 105.5, 110.5, 115, 120];      %空载电压 U0 值
xdata＝0: .1: 1.5;                                      %y 坐标 0～120
ydata1＝interp1(Ifdata1, U0data1, xdata, 'spline');
ydata2＝interp1(Ifdata2, U0data2, xdata, 'spline');    %采用样条插值的方法分析数据
plot(Ifdata1, U0data1, '＊')                           %用"＊"描点绘制空载特性
hold on;                                               %保持当前坐标轴和图形
plot(Ifdata2, U0data2, '＊')                           %绘制 If，U0 坐标
hold on;
plot(xdata, ydata1);                                   %绘制 x，y 坐标
hold on;                                               %保持当前坐标轴和图形
plot(xdata, ydata2);                                   %绘制 x，y 坐标
hold on;                                               %保持当前坐标轴和图形
title('直流发电机空载特性')                             %标题为"直流发电机空载特性"
xlabel('{\itI}_f(A)')                                  %x 坐标标签为"If(A)"
ylabel('{\itU}_0(V)')                                  %y 坐标标签为"U0(V)"
axis([0, 2, 0, 120])
```

运行上述 MATLAB 程序，得到直流发电机空载特性仿真曲线，如图 5-19 所示。

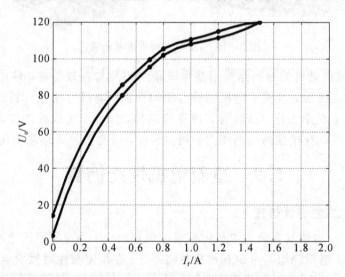

图 5-19　直流发电机空载特性仿真曲线

2. 直流电动机工作特性仿真

[例题 5-5]　已知一台他励直流电动机的额定数据：额定功率 $P_N＝20$ kW，额定电压 $U_N＝220$ V，额定转速 $n_N＝1500$ r/m，额定电流 $I_N＝100$ A，电枢电阻 $R_a＝0.19$ Ω，试绘制电动机的工作特性曲线。

解　用 M 语言编写绘制他励直流电动机工作特性曲线的 MATLAB 程序：

```
clc
```

```
clear
UN=220；PN=20；IaN=100；Nn=1500；          %输入电动机参数
Ra=0.19；                                  %输入电枢电阻
CePhiN=(UN-Ra*IaN)/Nn；                     %计算电动势常数 C_e Φ_N
CTPhiN=9.55*CePhiN；                        %计算电磁转矩常数 C_T Φ_N
Ia=0：IaN；                                 %电枢电流从 0～额定电流 I_aN
n=UN/CePhiN-Ra/(CePhiN)*Ia；                %计算转速
TN=CTPhiN*Ia；                             %计算电磁转矩
TNP=TN*10；                                %为清楚起见，将电磁转矩扩大十倍显示
plot(Ia,n,'b.-',Ia,TNP,'r.-')；            %绘制转速特性和转矩特性曲线
xlabel('电枢电流{\itI}_a/A')                %横坐标标签为"电枢电流 I_a/A"
ylabel('转速{\itn}/r/m，电磁转矩{\itT}/N.m')  %纵坐标标签为"转速 n/(r/m)，电磁转矩 T/Nm"
text(30,1500,'转速{\itn}')；               %标记转速曲线
text(50,500,'电磁转矩{\itT}(X10)')；        %标记转矩曲线
```

运行上述 MATLAB 程序，得到他励直流电动机工作特性曲线，如图 5-20 所示。

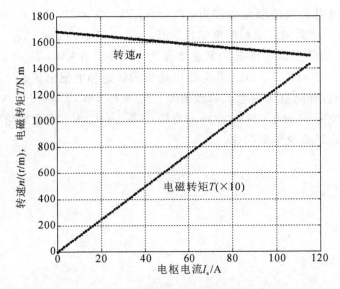

图 5-20　他励直流电动机工作特性曲线

本 章 小 结

本章介绍了直流电机的工作原理，对直流电机的结构、电枢绕组和额定值进行了定义；阐明了直流电机的磁场、电动势、转矩，对直流电动机的电压、功率基本平衡方程式进行了推导；介绍了直流电机的电枢反应的原理、现象，阐述了直流电机换向的原因以及改善换向的方法；介绍了直流发电机的平衡方程式、基本特性；对直流电机的外特性进行了仿真。

思考与练习题

5-1　换向器在直流电机中起什么作用？

5-2 直流电机铭牌上的额定功率是指什么功率?

5-3 说明下列情况下无载电动势的变化:

(1) 每极磁通减少 10%,其他不变;

(2) 励磁电流增大 10%,其他不变;

(3) 电机转速增加 20%,其他不变。

5-4 主磁通既交链着电枢绕组又交链着励磁绕组,为什么却只在电枢绕组里感应电动势?

5-5 他励直流电动机的电磁功率指什么?

5-6 他励直流电动机运行在额定状态,如果负载为恒转矩负载,减小磁通,电枢电流是增大、减小还是不变?

5-7 某他励直流电动机的额定数据为 $P_N=17$ kW, $U_N=220$ V, $n_N=1500$ r/m, $\eta_N=83\%$。计算 I_N、T_{2N} 及额定负载时的 P_1。

5-8 已知直流电机的极对数 $n_p=2$,槽数 $Z=22$,元件数及换向片数均为22,连成单叠绕组。计算绕组各节距,画出展开图及磁极和电刷的位置,并求并联支路数。

5-9 他励直流电动机的额定数据为:$P_N=5$ kW, $U_N=220$ V, $n_N=1000$ r/m, $p_{Cua}=500$ W, $p_0=395$ W。计算额定运行时电动机的 T_N、T_L、T_0、P_1、η_N、R_a。

5-10 已知一他励直流电动机的额定数据为:$P_N=7.5$ kW, $U_N=220$ V, $I_N=40$ A, $n_N=1000$ r/m, $R_a=0.5$ Ω, $T_L=0.5T_N$,求电动机的转速和电枢电流。

5-11 已知一台并励直流发电机的数据为:$P_N=35$ kW, $U_N=110$ V, $n_N=1450$ r/m, 电枢电路各绕组总电阻 $R_a=0.0243$ Ω,一对电刷压降 $\Delta u=2$ V,励磁电路电阻 $R_f=20.1$ Ω。求额定负载时的电磁转矩及电磁功率。

第 6 章　直流电动机的电力拖动

原动机为直流电动机的电机拖动系统称直流电力拖动系统，或称直流电机拖动系统。在此系统中，有他励、串励和复励三种直流电动机，其中最主要的是他励直流电动机，本章重点介绍由他励直流电动机组成的直流电力拖动系统。

直流电力拖动系统主要研究直流电动机拖动负载运行时，各种运行状态的动、静态性能，解决直流电动机的起动、制动、调速三大问题。

6.1　他励直流电动机的机械特性

电动机的机械特性是指电动机的转速 n 与电磁转矩 T 之间的关系，即 $n=f(T)$，机械特性是电动机机械性能的主要表现，它与运动方程式相联系，是分析电动机起动、调速、制动等问题的重要工具。

6.1.1　机械特性的一般表达式

他励直流电动机的机械特性方程式可从电动机的基本方程式导出。他励直流电动机的电路原理如图 6-1 所示。

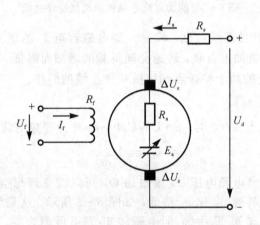

图 6-1　他励直流电动机的电路原理

根据图 6-1 可以列出电动机的基本方程式：

感应电动势方程为

$$E_a = C_e \Phi n$$

电磁转矩为

$$T = C_T \Phi I_a$$

电动势平衡方程式为

$$U_d = I_a R_\Sigma + E_a$$

电枢总电阻为

$$R_{\Sigma} = R_{a} + R_{e}$$

磁通为

$$\Phi = f(i_{f})$$

励磁电流为

$$i_{f} = \frac{U_{f}}{R_{f}}$$

将 E_{a} 和 T 的表达式代入电压平衡方程式中，可得机械特性方程式的一般表达式为

$$n = \frac{U_{d}}{C_{e}\Phi} - \frac{R_{\Sigma}}{C_{e}C_{T}\Phi^{2}}T \qquad (6-1)$$

在机械特性方程式(6-1)中，当电源电压 U_{d}、电枢总电阻 R_{Σ}、磁通 Φ 为常数时，即可画出他励直流电动机的机械特性 $n=f(T)$ 曲线，如图 6-2 所示。

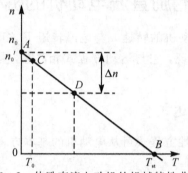

图 6-2 他励直流电动机的机械特性曲线

由图 6-2 中的机械特性曲线可见，转速 n 随电磁转矩 T 的增大而降低，是一条向下倾斜的直线。这说明：电动机加上负载，转速会随负载的增加而降低。

下面讨论机械特性上的两个特殊点和机械特性直线的斜率。

1. 理想空载点 $A(0, n_{0})$

在方程式(6-1)中，当 $T=0$ 时，$n=U_{d}/C_{e}\Phi=n_{0}$ 称为理想空载转速，即

$$n_{0} = \frac{U_{d}}{C_{e}\Phi} \qquad (6-2)$$

由式(6-2)可见，调节电源电压 U_{d} 或磁通 Φ，可以改变理想空载转速 n_{0} 的大小。必须指出，电动机的实际空载转速 n_{0}' 比 n_{0} 略低，如图 6-2 所示。这是因为，电动机在实际的空载状态下运行时，其输出转矩 $T_{2}=0$，但电磁转矩 T 不可能为零，必须克服空载阻力转矩 T_{0}，即 $T=T_{0}$，所以实际空载转速 n_{0}' 为

$$n_{0}' = \frac{U_{d}}{C_{e}\Phi} - \frac{R_{\Sigma}}{C_{e}C_{T}\Phi^{2}}T_{0} = n_{0} - \frac{R_{\Sigma}}{C_{e}C_{T}\Phi^{2}}T_{0} \qquad (6-3)$$

2. 堵转点或起动点 $B(T_{st}, 0)$

在图 6-2 中，机械特性直线与横轴的交点 B 为堵转点或起动点。在堵转点，$n=0$，因而 $E_{a}=0$，此时电枢电流 $i_{a}=U_{d}/R_{\Sigma}=i_{st}$ 称为堵转电流或起动电流。与堵转电流相对应的电磁转矩 T_{st} 称为堵转转矩或起动转矩。

3. 机械特性直线的斜率

方程式(6-1)中，右边第二项表示电动机带负载后的转速降，用 Δn 表示，则

$$\Delta n = \frac{R_\Sigma}{C_e C_T \Phi^2} T = \beta T \qquad (6-4)$$

式中，$\beta = \dfrac{R_\Sigma}{C_e C_T \Phi^2}$ 为机械特性直线的斜率，在同样的理想空载转速下，β 越小，Δn 越小，即转速随电磁转矩的变化较小，称此机械特性为硬特性。β 越大，Δn 也越大，即转速随电磁转矩的变化较大，称此机械特性为软特性。

将公式(6-2)及式(6-4)代入式(6-1)，得机械特性方程式的简化式为

$$n = n_0 - \beta T \qquad (6-5)$$

6.1.2　固有机械特性

当他励电动机的电源电压 $U_d = U_N$、磁通 $\Phi = \Phi_N$、电枢回路中没有附加电阻，即 $R_e = 0$ 时，电动机的机械特性称为固有机械特性。固有机械特性的方程式为

$$n = \frac{U_N}{C_e \Phi_N} - \frac{R_a}{C_e C_T \Phi_N^2} T \qquad (6-6)$$

根据公式(6-6)可绘出他励直流电动机的固有机械特性，如图 6-3 所示。其中 D 点为额定运行点。由于 R_a 较小，$\Phi = \Phi_N$ 数值最大，所以特性的斜率 β 最小，他励直流电动机的固有机械特性较硬。

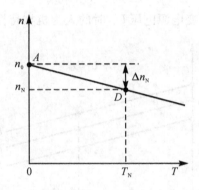

图 6-3　他励直流电动机的固有机械特性

6.1.3　人为机械特性

改变固有机械特性方程式中的电源电压 U_d，气隙磁通 Φ 和电枢回路串附加电阻 R_e 这三个参数中的任意一个、两个或三个，所得到的机械特性为人为机械特性。

1. 电枢回路串接电阻 R_e 时的人为机械特性

此时 $U_d = U_N$，$\Phi = \Phi_N$，$R_\Sigma = R_a + R_e$，电枢串接电阻 R_e 时的人为机械特性方程为

$$n = \frac{U_N}{C_e \Phi_N} - \frac{R_a + R_e}{C_e C_T \Phi_N^2} T \qquad (6-7)$$

与固有机械特性相比，电枢回路串接电阻 R_e 时的人为机械特性的特点是：

(1) 理想空载点 $n_0 = \dfrac{U_N}{C_e \Phi_N}$ 保持不变。

(2) 斜率 β 随 R_e 的增大而增大，使转速降 Δn 增大，特性变软。图 6-4 所示是不同 R_e 时的一组人为机械特性，它是从理想空载点 n_0 发出的一簇射线。

（3）对于相同的电磁转矩，转速 n 随 R_e 的增大而减小。（图 6-4 中标出了对应的转速点）

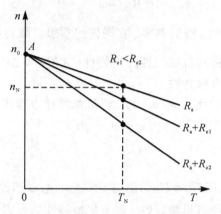

图 6-4　不同 R_e 时的人为机械特性

2. 改变电源电压 U_d 时的人为机械特性

当 $\Phi = \Phi_N$，电枢不串接电阻（$R_e = 0$），改变电源电压 U_d 时的人为机械特性方程式为

$$n = \frac{U_d}{C_e \Phi_N} - \frac{R_a}{C_e C_T \Phi_N^2} T \tag{6-8}$$

根据式（6-8）可以画出改变电源电压 U_d 时的人为机械特性曲线，如图 6-5 所示。

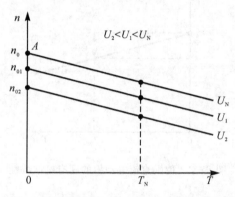

图 6-5　改变电源电压 U_d 时的人为机械特性曲线

与固有机械特性相比，改变电源电压 U_d 时的人为机械特性的特点是：

（1）理想空载转速 n_0 随电源电压 U_d 的降低而成比例降低。

（2）斜率 β 保持不变，特性的硬度不变。图 6-5 所示的是不同电压 U_d 时的一组人为机械特性，该特性为一组平行直线。

（3）对于相同的电磁转矩，转速 n 随 U_d 的减小而减小。

注意：由于受到绝缘强度的限制，电压只能从额定值 U_N 向下调节。

3. 改变磁通 Φ 时的人为机械特性

一般他励直流电动机在额定磁通 $\Phi = \Phi_N$ 下运行时，电机已接近饱和。改变磁通只能在额定磁通以下进行调节。此时 $U_d = U_N$，电枢不串接电阻（$R_e = 0$），减弱磁通时的人为机械特性方程式为

$$n = \frac{U_N}{C_e\Phi} - \frac{R_a}{C_e C_T \Phi^2}T \qquad\qquad (6-9)$$

根据式(6-9)可以画出改变磁通 Φ 时的人为机械特性曲线，如图 6-6 所示。（这条曲线给的斜率不太明显）

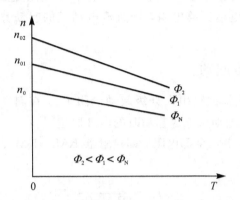

图 6-6　改变磁通 Φ 时的人为机械特性曲线

与固有机械特性相比，减弱磁通 Φ 时的人为机械特性的特点是：

（1）理想空载点 $n_0 = U_N/C_e\Phi$ 随磁通 Φ 减弱而升高。

（2）斜率 β 与磁通 Φ^2 成反比，减弱磁通 Φ，使斜率 β 增大，特性变软。图 6-6 所示为弱磁时的一组人为机械特性，该特性随磁通 Φ 的减弱，理想空载转速 n_0 升高，曲线斜率变大。

显然，在实际应用中，同时改变两个甚至三个参数时，人为机械特性同样可根据特性方程式得到。

6.2　他励直流电动机的起动

所谓起动就是指电动机接通电源后，由静止状态加速到某一稳态转速的过程。他励直流电动机起动时，必须先加额定励磁电流建立磁场，然后再加电枢电压。

对他励直流电动机，当忽略电枢电感时，电枢电流 I_a 为

$$I_a = \frac{U_N - E_a}{R_a} \qquad\qquad (6-10)$$

在起动瞬间，电动机的转速 $n=0$，反电动势 $E_a=0$，电枢回路只有电枢绕组电阻 R_a，此时电枢电流为起动电流 I_{st}，对应的电磁转矩为起动转矩 T_{st}，即

$$I_{st} = \frac{U_N}{R_a} \qquad\qquad (6-11)$$

$$T_{st} = C_T \Phi_N I_{st} \qquad\qquad (6-12)$$

由于电枢绕组电阻 R_a 很小，因此起动电流 $I_{st} \gg I_N$（约为 $10\sim20$ 倍的 I_N），这么大的起动电流使电动机换向困难，在换向片表面产生强烈的火花，甚至形成环火，同时电枢绕组因过热损坏；其次，由于大电流产生的转矩过大，将损坏拖动系统的传动机构，这都是不允许的。因此除了微型直流电动机由于 R_a 较大、惯量较小可以直接起动外，一般直流电动机都不允许直接起动。

直流电动机拖动负载顺利起动的一般条件是：

（1）起动电流限制在一定范围内，即 $I_{st} \leqslant \lambda I_N$，$\lambda$ 为电机的过载倍数。

（2）足够大的起动转矩，$T_{st} \geqslant (1.1 \sim 1.2)T_L$。

（3）起动设备简单、可靠。

如何限制起动时的电枢电流呢？由 $I_{st} = U_N/R_a$ 可见，限制起动电流的措施有两个：一是降低电源电压，二是增加电枢回路电阻，即直流电动机的起动方法有降压和电枢串电阻两种，下面分别介绍。

6.2.1　电枢回路串电阻起动

在额定电源电压下，电枢回路串入分级起动电阻 R_{st}，在起动过程中将起动电阻逐步切除。图 6-7(a)为他励直流电动机三级起动时的电气原理图。

如图所示，起动时，应串入全部电阻，即接触器 KM_1、KM_2、KM_3 不得电，其触点处于常开状态。此时起动电流为

$$I_{st} = \frac{U_N}{R_a + R_{st}} \tag{6-13}$$

式中，$R_{st} = R_{st1} + R_{st2} + R_{st3}$ 值应使 I_{st} 不超过电机允许的过载能力。

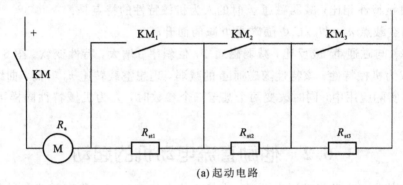

(a) 起动电路

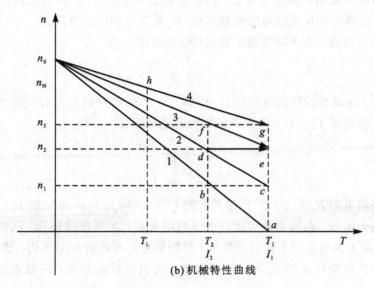

(b) 机械特性曲线

图 6-7　他励直流电动机三级电阻起动

起动过程如图 6-7(b)所示，其中 T_L 为电动机所带的恒负载转矩。由起动电流 I_{st} 产生起动转矩 T_{st}，由于 $T_{st} > T_z$，起动电流和起动转矩都达到最大。接入全部起动电阻时的人为机械特性如图 6-7(b)的曲线 1 所示。电机从 a 点开始起动，随着转速的上升，电动势逐渐增大，电枢电流和电枢转矩逐渐变小，工作点沿曲线 1 向 b 点移动，当转速升到 n_1 时，电流降到 I_2，电磁转矩降到 T_2 时，KM_3 闭合，断开 R_{st3}，电枢回路电阻为 $R_2 = R_a + R_{st1} + R_{st2}$，与之相应的机械特性为曲线 2 所示。断开电阻瞬间，由于转速不能突变，所以电机工作点由 b 点沿水平跳变到曲线 2 上的 c 点。选择合适的各级电阻，可以使 c 点的电流仍为 I_1，这样电机又在最大转矩 T_1 先加速，工作点沿曲线 2 移动到 d 点，转速升到 n_2，电流降到 I_2，电磁转矩降到 T_2。此时闭合 KM_2，断开 R_{st2}，电枢回路电阻为 $R_1 = R_a + R_{st1}$，工作点由 d 点沿水平方向跳变到曲线 3 上的 e 点。e 点的电流仍为 I_1，电机在最大转矩 T_1。工作点沿曲线 3 移动到 f 点，转速升到 n_3，电流降到 I_2，电磁转矩降到 T_2。此时闭合 KM_3，断开 R_{st1}，电枢回路电阻为 $R_1 = R_a$，工作点由 f 点沿水平方向跳变到固有机械特性曲线上的 g 点，并加速到 h 点后稳定运行，起动过程结束。

6.2.2 降压起动

降压起动是在电动机起动时将加在电枢两端的电压降低以限制起动电流的起动方式，起动时，以较低的电压起动，随着电动机转速的上升，再逐渐提高电源的电压，使起动电流和起动转矩保持在一定的数值上，保证按需要的加速度升速。

在 T 已知时，根据起动条件确定起动电压的初始值；当 T_L 未知时，起动电压也可以从 0 V 升高到 U_N，起动开始后，转速从 0 开始上升，随之 E_a 由 0 开始增大，起动电流 I_a 随之下降，引起起动转矩 T_{st} 下降，如果不及时增加电压，起动转矩会减少到与负载转矩相等时建立低压的稳定转速，不再升速。为了达到起动过程短，电磁转矩较大，一直保持升速，同时控制电枢电流一直较小的目的，可随着转速的加快，逐步提高加在电枢两端的电压，直至电动机额定电压。他励电动机降压起动时，起动电流较小，起动转矩较大，起动迅速平稳，能量损耗小。

降压起动方法一般用于大容量、起动频繁的直流电动机，这时必须有专用的可调直流稳压电源。可调直流电源电路的种类很多，较早用的是发电机-电动机组。由于大功率晶体管和晶闸管的出现，目前多使用大功率晶体二极管或晶闸管组成的可控整流装置作为直流电动机的电源。

降压起动需要专用电源，设备投资较大，但起动平稳，起动过程能耗小，并且还可以和调压调速共用一套设备，因此得到了广泛应用。

6.3 他励直流电动机的调速

为了提高生产率和满足生产工艺的要求，大量生产机械的运行速度，随其具体工作情况的不同而不一样。例如，车床切削工件时，精加工用高速，粗加工用低速；轧钢机在轧制不同钢种和不同规格的钢材时，须用不同的轧制速度。这就是说，生产机械的工作速度需要根据工艺要求而人为调节。故所谓调速，就是根据生产机械工艺要求人为地改变速度。注意：这和由于负载变化引起的速度变化是截然不同的概念。

调速可用机械调速(改变传动机构速比进行调速的方法)、电气调速(改变电动机参数进行调速的方法)或二者配合起来调速。本节只讨论他励直流电动机的调速性能和几种常用的电气调速方法。

为生产机械选择调速方法,必须在技术和经济两方面进行比较。那么评价调速方法的主要指标是什么呢?

6.3.1 调速指标

1. 调速范围

调速范围是指电动机在额定负载下可能达到的最高转速 $n_{\max}$ 和最低转速 $n_{\min}$ 之比,通常用 D 来表示,即

$$D = \frac{n_{\max}}{n_{\min}} \tag{6-14}$$

对于一些经常轻载运行的生产机械,可以用实际负载时的最高转速和最低转速之比来计算调速范围 D。调速范围 D 反映了生产机械对调速的要求,不同的生产机械对电动机的调速范围有不同的要求,例如车床 $D=20\sim120$,龙门刨床 $D=10\sim40$,轧钢机 $D=3\sim120$,造纸机 $D=3\sim20$ 等。

要扩大调速范围,必须尽可能提高 $n_{\max}$,降低 $n_{\min}$,而最高转速 $n_{\max}$ 受电动机的换向及机械强度限制,最低转速 $n_{\min}$ 受生产机械对低速静差率的限制。

2. 静差率

静差率是指在同一条机械特性上,从理想空载到额定负载时的转速降与理想空载转速之比,用百分比表示为

$$\delta\% = \frac{\Delta n_N}{n_0} \times 100\% = \frac{n_0 - n_N}{n_0} \times 100\% \tag{6-15}$$

静差率 δ 反映了拖动系统的相对稳定性。不同的生产机械,其允许的静差率是不同的,例如普通车床 $\delta \leqslant 30\%$,而精度高的造纸机则要求 $\delta \leqslant 0.1\%$。

静差率 δ 值与机械特性的硬度及理想空载转速 n_0 有关。当理想空载转速 n_0 一定时,机械特性越硬,额定速降 Δn_N 越小,则静差率越小。调速范围 D 与静差率 δ 两项性能指标是互相制约的。在同一种调速方法中,δ 值较大即静差率要求较低时,可得到较宽的调速范围。

调速范围 D 与低速静差率 δ 之间的关系:

$$D = \frac{n_{\max}}{n_{\min}} = \frac{n_{\max}}{n_{01} - \Delta n_N} = \frac{n_{\max}}{n_{01}\left(1 - \frac{\Delta n_N}{n_{01}}\right)} = \frac{n_{\max}}{n_{01}(1 - \delta_{\max})} \tag{6-16}$$

其中,n_{01} 为最低速时对应的理想空载转速 n_0。

分子、分母同乘以 Δn_N,则得

$$D = \frac{n_{\max}\delta_{\max}}{\Delta n_N(1 - \delta_{\max})} \tag{6-17}$$

式(6-17)中的 $n_{\max}$ 一般由电动机的额定转速决定,低速时的静差率 $\delta_{\max}$ 由生产机械给定允许值。

[**例题 6-1**] 一台他励直流电动机,$P_N=10$ kW,$U_N=220$ V,$I_N=53$ A,$n_N=1100$ r/m,

$R_a = 0.3\ \Omega$，试求静差率在 $\delta \leqslant 30\%$ 和 $\delta \leqslant 20\%$ 下，调压调速时的调速范围。

解　调压调速时的 $n_{\max} = n_N = 1100$ r/m，

$$C_e \Phi_N = \frac{U_N - I_N R_a}{n_N} = \frac{220 - 53 \times 0.3}{1100} = 0.186\ \text{V/(r/m)}$$

$$n_0 = \frac{U_N}{C_e \Phi_N} = \frac{220}{0.186} = 1183\ \text{r/m}$$

$$\Delta n_N = n_0 - n_N = 1183 - 1100 = 83\ \text{r/m}$$

所以当 $\delta \leqslant 30\%$ 时，

$$D = \frac{n_{\max} \delta_{\max}}{\Delta n_N (1 - \delta_{\max})} = \frac{1100 \times 0.3}{83 \times (1 - 0.3)} = 3.79$$

当 $\delta \leqslant 20\%$ 时，

$$D = \frac{n_{\max} \delta_{\max}}{\Delta n_N (1 - \delta_{\max})} = \frac{1100 \times 0.2}{83 \times (1 - 0.2)} = 3.3$$

可见，对 δ 要求越高，即 δ 越小，D 越小。

一般设计调速方案前，调速范围和静差率的要求已由生产机械给定，这时可算出允许的转速降 Δn_N，式(6-17)可改写成

$$\Delta n_N = \frac{n_{\max} \delta}{D(1 - \delta)} \tag{6-18}$$

当生产机械对 D 和 δ 提出较高的要求（D 大 δ 小）时，则低速允许的转速降 Δn_N 较低，就他励直流电动机本身而言，提高机械特性硬度的余地并不大，如采用降低电压的调速方法（不引入反馈）不能满足要求，则必须考虑采用电压或转速负反馈的闭环系统，以提高机械特性的硬度，减小转速降，来满足生产机械的要求。关于这方面的内容将在后续课程中介绍。

3. 平滑性

在一定的调速范围内，调速的级数越多，则认为调速越平滑。平滑性用平滑系数来衡量，它是相邻两级转速之比：

$$\phi = \frac{n_i}{n_{i-1}} \tag{6-19}$$

ϕ 越接近于 1，则系统调速的平滑性越好。当 $\phi = 1$ 时，称无级调速，即转速可以连续调节，采用调压调速的方法可实现系统的无级调速。

4. 经济性

在经济性方面，主要考虑调速设备的初投资、调速时电能的损耗及运行时的维修费用等。

6.3.2　他励直流电动机的调速方法

拖动负载运行的他励直流电动机，其转速是由负载特性和机械特性的交点（称工作点）决定的，工作点改变了，电动机的转速也就改变了。对于具体的负载，其转矩特性是一定的，不能改变，但电动机的机械特性却可以人为改变。这样，通过人为改变电动机的机械特性而使电动机与负载两条特性的交点随之改变，可以达到调速的目的。前面曾介绍过他励直流电动机具有三种人为的机械特性，因而他励直流电动机有三种调速方法，下面分别介绍。

1. 串电阻调速

他励直流电动机拖动生产机械运行时，保持电枢电压额定，励磁电流（磁通）额定，在电

枢回路中串入不同的电阻时，电动机运行于不同的速度。电枢串电阻调速的机械特性方程式为

$$n = \frac{U_N}{C_e \Phi_N} - \frac{R_a + R}{C_e C_T \Phi_N^2} T \qquad (6-20)$$

其机械特性如图 6-7(b)所示，是一组过理想空载点 n_0 的直线，串入的电阻越大，其斜率 $\beta = \dfrac{R_a + R}{C_e C_T \Phi^2}$ 越大。

电枢回路串电阻调速方法的特点是：

(1) 实现简单，操作方便。

(2) 低速时机械特性变软，静差率增大，相对稳定性变差。

(3) 只能在基速以下调速，因而调速范围较小，一般 $D \leqslant 2$。

(4) 由于电阻是分级切除的，所以只能实现有级调速，平滑性差。要提高平滑系数，串入的级数增多，控制也更复杂。

(5) 由于串接电阻上要消耗电功率，因而经济性较差。转速越低，能耗越大。

因此，电枢串电阻调速的方法多用于对调速性能要求不高的场合，如起重机、电车等。

2. 调压调速

他励直流电动机拖动负载运行时，保持励磁电流（磁通）额定，电枢回路不串电阻，改变电枢两端的电压，可以得到不同的转速。由于受电机绝缘耐压的限制，其电枢电压不允许超过额定电压，因此调压调速只能在额定电压 U_N 以下进行，即只能在基速以下调节。

其机械特性方程式为

$$n = \frac{U_d}{C_e \Phi_N} - \frac{R_a + R_0}{C_e C_T \Phi^2} T \qquad (6-21)$$

式中，U_d——整流装置输出电压；

R_0——整流装置内阻。

调压调速时，改变 U_d，可得到一组平行的机械特性，其 n_0 与 U_d 成正比，并具有相同的斜率 $\beta = (R_a + R_0)/(C_e C_T \Phi^2)$。

设电动机拖动额定恒转矩负载(T_L)在固有特性($U = U_N$)上稳定运行，其转速为额定转速 n_N。当电枢电压降至 U_1 时，电动机由于机械惯性过渡到人为特性，这时 $T < T_L$，电动机减速，电动机又处于稳定运行状态。

调压调速方法的特点是：

(1) 由于调压电源可连续平滑调节，所以拖动系统可实现无级调速。

(2) 调速前后机械特性硬度不变，因而相对稳定性较好。

(3) 在基速以下调速，调速范围较宽，D 可达 $10 \sim 20$。如采用反馈控制，机械特性硬度可再提高，从而获得更宽的调速范围。

(4) 调速过程中能量损耗较少，因此调速经济性较好。

(5) 需要一套可控的直流电源。

调压调速多用在对调速性能要求较高的生产机械上，如机床、轧钢机、造纸机等。

3. 弱磁调速

弱磁调速原理可用图 6-8 来说明。

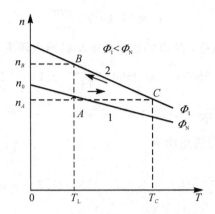

图 6 - 8　他励直流电动机弱磁调速

设电动机带恒转矩负载(T_L)，运行于固有特性 1 上的 A 点。弱磁后，机械特性变为直线 $\overline{BC}$，因转速不能突变，电动机的运行点由 A 点变为 C 点。由于磁通减小，反电动势也减小，导致电枢电流增大。尽管磁通减小，但由于电枢电流增加很多，使电磁转矩大于负载转矩，电动机将加速，一直加速到新的稳态运行点 B 点。使电机的转速大于固有特性的理想空载转速，所以一般弱磁调速用于升速，C 点为过渡工作点。

弱磁调速是在励磁回路中调节，因电压较低、电流较小而较为方便，但调速范围一般较小。

[**例题 6 - 2**]　某台他励直流电动机，额定功率 $P_N = 22$ kW，额定电压 $U_N = 220$ V，额定电流 $I_N = 115$ A，额定转速 $n_N = 1500$ r/m，电枢回路总电阻 $R_a = 0.1$ Ω，忽略空载转矩 T_0，电动机带恒转矩额定负载运行时，要求把转速降到 1000 r/m，计算：

(1) 采用电枢串电阻调速时需串入多大的电阻值？

(2) 采用调压调速需将电枢电压降到多少？

(3) 上述两种调速情况下，电动机输入功率(不计励磁功率)与输出功率各是多少？

(4) 当负载转矩 $T_L = 0.6T_N$ 时，采用弱磁调速，使转速上升至 1800 r/m，此时磁通 Φ 应降到额定值的多少？若不使电枢电流超过额定值，该电动机所能输出的最大转矩是多少？

解　计算 $C_e\Phi_N$：

$$C_e\Phi_N = \frac{U_N - I_N R_a}{n_N} = \frac{220 - 115 \times 0.1}{1500} = 0.139 \text{ V/(r/m)}$$

(1) 电枢回路应串入的电阻值。由电枢回路电压平衡方程式可得

$$R = \frac{U_N - C_e\Phi_N n}{I_N} - R_a = \frac{220 - 0.139 \times 1000}{115} - 0.1 = 0.605 \text{ Ω}$$

(2) 电枢电压值为

$$U_a = C_e\Phi_N n + I_N R_a = 0.139 \times 1000 + 115 \times 0.1 = 150.5 \text{ V}$$

(3) 串电阻调速时的输入功率与输出功率。

输入功率为

$$P_1 = U_N I_N = 220 \times 115 = 25.3 \text{ kW}$$

输出功率为

$$P_2 = T_2 \Omega = T_2 \frac{2\pi n}{60}$$

因为 T_L 为额定恒转矩负载，所以调速前后电动机输出转矩 T_2 不变，则

$$T_2 = 9550 \frac{P_N}{n_N} = 9550 \times \frac{22}{1500} = 140.1 \text{ N} \cdot \text{m}$$

$$P_2 = T_2 \frac{2\pi n}{60} = 140.4 \times \frac{2 \times 3.14 \times 1000}{60} = 14.67 \text{ kW}$$

调压调速时的输入功率与输出功率。

输入功率为

$$P_1 = U_a I_N = 150.5 \times 115 = 17.308 \text{ kW}$$

输出功率为

$$P_2 = T_2 \Omega = 14.67 \text{ kW}$$

（4）减弱磁通的程度。

弱磁调速时，

$$T_L = 0.6 T_N = 0.6 C_m \Phi_N I_N = 0.6 \times 9.55 \times 0.139 \times 115 = 91.6 \text{ N} \cdot \text{m}$$

$$n = \frac{U_N}{C_e \Phi} - \frac{R_a}{9.55 (C_e \Phi)^2} T$$

将 $n = 1800 \text{ r/m}$，$T = T_L$ 带入上式，得

$$1800 = \frac{220}{C_e \Phi} - \frac{0.1}{9.55 (C_e \Phi)^2} \times 91.6$$

$$1800 (C_e \Phi)^2 - 220 C_e \Phi + 0.959 = 0$$

解得

$$C_e \Phi = 0.1177, \ 0.004\,53 \text{（舍去）}$$

磁通减少到额定值的量为

$$\frac{\Phi}{\Phi_N} = \frac{C_e \Phi}{C_e \Phi_N} = \frac{0.1177}{0.139} = 0.847$$

此题还可用近似方法计算：弱磁升速时，反电动势 $E = C_e \Phi n$ 近似不变，由此可得

$$\frac{C_e \Phi}{C_e \Phi_N} = \frac{n_N}{n} = \frac{1500}{1800} = 0.833$$

在磁通减少的情况下，不致使电枢电流超过额定值，电动机可能输出的最大转矩为

$$T_m = 9.55 C_e \Phi I_N = 9.55 \times 0.1177 \times 115 = 129.26 \text{ Nm}$$

6.3.3　调速方式与负载类型的配合

1. 电动机的容许输出与充分利用

电动机的容许输出，是指电动机在某一转速下长期可靠工作时所能输出的最大功率和转矩。容许输出的大小主要取决于电机的发热，而发热又主要决定于电枢电流。因此，在一定转速下，对应额定电流时的输出功率和转矩便是电动机的容许输出功率和转矩。

所谓电动机得到充分利用，是指在一定转速下，电动机的实际输出达到了容许值，即电枢电流达到了额定值。

显然，在大于额定电流下工作的电机，其实际输出将超过它的容许值，这时电机会因过

热而损坏；而在小于额定电流下工作的电机，其实际输出会小于它的允许值，这时电机便会因得不到充分利用而浪费。因此，充分地使用电动机，就是让它工作在 $I_a = I_N$ 情况下。

电动机运行时，电枢电流 I_a 的实际大小取决于所拖动的负载。因此，正确使用电动机，应使电动机既满足负载的要求，又得到充分利用，即让电动机始终处于额定电流下工作。对于恒速运行的电动机，非常容易做到这一点。但是，当电动机调速时，在不同的转速下，电动机电枢电流能否保持额定值？即电动机能否在不同的转速下都得到充分利用？我们在下面阐述。

2. 调速方式

电力拖动系统中，负载有不同的类型，电动机有不同的调速方法，具体分析电动机采用不同调速方法拖动不同类型负载时的电枢电流 I_a 的情况，对于充分利用电动机来说，是十分必要的。

根据他励直流电动机的不同调速方法，可以把它分为恒转矩调速和恒功率调速两种方式。

采用某种调速方法，在整个调速过程中保持电枢电流 $I_a = I_N$ 不变，若该电动机电磁转矩 T_{em} 不变，则称这种调速方式为恒转矩调速方式。

因为 $T = C_m \Phi_N I_a$，当 $I_a = I_N$ 时，若 $\Phi = \Phi_N$，则 $T = $ 常数。他励直流电动机的电枢回路串电阻调速和降低电源电压调速就属于恒转矩调速方式，此时 $P_{em} = T\Omega$，当转速上升时，输出功率也上升。

采用某种调速方法，在整个调速过程中保持电枢电流 $I_a = I_N$ 不变，若该电动机电磁功率 P_{em} 不变，则称这种调速方式为恒功率调速方式。

因为 $T = C_T \Phi_N I_a$，$P_{em} = T\Omega$，当 $I_a = I_N$ 时，若 Φ 减小，则转速上升，同时转矩减小，保持 $P = $ 常数。他励直流电动机的改变磁通调速就属于恒功率调速方式。

3. 调速方式与负载类型的配合

为了使电机得到充分利用，根据不同的负载，应选用不同的调速方式。

1) 调速方式与负载类型相匹配

恒转矩负载采用恒转矩调速方式，恒功率负载采用恒功率调速方式，我们就说调速方式与负载类型相匹配，电动机可以被充分利用。例如，初轧机主传动机构，在转速比较低时，电压下降较大，即负载转矩大，可采用恒转矩调速方式；转速高时，电压下降量减小，即负载转矩随转速的升高而减小，为恒功率负载，因此，要与恒功率调速方式相配合。所以，在采用他励直流电动机拖动的初轧机主传动系统中，在额定转速 n_N 以下一般采用改变供电电压的方式来调速，在 n_N 以上用弱磁调速。这样的配合较恰当。

2) 调速方式与负载类型不匹配

如果恒转矩调速方式与恒功率负载配合，为了使电动机在任何转速下都能拖动负载正常运行，应按最低速 n_{min} 时的负载转矩大小选择电动机。使电动机允许输出转矩 T_r 等于负载转矩 T_L，电动机的电流 I_a 等于额定电流 I_N，随着转速的上升，负载转矩 T_L 减小，而电动机允许的输出转矩 T_r 却不变。所以，只有在最低速时，电动机才得到充分利用。在其他转速下，电动机实际输出的转矩 T_e（与负载转矩 T_L 相等）都比电动机本身允许输出的转矩小，使电动机得不到充分利用。

如果恒功率调速方式与恒转矩负载相配合。只有在高速时，电动机允许输出转矩 T_r 等于负载转矩 T_L，在其他转速下，电动机允许输出转矩 T_r 都比实际输出转矩 T（与负载转矩 T_L 相等）大，电动机得不到充分利用。

对于泵类负载，既非恒转矩类型，也非恒功率类型，那么采用恒转矩调速方式或恒功率调速方式的电动机，拖动泵类负载时，无论怎样都不能做到调速方式与负载性质匹配。这里要注意的是，恒转矩调速、恒功率调速和恒转矩负载、恒功率负载是完全不同的概念。前者是电动机本身允许输出的转矩和功率，表示输出转矩和功率的限度，实际输出多少取决于它所拖动的负载；后者则是负载所具有的转矩和功率，表示负载本身的性质。

表 6-1 所示为他励直流电动机三种调速方法的部分调速性能比较。

表 6-1 他励直流电动机三种调速方法的部分调速性能比较

调速方法	电枢串电阻调速	降电压调速	弱磁调速
调速方向	基速以下	基速以下	基速以上
调速范围 （对 δ 一般要求时）	约 2	约 10~12	1.2~2（一般电动机） 3~4（特殊电动机）
相对稳定性	差	好	较好
平滑性	差	好	好
经济性	初投资少，电能损耗大	初投资多，电能损耗少	初投资较少，电能损耗少
应 用	对调速要求不高的场合，适于恒转矩负载配合	对调速要求高的场合，适于恒转矩负载配合	一般与降压调速配合使用，适于恒功率负载配合

[例题 6-3] 某一生产机械采用他励直流电动机作原动机，该电动机用弱磁调速，其参数为：$P_N = 18.5 \text{ kW}$，$U_N = 220 \text{ V}$，$I_N = 103 \text{ A}$，$n_N = 500 \text{ r/m}$，$n_{max} = 1500 \text{ r/m}$，$R_a = 0.18 \ \Omega$。

（1）若电动机拖动额定恒转矩负载，求当把磁通减弱至 $\Phi = \frac{1}{3}\Phi_N$ 时电动机的稳定转速和电枢电流，能否长期运行？为什么？

（2）若电动机拖动额定恒功率负载，求当把磁通减弱至 $\Phi = \frac{1}{3}\Phi_N$ 时电动机的稳定转速和电枢电流，能否长期运行？为什么？

解 先求 $C_e\Phi_N$：

$$C_e\Phi_N = \frac{U_N - I_N R_a}{n_N} = \frac{220 - 103 \times 0.18}{500} = 0.403$$

（1）拖动额定恒转矩负载，即 $T_L = T_N$，$\Phi = \frac{1}{3}\Phi_N$ 时的 n 及 I_a 为

因为

$$T_L = T_N = C_T\Phi_N I_N = C_T\Phi I_a$$

所以

$$I_a = \frac{\Phi_N}{\Phi}I_N = \frac{\Phi_N}{\frac{1}{3}\Phi_N}I_N = 3I_N = 309 \text{ A}$$

$$n = \frac{U_N - I_a R_a}{C_e \Phi} = \frac{220 - 309 \times 0.18}{\frac{1}{3} \times 0.403} = 1225 \text{ r/m}$$

可见，由于电枢电流 I_a 远大于额定电流，会造成电机不能换向及过热烧坏的结果，故此种情况下，不能长期运行。

（2）拖动额定恒功率负载，即 $P_L = P_N$，$\Phi = \frac{1}{3} \Phi_N$ 时的 n 及 I_a 拖动恒功率负载，采用弱磁调速时，电枢电流大小不变，因而反电动势不变，得

$$E_a = C_e \Phi_N n_N = C_e \Phi n$$

$$n = \frac{\Phi_N}{\Phi} n_N = 3n_N = 1500 \text{ r/m}$$

$$I_a = I_N = 103 \text{ A}$$

此时转速和电枢电流均在允许范围内，机械强度、换向及温升都允许，故可长期运行。

从本例题可看出，弱磁升速时，若带恒转矩负载，转速升高后电枢电流增大；若带恒功率负载，转速升高后电枢电流不变。因此弱磁升速适合于拖动恒功率负载。对于具体的负载，可以选择合适的电动机，使 I_a 等于或接近 I_N，达到匹配。

6.4 他励直流电动机的制动

对于一个拖动系统，制动的目的是使电力拖动系统停车（制停），有时也为了限制拖动系统的转速（制动运行），以确保设备和人身安全。制动的方法有自由停车、机械制动、电气制动。

自由停车是指切断电源，系统就会在摩擦转矩的作用下转速逐渐降低，最后停车。自由停车是最简单的制动方法，但自由停车一般较慢，特别是空载自由停车，更需要较长的时间。机械制动就是靠机械装置所产生的机械摩擦转矩进行制动。这种制动方法虽然可以加快制动过程，但机械磨损严重，增加了维修工作量。电气制动是指通过电气的方法进行制动。对需要频繁快速起动、制动和反转的生产机械，一般采用电气制动。

他励直流电动机的制动属于电气制动，这时电机的电磁转矩与被拖动的负载转向相反。电机的电磁转矩称为制动转矩，制动时，可以使能量回馈到电网，节约能源。

电气制动便于控制，容易实现自动化，比较经济。常用的他励直流电动机的制动方法有能耗制动、反接制动、回馈制动（再生制动）。

下面分别讨论三种电气制动的物理过程、特性及制动电阻的计算等问题。

6.4.1 能耗制动

能耗制动是把正在作电动运行的他励直流电动机的电枢从电网上切除，并接到一个外加的制动电阻 R_b 上构成闭合回路。图 6-9 为他励直流电动机能耗制动的电路原理图。

为了便于比较，在图 6-9(a)中标出了电机在电动状态时各物理量的方向。制动时，保持磁通不变，接触器 KM_1 常开触点断开，电枢切断电源，同时常闭触点闭合，把电枢接到制动电阻 R_b 上，电动机进入制动状态，如图 6-9(b)所示。电动机开始制动瞬间，由于惯性，转速 n 仍保持与原电动状态相同的方向和大小，因此电枢电动势 E_a 在此瞬间的大小和方向也

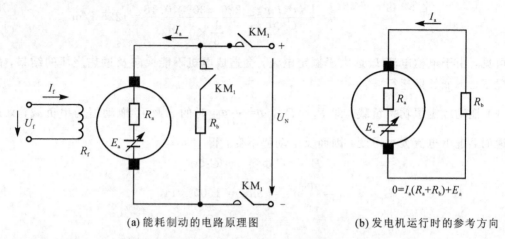

(a) 能耗制动的电路原理图　　　　　(b) 发电机运行时的参考方向

图 6-9　他励直流电动机能耗制动的电路原理图

与电动状态时相同,此时 E_a 产生电流 I_a,其 I_a 的方向与 E_a 相同($I_a < 0$)。能耗制动时,根据电动势平衡方程可得

$$0 = E_a + I_a(R_a + R_b) \tag{6-22}$$

$$I_a = -\frac{E_a}{R_a + R_b} \tag{6-23}$$

式中,电枢电流 I_a 为负值,其方向与电动状态时的正方向相反。由于磁通保持不变,因此,电磁转矩反向,与转速方向相反,反抗由于惯性而继续维持的运动,起制动作用,使系统较快地减速。在制动过程中,电动机把拖动系统的动能转变成电能并消耗在电枢回路的电阻上,因此称为能耗制动。

能耗制动时的特点是 $U_d = 0$,$R_\Sigma = R_a + R_b$,则能耗制动的机械特性方程式为

$$n = \frac{U_d}{C_e \Phi} - \frac{R_\Sigma}{C_e C_T \Phi^2} T = -\frac{R_a + R_b}{C_e C_T \Phi^2} T \tag{6-24}$$

由式(6-24)可见,n 为正时,T 为负,$n = 0$ 时,$T = 0$,所以能耗制动时的机械特性曲线是一条过坐标原点的直线,如图 6-10 所示。

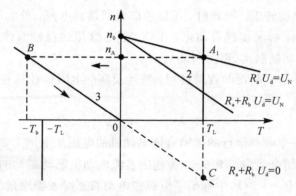

图 6-10　能耗制动时的机械特性曲线

[例题 6-4]　已知一台他励直流电动机的额定数据:$U_N = 220$ V,$I_N = 116$ A,$P_N = 22$ kW,$R_a = 0.174$ Ω,$n_N = 1500$ r/m,用这台电动机来拖动升起机构。

（1）在额定负载下进行能耗制动，欲使制动电流等于 $2I_N$，电枢回路中应串接多大制动电阻？

（2）在额定负载下进行能耗制动，如果电枢直接短接，制动电流应为多大？

（3）当电动机轴上带有一半额定负载时，要求在能耗制动中以 800 r/m 的稳定低速下放重物，电枢回路中应串接多大制动电阻？

解（1）根据直流电机电压方程 $U_N = E_a + I_N R_a$，额定负载时，电动机的电动势

$$E_a = U_N - I_N R_a = 220 - 116 \times 0.174 = 199.8 \text{ V}$$

能耗制动时，电枢电路中应串入的制动电阻为

$$0 = E_a + I_a(R_a + R_b) = E_a + (-2I_N) \times (R_a + R_b)$$

$$R_b = -\frac{E_a}{-2I_N} - R_a = -\frac{199.8}{-2 \times 116} - 0.174 = 0.687 \ \Omega$$

（2）如果电枢直接短接，即 $R_b = 0$，则制动电流为

$$I_a = -\frac{E_a}{R_a} = -\frac{119.8}{0.174} = -688.5 \text{ A}$$

此电流约为额定电流的 6 倍，由此可见能耗制动时，不许直接将电枢短接，必须接入一定数值的制动电阻。

（3）稳定能耗制动运行时的制动电阻为

$$U_N = E_a + I_N R_a = C_e \Phi_N n_N + I_N R_a$$

$$C_e \Phi_N = \frac{U_N - I_N R_a}{n_N} = \frac{199.8}{1500} = 0.133$$

因负载为额定负载的一半，则稳定运行时的电枢电流 $I_a = 0.5I_N$，把已知条件代入直流电机能耗制动时的电动势方程式，得

$$0 = E_a + I_a(R_a + R_b) = C_e \Phi_N n + (0.5I_N) \times (R_a + R_b)$$

$$0 = 0.133 \times (-800) + (0.5I_N) \times (R_a + R_b)$$

$$R_b = 1.66 \ \Omega$$

6.4.2　反接制动

1. 电压反接制动

反接制动就是将正向运行的他励直流电动机的电源电压突然反接，同时电枢回路串入制动电阻 R_b 来实现制动，如图 6-11 所示。

从图 6-11 可见，当接触器 KM_1 接通，KM_2 断开时，电动机稳定运行于电动状态。为使生产机械迅速停车或反转时，突然断开 KM_1，并同时接通 KM_2，这时电枢电源反接，同时串入了制动电阻 R_b。在电枢反接瞬间，由于转速 n 不能突变，电枢电动势 E_a 不变，但电源电压 U_d 的方向改变了，为负值，此时电动势方程和电枢电流分别为

$$-U_N = E_a + I_a(R_a + R_b) \tag{6-25}$$

$$I_a = \frac{-U_N - E_a}{R_a + R_b} \tag{6-26}$$

从式（6-26）可见，反接制动时 I_a 为负值，说明制动时电枢电流与制动前相反，电磁转矩也相反（负值）。由于制动时转速未变，电磁转矩与转速方向亦相反，起制动作用。电机处

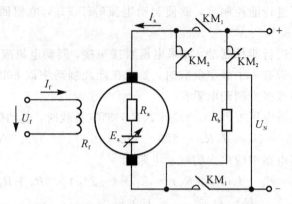

图 6 - 11　他励直流电动机的反接制动电路

于制动状态，此时电枢被反接，故称为反接制动。拖动系统在电磁转矩和负载转矩的共同作用下，电机转速迅速下降。

反接制动的电路特点是 $U_d = -U_N$，$R_\Sigma = R_a + R_b$，由此可得反接制动时他励直流电动机的机械特性方程式为

$$n = \frac{U_d}{C_e\Phi} - \frac{R_\Sigma}{C_e C_T \Phi^2}T = \frac{-U_N}{C_e\Phi} - \frac{R_a + R_b}{C_e C_T \Phi^2}T \qquad (6-27)$$

可画出机械特性曲线，如图 6 - 12 中 $\overline{BCED}$ 所示，是一条通过 $-n_0$ 点，位于象限 Ⅱ、Ⅲ、Ⅳ 的直线。

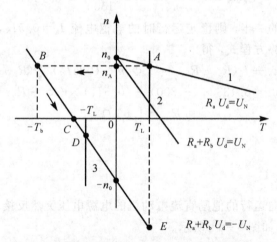

图 6 - 12　电枢电压反接的机械特性

如果制动前电机运行于电动状态，如图 6 - 12 中的 A 点，则在电枢电压反接瞬间，由于转速 n 不能突变，电动机的工作点从 A 点跳变至电枢反接制动机械特性的 B 点。此时，电磁转矩反向（与负载转矩同方向），在它们的共同作用下，电动机的转速迅速降低，工作点从 B 点沿特性下降到 C 点，此时 $n = 0$，但 $T \neq 0$，机械特性为第 Ⅱ 象限的 $\overline{BC}$ 段，为电枢电压反接制动过程的特性曲线。

如果制动的目的是停车，则必须在转速到零以前，及时切断电源，否则系统有自行反转的可能性。

从电压反接制动的机械特性可看出，在整个电压反向制动过程中，制动转矩都比较大，因此制动效果好。从能量关系看，在反接制动过程中，电动机一方面从电网吸取电能，另一方面将系统的动能或位能转换成电能，这些电能全部消耗在电枢回路的总电阻(R_a+R_b)上，很不经济。

反接制动适用于快速停车或要求快速正、反转的生产机械。

2. 倒拉反转制动运行

这种制动运行一般发生在起重机下放重物的情况中，如图 6-13 所示的控制电路。

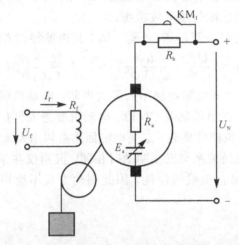

图 6-13　他励直流电动机的倒拉反转制动电路图

电动机提升重物时，接触器 KM_1 常开触点闭合，电动机运行在固有机械特性的 A 点（电动状态），如图 6-14 所示。

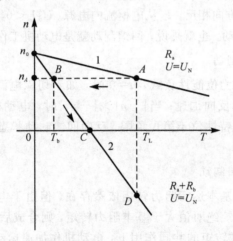

图 6-14　他励直流电动机速度反向的机械特性曲线

下放重物时，将接触器 KM_1 常开触点打开，此时电枢回路内串入了较大电阻 R_b，由于电动机转速不能突变，工作点从 A 点跳至对应的人为机械特性 B 点上，在 B 点，由于 $T<T_L$，电动机减速，工作点沿特性曲线下降至 C 点。在 C 点，$n=0$，但仍有 $T<T_L$，在负载重力转矩的作用下，电动机接着反转，重物被下放，此时，由于 n 反向（负值），E_a 也反向（负

值），电枢电流为

$$U_N = -E_a + I_a(R_a + R_b) \qquad (6-28)$$

$$I_a = \frac{U_N + E_a}{R_a + R_b} \qquad (6-29)$$

式中，电枢电流为正值，说明电磁转矩保持原方向，与转速方向相反，电动机运行在制动状态，由于 n 与 n_0 方向相反，即负载倒拉着电动机转动，因而称为倒拉反转制动。这种反接制动状态是由位能性负载转矩拖动电动机反转而形成的。

重物在下放的过程中，随着电动机反向加速，E_a 增大，I_a 与 T 也相应增大，直至 D 点，$T = T_L$，电动机在 D 点以此速度匀速下放重物。

倒拉反转制动的特点是 $U_d = U_N$，$R_\Sigma = R_a + R_b$，其机械特性方程式为

$$n = \frac{U_d}{C_e\Phi} - \frac{R_\Sigma}{C_e C_T \Phi^2}T = n_0 - \frac{R_a + R_b}{C_e C_T \Phi^2}T \qquad (6-30)$$

倒拉反转制动运行时，由于电枢回路串入了大电阻，电动机的转速会变为负值，所以倒拉反转制动运行的机械特性在第Ⅳ象限 CD 段。电动机要进入倒拉反转制动状态，必须满足两个条件：一是负载一定为位能性负载；二是电枢回路必须串入大电阻。

倒拉反转制动的能量转换关系与反接制动时相同，区别仅在于机械能的来源不同。倒拉反转制动运行中的机械能来自负载的位能，因此制动方式不能用于停车，只可以用于下放重物。

6.4.3　回馈制动

他励直流电动机在电动状态下运行时，由于电源电压 U_d 大于电枢电势 E_a，电枢电流 I_a 从电源流向电枢，电流与磁场作用产生拖动转矩，电源向电动机输入的电功率 $U_d I_a > 0$；回馈制动是指，当电源电压 U_d 小于电枢电势 E_a，E_a 迫使 I_a 改变方向，电磁转矩也随之改变方向成为制动转矩，此时由于 U_d 与 I_a 方向相反，I_a 从电枢流向电源。$U_d I_a < 0$，电动机向电源回馈电功率，所以把这种制动称为回馈制动。也就是说，回馈制动就是电动机工作在发电机状态。

1. 反接制动时的回馈制动

电枢反接制动，当负载为位能性负载，$n = 0$ 时，如不切除电源，电机便在电磁转矩和位能性负载转矩的作用下迅速反向加速；当 $|-n| > |-n_0|$ 时，电动机进入反向回馈制动状态，此时因 n 为负，$T > 0$，机械特性位于第Ⅳ象限。反向回馈制动状态在高速下放重物的系统中应用较多。

2. 电动车下坡时的回馈制动

当电动车下坡时，虽然基本运行阻力转矩依然存在，但由于电动车重力所形成的坡道阻力为负值，并且坡道阻力转矩绝对值大于基本阻力转矩，则合成后的阻力转矩 $-T_b$ 与 n 同方向（为负值），在 $-T_b$ 和电磁转矩的共同作用下，电动机作加速运动，工作点沿固有机械特性上移。到 $n > n_0$ 时，$E_a > U_d$，I_a 反向（与 E_a 同方向），T 反向（与 n 反方向），电动机运行在发电机状态，这就是正向回馈制动状态。随着转速的继续升高，起制动作用的电磁转矩增大，当 $-T = -T_b$ 时，电动机便稳定运行，工作点在固有机械特性的 B 点。

这种制动的特点是：电动机的电源接线不变，但在正向回馈制动时，由于起制动作用的电磁转矩是负值，所以 $n > n_0$，特性曲线位于第Ⅱ象限。

3. 降低电枢电压调速时的回馈制动过程

在降低电压的降速过程中，也会出现回馈制动。当突然降低电枢电压，感应电势还来不及变化时，就会发生 $E_a > U$ 的情况，即出现了回馈制动状态。

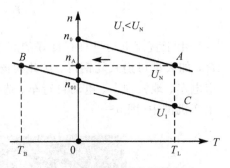

图 6-15 绘出了他励电动机降压调速中的回馈制动特性。当电压从 U_N 降到 U_1 时，理想空载转速由 n_0 降到 n_{01}，机械特性向下平移，转速从 n_A 到 n_{01} 期间，由于 $E_a > U_d$，将产生回馈制动，此时电流 I_a 将与正向电动状态时反向，即 I_a 与 T 均为负，而 n 为正，故回馈制动特性在第Ⅱ象限。

图 6-15　降压调速时的回馈制动

如果减速到 n_{01}，不再降低电压，则转速将继续降低，但若转速低于 n_{01}，则 $E_a < U_d$，电流 I_a 将恢复到正向电动机状态时的方向，电动机恢复到电动状态下工作。

如果想继续保持回馈制动状态，必须不断降低电压，以实现在回馈制动状态下系统的减速。回馈制动同样会出现在他励电动机增加磁通 Φ 的调速过程中。在回馈制动过程中，电功率 $U_d I_a$ 回馈给电网。因此与能耗制动及反接制动相比，从电能消耗来看，回馈制动是经济的。

[**例题 6-5**]　某一调速系统，如图 6-16 所示，在额定负载下，最高转速特性为 $n_{0max} = 1500\ \mathrm{r/m}$，最低转速特性为 $n_{0min} = 150\ \mathrm{r/m}$，带额定负载时的速度降 $\Delta n_N = 15\ \mathrm{r/m}$，且在不同转速下额定速度降不变，试问：系统能够达到的调速范围有多大？系统允许的静差率是多少？

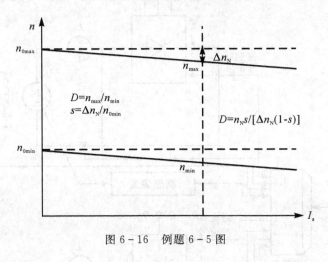

图 6-16　例题 6-5 图

解　（1）调速范围 $D = \dfrac{n_{max}}{n_{min}}$（均指额定负载情况下）：

$$n_{max} = n_{0max} - \Delta n_N = 1500 - 15 = 1485\ \mathrm{r/m}$$

$$n_{min} = n_{0min} - \Delta n_N = 150 - 15 = 135\ \mathrm{r/m}$$

$$D = \frac{n_{max}}{n_{min}} = \frac{1485}{135} = 11$$

（2）静差率为

$$s = \frac{\Delta n_N}{n_0} = \frac{15}{150} = 10\%$$

6.5 应用实例

由于直流电动机具有良好的起动和调速性能,故常用于对起动和调速有较高要求的场合,如大型可逆式轧钢机、矿井卷扬机、宾馆高速电梯、龙门刨床、电力机车、内燃机车、城市电车、地铁列车、电动自行车、造纸和印刷机械、船舶机械、大型精密机床和大型起重机等生产机械中(图 6-17)。

图 6-17　地铁列车与城市电车

图 6-18 所示为某钢厂热轧机主轧辊的直流电动机驱动系统。热轧机的主轧辊由两台直流电动机分别驱动。根据工艺要求,热轧机工作时,应使两台电动机的转速一致,以保证钢

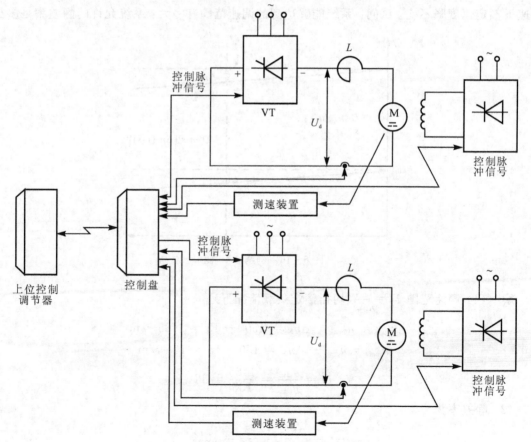

图 6-18　热轧机主轧辊的直流电动机驱动系统

材质量。为使两台电动机转速一致，需采用转速闭环控制，通过调节电枢电压，使两台电机转速同步。图中来自上位控制调节器的速度指令信号同时送给两个直流驱动系统的控制器，直流驱动系统的控制器根据转速偏差改变晶闸管整流装置（VT）的触发脉冲角度，以调节直流电动机的电枢电压，达到控制转速的目的。为了使电枢电流平滑，主回路中串入了电抗器 L。热轧机主轧辊的直流电动机驱动系统是个复杂的控制系统，牵涉到电力电子、控制理论和电力传动控制系统等相关知识，这些知识将在以后的章节或后续课程中作详细的介绍。

6.6 直流电动机拖动的仿真

[例题 6-6] 已知一台他励直流电动机的额定数据：$P_N=22$ kW，额定电压 $U_N=220$ V，额定转速 $n_N=1500$ r/m，额定电流 $I_N=115$ A，电枢回路电阻 $R_a=0.21$ Ω。试分别绘制他励直流电动机的固有机械特性和电枢回路串电阻、改变电枢电源电压、减弱磁通时的人为机械特性曲线。

解 用 M 语言编写绘制他励直流电动机机械特性的 MATLAB 程序：

```
clc
clear
PN=22, UN=220, IN=115, nN=1500, Ra=0.21       %输入铭牌数据
IaN=IN;                                         %计算电枢电流
CePhiN=(UN−Ra * IaN)/nN;                        %计算电动势常数 C_e Φ_N
CTPhiN=9.55 * CePhiN;                           %计算电磁转矩常数 C_T Φ_N
Ia=0: IaN;                                      %建立电枢电流数组
n=UN/CePhiN−Ra/(CePhiN) * Ia;                   %计算转速
T=CTPhiN * Ia;                                  %计算电磁转矩
figure(1);                                      %建立 1 号图形窗口
plot(T, n, '. −');                              %绘制固有机械特性曲线
title('固有机械特性');                           %标题为"固有机械特性"
xlabel('电磁转矩{\itT}/N \cdotm');               %横轴标注为"电磁转矩 T/Nm"
ylabel('转速{\itn}/r/m');                        %纵轴标注为"转速 n/(r/m)"
set(gca, 'FontSize', 20);                       %设置文字大小、坐标轴标注等
set(get(gca, 'XLabel'), 'FontSize', 20);
set(get(gca, 'YLabel'), 'FontSize', 20);
ylim([1500, 1700]);                             %限制纵轴显示范围
figure(2);                                      %建立 2 号图形窗口
plot(T, n, 'rd');                               %绘制固有机械特性曲线
title('降低电枢电源电压的人为机械特性');          %标题为"降低电枢电源电压的人为机械特性"
xlabel('电磁转矩{\itT}/N\cdot m');               %横轴标注为"电磁转矩 T/Nm"
ylabel('转速{\itn}/r/min');                      %纵轴标注为"转速 n/(r/m)"
set(gca, 'FontSize', 20);                       %设置文字大小、坐标轴标注等
set(get(gca, 'XLabel'), 'FontSize', 20);
set(get(gca, 'YLabel'), 'FontSize', 20);
hold on;                                        %保持当前坐标轴和图形
for jy=1; −0.25; 0.25;
U=UN * jy;                                       %改变电枢电源电压
```

```
n＝U/CePhiN－Ra/(CePhiN * CTPhiN) * T;        %计算对应不同电枢电源电压的转速
plot(T, n, '－');                             %绘制改变电枢电源电压的人为机械特性
str＝strcat('{\it U}＝', num2str(U), 'V');     %显示字符串处理
y＝1700 * jy;                                 %显示字符串纵坐标
text(60, y, str);                            %给曲线标注电压值
end
figure(3);                                   %建立3号图形窗口
Rc＝0;                                        %临时变量
n＝UN/CePhiN－(Ra＋Rc)/(CePhiN * CTPhiN) * T;  %计算转速
plot(T, n, 'rd');                            %绘制固有机械特性曲线
title('电枢回路串电阻的人为机械特性');          %标题为"电枢回路串电阻的人为机械特性"
xlabel('电磁转矩{\itT}/N\cdot m');            %横轴标注为"电磁转矩 T/Nm"
ylabel('转速{\itn}/rpmin');                   %纵轴标注为"转速 n/(r/m)"
set(gca, 'FontSize', 20);                    %设置文字大小、坐标轴标注等
set(get(gca, 'XLabel'), 'FontSize', 20);
set(get(gca, 'YLabel'), 'FontSize', 20);
hold on;                                      %保持当前坐标轴和图形
Rc＝0.02;                                     %电枢串电阻值
for Rc＝0: 0.5: 1.9;
n＝UN/CePhiN－(Ra＋Rc)/(CePhiN * CTPhiN) * T;  %计算转速
plot(T, n, '－');                             %绘制电枢回路电阻的人为机械特性
str＝strcat('{\it R}＝', num2str(Ra＋Rc), '\Omega');  %字符串处理
y＝400 * (4－Rc * 1.8);                        %显示字符串的纵坐标
text(120, y, str);                           %给各曲线标记电阻值
end
ylim([0, 1700]);                             %限制纵轴显示范围
figure(4);                                   %建立4号图形窗口
n＝UN/CePhiN－Ra/(CePhiN * CTPhiN) * T;       %计算转速
plot(T, n, 'rd');                            %绘制固有机械特性曲线
title('减弱磁通的人为机械特性');                %标题为"减弱磁通的人为机械特性"
xlabel('电磁转矩{\itT}/N\cdot m');            %横轴标注为"电磁转矩 T/Nm"
ylabel('转速{\itn}/rpmin');                   %纵轴标注为"转速 n/(r/m)"
set(gca, 'FontSize', 20);                    %设置文字大小、坐标轴标注等
set(get(gca, 'XLabel'), 'FontSize', 20);
set(get(gca, 'YLabel'), 'FontSize', 20);
hold on;                                      %保持当前坐标轴和图形
for ct＝0.5: 0.25: 1.3;
CePhi＝CePhiN * ct; CTPhi＝CTPhiN * ct;        %改变磁通值
n＝UN/CePhi－Ra/(CePhi * CTPhi) * T;          %计算转速
plot(T, n, '－');                             %绘制改变磁通时的人为机械特性
str＝strcat('{\it \phi}＝', num2str(ct), ' * \phi_ N');  %显示字符串处理
y＝3600－1850 * ct;                           %显示字符串纵坐标
text(120, y, str);                           %给各曲线标记磁通
```

```
end
ylim([0, 3600]);                          %限制纵坐标的显示范围
```

其仿真曲线如图 6 - 19 所示。

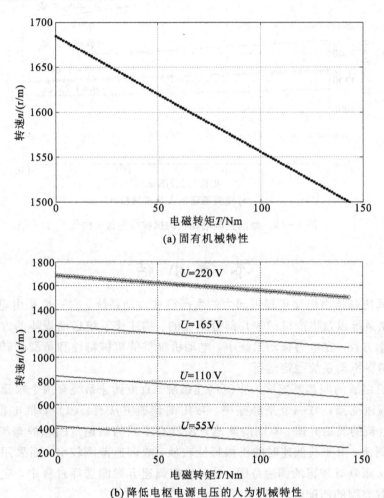

(a) 固有机械特性

(b) 降低电枢电源电压的人为机械特性

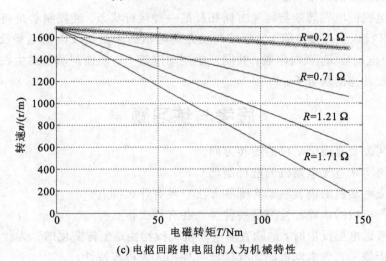

(c) 电枢回路串电阻的人为机械特性

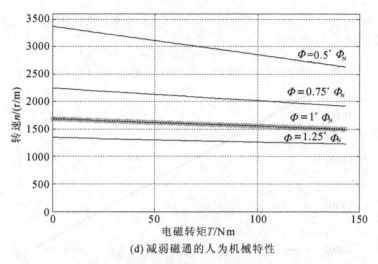

(d) 减弱磁通的人为机械特性

图 6-19　他励直流电动机的机械特性仿真曲线

本 章 小 结

电力拖动系统是指由电动机提供动力的生产机械运动系统。它一般是由电动机、电力电子交流器、控制系统以及生产机械等几部分组成的。描述该系统运动规律的方程称为电力拖动系统的动力学方程。在电力拖动系统中，电动机提供的机械特性和负载的转矩特性必须相互匹配，才能确保拖动系统稳定运行。

由直流电机组成的调速系统称为直流调速系统。直流调速系统有两个很重要的指标值得关注：一个是调速范围；另一个是静差率。常用的调速方法有：（1）降低电枢电压的降速；（2）降低励磁电流的弱磁升速。不同的调速方法具有不同的调速范围和静差率，如电枢回路串电阻的降压调速，由于其低速时的机械特性较软，故调速范围较窄，而采用专门供电电源的降压调速方法则具有较宽的调速范围。此外，在调速方案的选择过程中，应特别注意的是调速性质与负载类型的匹配问题。

制动是指电机的电磁转矩与转速方向相反的一种运行状态。能耗制动是将电枢回路从电网断开，并将其投入至外接电阻上。反接制动是将电枢回路反接或电枢电势反向，使得外加电压 U_d 与电枢电动势 E_a 顺向串联，共同产生制动电流 I_a。回馈制动仅发生在系统实际的转速高于理想空载转速的场合下。

思考与练习题

6-1　如何改变直流电动机的旋转方向？

6-2　如何实现直流电动机的能耗制动？

6-3　直流电动机的电气制动有哪些方法？各有什么特点？

6-4　生产机械的负载特性有哪些种类？各有什么特点？

6-5　不考虑电枢反应时，他励直流电动机机械特性是怎样变化的？为什么这样变化？

6-6　分析他励直流电动机的固有机械特性和人为机械特性。

6-7 当提升机下放重物时,要使他励电动机在低于理想空载转速下运行,应采用什么制动? 若高于理想空载转速又采用什么制动?

6-8 他励直流电机有哪些起动方法? 各有什么优、缺点? 一般采用什么方法起动?

6-9 起动直流电动机时为什么一定要保证励磁回路接通?

6-10 起动时为什么既要限制起动电流过大,又要限制起动电流过小?

6-11 已知一台他励直流电机的额定数据:$P_N = 96 \text{ kW}$,$U_N = 440 \text{ V}$,$I_N = 250 \text{ A}$,$n_N = 500 \text{ r/m}$,电枢回路总电阻 $R_a = 0.078 \text{ }\Omega$,拖动额定恒转矩负载运行。求:

(1) 采用电枢回路串电阻起动,起动电流 $I = 2I_N$ 时,应串入的电阻值和起动转矩各是多少?

(2) 采用降压起动,条件同上,电压应降至多少? 并计算额定输出转矩。

6-12 一台他励直流电动机的铭牌参数为 $P_N = 17 \text{ kW}$,$U_N = 220 \text{ V}$,$I_N = 90 \text{ A}$,$n_N = 1500 \text{ r/m}$,$R_a = 0.23 \text{ }\Omega$。求:

(1) 当轴上负载转矩为额定时,在电枢回路串入调节电阻 $R_c = 1 \text{ }\Omega$,电动机转速为多少?

(2) 当负载要求的调速范围 $D = 2$ 时,电动机的最低转速是多少? 要得到此转速,应串多大电阻?

6-13 一台他励直流电动机额定电压 $U_N = 440 \text{ V}$,电枢电流 $I_N = 53.8 \text{ A}$,电枢回路电阻 $R_a = 0.7 \text{ }\Omega$。如果负载转矩和励磁电流不变,将电枢电压降到一半,转速如何变化?

6-14 一台他励直流电动机接到电网上负载运行,当电压极性改变时,电动机转向如何变化,为什么?

6-15 一台他励直流电动机的铭牌参数为 $P_N = 9 \text{ kW}$,$U_N = 220 \text{ V}$,$I_N = 60 \text{ A}$,$n_N = 1200 \text{ r/m}$,$R_a = 0.3 \text{ }\Omega$。当电源电压降到 160 V 时,电动机拖动额定负载转矩时的转速和电枢电流分别为多少?

第 7 章 其 他 电 机

前面几章介绍的变压器、交流异步电机和同步电机以及直流电机，统称为普通电机。除普通电机外，在日常生活和生产实际中还广泛使用着各种特殊结构和特殊用途的电机，特别是随着新技术的不断发展和新材料的不断涌现，新型特种电机的研究和应用还处在不断发展之中。这些特种电机是相对于普通电机而言的。有些特种电机普及使用后也逐渐变成了普通电机，比如永磁电机，这些年来由于能源的紧张，对高效率电机的需求成为共识。本章将传统普通电机以外的特种电机统称其他电机。其他电机品种繁多，比如永磁电机、伺服电机、开关磁阻电机、步进电机、旋转变压器、直线电机等等，本章介绍其中的永磁电机、步进电机和直线电机。

7.1 永 磁 电 机

7.1.1 永磁电机的基本原理和分类

世界上第一台电机就是永磁电机，但是早期的永磁材料磁性能很差，致使永磁电机体积很大，非常笨重，因而很快就为电励磁式电机所取代。随着稀土永磁材料的快速发展，特别是第三代稀土永磁材料钕铁硼（NdFeB）的问世，给永磁电机的研究和开发带来了新的活力。

1. 永磁电机的基本原理

电机是以磁场为媒介进行机械能和电能相互转换的电磁装置。在电机内建立进行机电能量转换所必需的气隙磁场，有两种方法。一种是在电机绕组内通电流产生，这需要有专门的绕组和相应的装置，又需要不断供给能量以维持电流流动，例如普通的直流电机和同步电机；另一种是由永磁体来产生磁场，既可简化电机结构，又可节约能量，这就是永磁电机。也就是说，和普通的直流电机及同步电机相比（这些电机因为磁场由电流产生，所以称为电励磁电机），永磁电机即是用永磁体替代了电励磁，因此称之为永磁电机。

2. 永磁电机的分类

（1）永磁直流电动机。直流电动机采用永磁励磁后，既保留了电励磁直流电动机良好的调速特性和机械特性，还因省去了励磁绕组和励磁损耗而具有结构工艺简单、体积小、用铜量少、效率高等特点。因而从家用电器、便携式电子设备、电动工具到要求有良好动态性能的精密速度和位置传动系统都大量应用永磁直流电动机。500 W 以下的微型直流电动机中，永磁电机占 92%，而 10 W 以下的永磁电机占 99% 以上。

目前，我国汽车行业发展迅速，汽车工业是永磁电机的最大用户，电机是汽车的关键部件，一辆超豪华轿车中，各种不同用途的电机达 70 余台，其中绝大部分是低压永磁直流微电机。汽车、摩托车用起动机电动机，采用钕铁硼永磁并以行星齿轮减速后，可使起动机电动机的质量减轻一半。

（2）永磁同步电动机。永磁同步电动机与感应电动机相比，不需要无功励磁电流，可以显著提高功率因数（可达到1，甚至容性），减少了定子电流和定子电阻损耗，而且在稳定运行时没有转子铜损耗，进而可以减小风扇（小容量电机甚至可以去掉风扇）和相应的风摩损耗，效率比同规格感应电动机可提高2～10个百分点。而且，永磁同步电动机在25%～120%额定负载范围内均可保持较高的效率和功率因数，轻载运行时节能效果更为显著。这类电机的转子可以设置起动绕组，具有在某一频率和电压下直接起动的能力，称作自起动永磁同步电动机；也可以不设置起动绕组，与变频控制器配套使用，称作调速永磁同步电动机。

永磁同步电动机由于高效率的显著优点，广泛应用在油田、纺织化纤工业、陶瓷玻璃工业和年运行时间长的风机水泵以及空气压缩机等领域，调速永磁同步电动机在电动汽车上也得到了广泛应用。

（3）无刷直流永磁电动机。本质上，这是一种永磁同步电动机。和调速永磁同步电动机一样，它必须由逆变器供电。调速永磁同步电动机工作时电流和反电动势理想状态下呈正弦分布；无刷直流电动机的电流及反电动势则呈梯形波分布。从其工作特性看，和直流电动机相似，好似用逆变器装置替换了普通直流电动机的机械换向器，故称其为无刷直流电动机。

这种电动机既具有电励磁直流电动机的优异调速性能，又实现了无刷化，主要应用于高控制精度和高可靠性的场合，如航空、航天、数控机床、加工中心、机器人、电动汽车、计算机外围设备等。

（4）永磁发电机。永磁发电机与传统的发电机相比，不需要集电环和电刷装置，结构简单，减少了故障率。采用稀土永磁后还可以增大气隙磁密，并把电机转速提高到最佳值，提高功率质量比。当代航空、航天用发电机几乎全部采用稀土永磁发电机。

目前，独立电源的内燃机驱动小型发电机、车用永磁发电机、风轮直接驱动的小型永磁风力发电机正在逐步推广。

7.1.2　自起动永磁同步电动机基本原理

永磁同步电动机的运行原理和电励磁同步电动机相同，但是它以永磁体提供的磁通替代后者的励磁绕组励磁，使电动机结构较为简单，降低了加工和装配费用，且省去了容易出问题的集电环和电刷，提高了电动机的效率和功率密度，因而无需励磁电流，省去了励磁损耗，提高了电动机运行的可靠性。它是近年来研究得较多并在各个领域中得到越来越广泛应用的一种电动机。

永磁同步电动机分类方法较多：按工作主磁场方向的不同，可分为径向磁场式和轴向磁场式；按电枢绕组位置的不同，可分为内转子式（常规式）和外转子式；按转子上有无起动绕组，可分为无起动绕组式（用于变频器供电的场合，利用频率的逐步提高起动，并随着频率的改变而调节转速，常称为调速永磁同步电动机）和有起动绕组的电动机（既可用于调速运行，又可在某一频率和电压下利用起动绕组所产生的异步转矩起动，常称为异步起动永磁同步电动机）；按供电电流波形的不同，可分为矩形波永磁同步电动机和正弦波永磁同步电动机（简称永磁同步电动机）。异步启动永磁同步电动机又称作自起动永磁同步电动机，当用于频率可调的传动系统时，形成一台具有阻尼（起动）绕组的调速永磁同步电动机。自起动永磁同步电动机总体结构与普通异步电动机类似，不同处在于转子槽较浅，槽下方置入永久磁钢，因此其定子结构与异步电动机相同，转子因内置磁钢一般称作内置式转子。

1. 基本结构

自起动永磁式同步电动机的定子结构与异步电动机相同。为了削弱谐波，异步电机转子经常用斜槽。由于转子需要放置磁钢，故转子不便斜槽。自起动永磁同步电机的转子根据磁钢放置在转子表面还是内部，一般可分为表贴式和内置式。图7-1分别列举了内置式永磁式同步电动机四种常见的转子结构，其中径向结构极间漏磁较少，可采用导磁轴，不需要隔磁衬套，因而转子零件较少，工艺也较简单；切向结构每极磁通由两块永磁体并联提供，可产生较大的气隙磁密；并联结构除具有切向结构的上述优点外，还可充分利用空间放置永磁体；混合结构又称为聚磁结构，每对极包括一对主极和一对副极，主极径向磁化，体积较大，气隙磁通的大部分由它提供；副极切向磁化，体积较小，不仅本身能提供一部分气隙磁通，而且能有效地减小主极的极间漏磁，提高永磁材料的利用率。

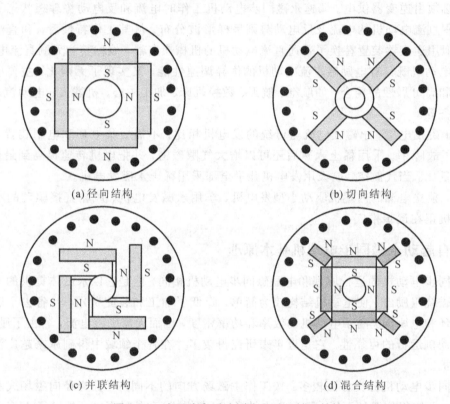

(a) 径向结构 　　　　　　　　　　　(b) 切向结构

(c) 并联结构 　　　　　　　　　　　(d) 混合结构

图7-1　内置式永磁式同步电动机转子结构

2. 工作原理与起动问题

和电励磁同步电动机一样，当自起动永磁同步电动机稳定工作时，定子三相电流产生的合成磁场在电机气隙中以同步转速旋转；转子上装设的永久磁钢磁场随转子一起旋转，转速及转向与定子合成磁场的相同。由于转子转速与磁场转速相同，因此外表看上去原本为异步电动机，在转子上装设了永久磁钢后，稳态运行时转速必然为磁场转速，"变成"了同步电动机。因此转子上虽有绕组（导条），但由于和磁场之间没有相对运动，因此转子绕组中不产生电动势，故而转子绕组没有电流，转子铜损耗几乎为零。这是自起动永磁同步电动机效率比异步电动机效率明显提升的主要原因。

由于转子上永磁体的存在和转子电磁的不对称性,自起动永磁同步电动机与异步电动机相比较,其起动过程远较鼠笼式异步电动机复杂。

在起动过程中,永磁体磁场随转子以 $n=(1-s)n_1$ 转速旋转,在定子绕组中感应 $(1-s)f_1$ 频率的对称三相电动势。由于电网频率为 f_1,对于频率为 $(1-s)f_1$ 的定子电动势,接至电网就相当于短路,于是定子绕组内将流过一组频率为 $(1-s)f_1$ 的三相短路电流。从叠加原理考虑,永磁同步电动机定子绕组中存在两个不同频率的交流激励源,即外加的频率为 f_1 的对称三相电压和转子永磁体感生的频率为 $(1-s)f_1$ 的对称三相电动势。若将起动过程近似地看成一系列不同转差率下的稳态异步运行,当磁路为线性时,永磁同步电动机起动过程可以看成转子无永磁体时,转子不对称鼠笼式异步电动机稳态运行和转子上有永磁体励磁、定子三相短路的异步稳态运行的叠加。

因此,自起动永磁同步电动机依靠笼型绕组产生如同异步电动机工作时一样的起动转矩,带动转子旋转起来。等到转子转速上升到接近同步速时,依靠定子旋转磁场与转子永磁体的相互吸引把转子牵入同步。这就是所谓的"异步起动,同步运行"。在整个起动过程中,笼型绕组产生异步起动转矩,而永磁体产生发电制动转矩,但当达到同步速时,异步起动转矩为零,而发电制动转矩转变为同步牵引转矩,带动电动机正常同步运行。可见,对于自起动永磁式同步电动机来说,永磁体和笼型起动绕组之间的合理设计是十分重要的。

7.1.3 调速永磁同步电动机的基本原理

如果去掉自起动永磁同步电动机转子上的起动绕组,那么这种电动机在工频电源下将没有起动能力,但在变频电源下,逐渐升高定子电源的频率,旋转磁场的同步转速将逐渐升高,带动转子逐渐达到需要的转速。这样的电动机一般都使用在需要调速的场所,因此称为调速永磁同步电动机,有时简称永磁同步电动机。其结构示意图如图 7-2 所示。

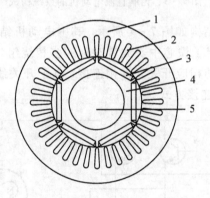

1—定子;2—定子槽;3—永磁体;4—转子;5—转轴

图 7-2 调速永磁同步电动机截面图

调速永磁同步电动机由于转子上不设置起动绕组(或称阻尼绕组),可以放置永久磁钢的空间增加,因此提高了电动机的功率密度,减小了电动机的体积。为了使调速永磁同步电动机可靠地工作,一般需要检测转子磁极位置的传感器,比如光电编码器或旋转变压器等。

7.1.4 无刷直流电动机的基本原理

直流电动机由于调速性能好、堵转转矩大等优点而在各种运动控制系统中得到广泛应用，但是直流电动机具有电刷和换向器装置，运行时所形成的机械摩擦严重影响了电动机的精度和可靠性，因摩擦而产生的火花还会引起无线电干扰。电刷和换向器装置使直流电动机结构复杂、噪音大，维护也比较困难。所以，长期以来人们在不断寻求可以不用电刷和换向器装置的直流电动机。随着电子技术、计算机技术和永磁材料的迅速发展，诞生了无刷直流电动机。这种电动机利用电子开关线路和位置传感器来代替电刷和换向器，既具有直流电动机的运行特性，又具有交流电动机结构简单、运行可靠、维护方便等优点，它的转速不再受机械换向的限制，可以制成转速高达几十万转每分钟的高速电动机。因此，无刷直流电动机用途非常广泛，可作为一般直流电动机、伺服电动机和力矩电动机等使用。

1. 基本结构

无刷直流电动机由电动机本体、电子开关线路和转子位置传感器三部分组成，其系统构成如图 7-3 所示，其中直流电源通过开关线路向电动机的定子绕组供电，位置传感器检测电动机的转子位置，并提供信号控制开关线路中的功率开关元件，使之按照一定的规律导通和关断，从而控制电动机的转动。

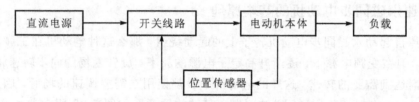

图 7-3 无刷直流电动机的系统构成

无刷直流电动机的基本结构如图 7-4 所示，其中电动机结构与调速永磁同步电动机相似，转子上装设永久磁钢，定子铁芯中安放着对称的多相绕组，可接成星形或三角形，各相绕组分别与电子开关线路中的相应开关元件相连接，电子开关线路有桥式和非桥式两种。图 7-4 为常用的三相星形桥式连接方式。

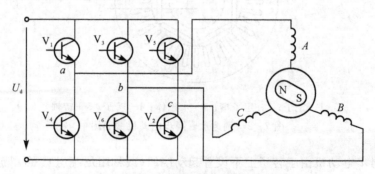

图 7-4 无刷直流电动机的基本结构

位置传感器是无刷直流电动机的重要部分，其作用是检测转子磁场相对于定子绕组的位置。它有多种结构形式，常见的有电磁式、光电式和霍尔元件。

2. 工作原理

根据电子开关线路结构和定子绕组连接方式的不同，无刷直流电动机可以有多种运行状态，下面以两相导通三相星形六状态为例说明无刷直流电动机的工作原理。

如图 7-4 所示，假设在任意时刻开关线路的上桥臂和下桥臂各有一个晶体管导通，即三相绕组的通电顺序依次为 AC、BC、BA、CA、CB、AB。当 A、C 相通电时，转子磁极位置如图 7-5(a)所示，F_s 为定子绕组合成磁动势，F_N 为转子永磁体磁动势，θ 为转子磁极位置角（$\theta=0\sim\pi/3$）。当永磁体位于起始位置时，A、C 两相开始通电，而 B 相无电流。此时，电流流通的路径为"电源正极→V_1 管→A 相绕组→C 相绕组→V_2 管→电源负极"。F_s 和 F_N 相互作用，使转子顺时针旋转。当转子顺时针旋转 $\pi/3$，到达终止位置时，开始进入 B、C 两相通电的状态，如图 7-5(b)所示。此时，电流流通的路径为"电源正极→V_3 管→B 相绕组→C 相绕组→V_2 管→电源负极"。F_s 和 F_N 相互作用，使转子继续顺时针旋转。如此六种状态循环往复。

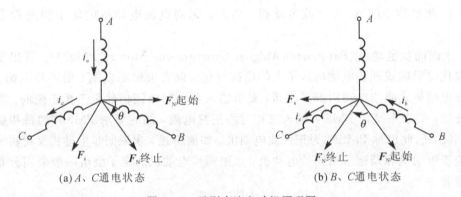

(a) A、C通电状态　　　　　　　(b) B、C通电状态

图 7-5　无刷直流电动机原理图

从表 7-1 可以看出，在 1 个周期内电动机共有六种通电状态，每种状态都是两相同时导通，每种开关管导通角为 $2\pi/3$。

表 7-1　两相导通三相星形六状态开关管导通顺序表

电角度 0	$\dfrac{\pi}{3}$	$\dfrac{2\pi}{3}$	π	$\dfrac{4\pi}{3}$	$\dfrac{5\pi}{3}$	2π
导电顺序	A	B	B	C	C	A
	C	C	A	A	B	B
V_1	导通					导通
V_2	导通	导通				
V_3		导通	导通			
V_4			导通	导通		
V_5				导通	导通	
V_6					导通	导通

3. 无刷直流电动机与永磁同步电动机的比较

无刷直流电动机将电子线路与电机融为一体，把先进的电子技术、微机控制技术应用于电机领域，是典型的机电一体化产品，促进了电机技术的发展。无刷直流电动机属于永磁式电动机，目前在运动控制系统中普遍使用的永磁电动机有两大类，即无刷直流电动机和调速永磁同步电动机。这两种类型的电机连同自起动永磁同步电动机有时都称作无刷永磁同步电动机，而调速永磁同步电动机和自起动永磁同步电动机自然都可以称作永磁同步电动机。现将无刷直流电动机和永磁同步电动机简单比较如下：

（1）无刷直流电动机（Brushless DC Motor，BDCM）：其出发点是用装有永磁体的转子取代有刷直流电动机的定子磁极，将原直流电动机的转子电枢变为定子。有刷直流电动机是依靠机械换向器将直流电流转换为近似梯形波的交流，而 BDCM 是将方波电流（实际上也是梯形波）直接输入定子，其好处就是省去了机械换向器和电刷，也称为电子换向。为产生恒定电磁转矩，要求系统向 BDCM 输入三相对称方波电流，同时要求 BDCM 的每相感应电动势为梯形波，因此也称 BDCM 为方波电动机。为此，无刷直流电动机的定子绕组常采用集中绕组。

（2）永磁同步电动机（Permanent Magnet Synchronous Motor，PMSM）：其出发点是用永磁体取代电励磁式同步电动机转子上的励磁绕组，以省去励磁线圈、滑环和电刷。PMSM 的定子与电励磁式同步电动机基本相同，要求输入定子的电流仍然是三相正弦的。为产生恒定电磁转矩，要求系统向 PMSM 输入三相对称正弦电流，同时要求 PMSM 的每相感应电动势为正弦波，因此也称 PMSM 为正弦波电动机。如前所述，永磁同步电动机又可再分为自起动永磁同步电动机和调速永磁同步电动机。永磁同步电动机的定子绕组一般采用分布和短距以削弱谐波。

7.2 步 进 电 动 机

步进电动机是一种把电脉冲信号转换成机械角位移的控制电机，常作为数字控制系统中的执行元件。由于其输入信号是脉冲电压，输出角位移是断续的，即每输入一个电脉冲信号，转子就前进一步，因此叫做步进电动机，也称为脉冲电动机。

步进电动机在近十几年中发展很快，这是由于电力电子技术的发展解决了步进电动机的电源问题，而步进电动机能将数字信号转换成角位移，正好满足了许多自动化系统的要求。步进电动机的转速不受电压波动和负载变化的影响，只与脉冲频率同步，在许多需要精确控制的场合应用广泛，如打印机的进纸、计算机的软盘转动、卡片机的卡片移动、绘图仪的 X、Y 轴驱动等等。

7.2.1 步进电动机的基本结构

从结构上来说，步进电动机主要包括反应式、永磁式和复合式三种。反应式步进电动机依靠变化的磁阻产生磁阻转矩，又称为磁阻式步进电动机，如图 7-6(a)所示；永磁式步进电动机依靠永磁体和定子绕组之间所产生的电磁转矩工作，如图 7-6(b)所示；复合式步进电动机则是反应式和永磁式的结合。目前应用最多的是反应式步进电动机。步进电动机驱动电路的构成如图 7-7 所示。

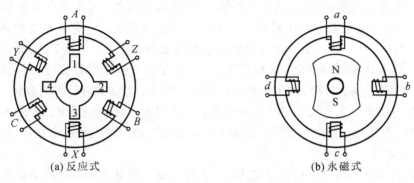

图 7-6　步进电动机的基本结构

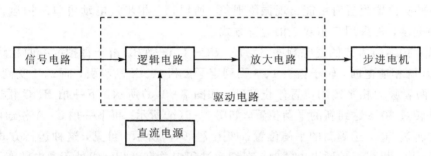

图 7-7　步进电动机驱动电路的构成

7.2.2　步进电动机的工作原理

这里以三相反应式步进电动机为例说明其工作原理。如图 7-8 所示，一般说来，若相数为 m，则定子极数为 $2m$，所以定子有六个齿极。定子相对的两个齿极组成一组，每个齿极上都装有集中控制绕组。同一相的控制绕组可以串联也可以并联，只要它们产生的磁场极性相反即可。反应式步进电动机的转子类似于凸极同步电动机，这里讨论有四个齿极的情况。

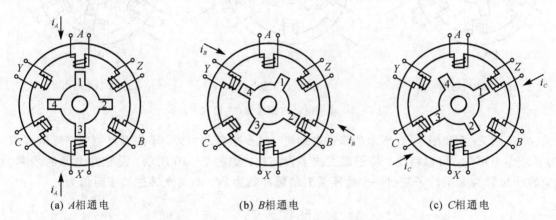

(a) A 相通电　　　　　(b) B 相通电　　　　　(c) C 相通电

图 7-8　步进电动机原理图(三相单三拍)

当 A 相绕组通入直流电流 i_A 时，由于磁力线力图通过磁阻最小的路径，转子将受到磁阻转矩的作用而转动。当转子转到其轴线与 A 相绕组轴线相重合的位置时，磁阻转矩为零，转子停留在该位置，如图 7-8(a)所示。如果 A 相绕组不断电，转子将一直停留在这个平衡位置，称为"自锁"。要使转子继续转动，可以将 A 相绕组断电，而使 B 相绕组通电。这样转子就会顺时针旋转 30°，到其轴线与 B 相绕组轴线相重合的位置，如图 7-8(b)所示。继续改变通电状态，即使 B 相绕组断电，C 相绕组通电，转子将继续顺时针旋转 30°，如图 7-8(c)所示。如果三相定子绕组按照 A—C—B 顺序通电，则转子将按逆时针方向旋转。上述定子绕组的通电状态每切换一次称为"一拍"，其特点是每次只有一相绕组通电。每通入一个脉冲信号，转子转过一个角度，这个角度称为步距角。每经过三拍完成一次通电循环，所以称为"三相单三拍"通电方式。

三相步进电动机采用单三拍运行方式时，在绕组断、通电的间隙，转子有可能失去自锁能力，出现失步现象。另外，在转子频繁起动、加速、减速的步进过程中，由于受惯性的影响，转子在平衡位置附近有可能出现振荡现象。所以，三相步进电动机单三拍运行方式容易出现失步和振荡，常采用三相双三拍运行方式。

三相双三拍运行方式的通电顺序是 AB—BC—CA—AB。由于每拍都有两相绕组同时通电，如 A、B 两相通电时，转子齿极 1、3 受到定子磁极 A、X 的吸引，而 2、4 受到 B、Y 的吸引，转子在两者吸力相平衡的位置停止转动，如图 7-9(a)所示。下一拍 B、C 相通电时，转子将顺时针转过 30°，达到新的平衡位置，如图 7-9(b)所示。再下一拍 C、A 相通电时，转子将再顺时针转过 30°，达到新的平衡位置，如图 7-9(c)所示。可见，这种运行方式的步距角也是 30°。采用三相双三拍通电方式时，在切换过程中总有一相绕组处于通电状态，转子齿极受到定子磁场控制，不易失步和振荡。

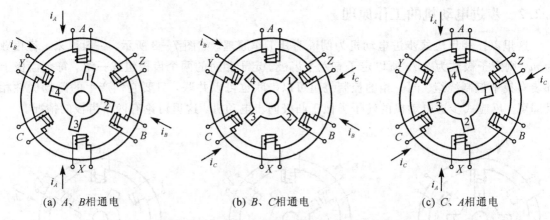

(a) A、B相通电   (b) B、C相通电   (c) C、A相通电

图 7-9 步进电动机原理图(三相双三拍)

对于图 7-7 和图 7-8 所示的步进电动机，其步距角都太大，不能满足控制精度的要求。为了减小步距角，可以将定、转子加工成多齿结构，如图 7-10 所示。设脉冲电源的频率为 f，转子齿数为 Z_r，转子转过一个齿距需要的脉冲数为 N，则每次转过的步距角为

$$\alpha_b = \frac{360°}{Z_r N} \tag{7-1}$$

因为步进电动机转子旋转一周所需要的脉冲数为 $Z_r N$，所以步进电动机每分钟的转速为

$$n = \frac{60f}{Z_r N} \tag{7-2}$$

显然，步进电动机的转速正比于脉冲电源的频率。

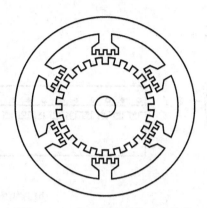

图 7 - 10　步进电动机的多齿结构

7.3　直线电动机

　　直线电动机是一种作直线运动的电机，早在 18 世纪就有人提出用直线电动机驱动织布机的梭子，也有人想用它作为列车的动力，但只是停留在试验论证阶段。直到 19 世纪 50 年代随着新型控制元件的出现，直线电动机的研究和应用才得到逐步发展。20 世纪 90 年代以来随着高精密机床的研制，因直线电动机直接驱动系统具有传统系统无法比拟的优点和潜力，使其在机械加工自动化方面得到了广泛应用，在工件传送、开关阀门、开闭窗帘及平面绘图仪、笔式记录仪、磁分离器、交通运输、海浪发电，以及作为压缩机、锻压机械的动力源等方面，显示出很大的优越性。

　　与旋转电机相比，直线电动机主要有以下优点：

　　（1）由于不需要中间传动机构，整个系统得到简化，精度提高，振动和噪音减小。

　　（2）由于不存在中间传动机构的惯量和阻力矩的影响，电机加速和减速的时间短，可实现快速起动和正反向运行。

　　（3）普通旋转电机由于受到离心力的作用，其圆周速度有所限制，而直线电动机运行时，其部件不受离心力的影响，因而它的直线速度可以不受限制。

　　（4）由于散热面积大，容易冷却，直线电动机可以承受较高的电磁负荷，容量定额较高。

　　（5）由于直线电动机结构简单，且它的初级铁芯在嵌线后可以用环氧树脂密封成一个整体，所以可以在一些特殊场合中应用，例如可在潮湿环境甚至水中使用。

　　直线电动机是由旋转电动机演化而来的，如图 7 - 11 所示。原则上，各种型式的旋转电动机，如直流电动机、异步电动机、同步电动机等均可演化成直线电动机。这里主要以国内外应用较多的直线感应电动机为例介绍直线电动机的基本结构和工作原理。

7.3.1　直线电动机的基本结构

　　如图 7 - 11(a)所示，如果将笼型感应电动机沿径向剖开，并将电机的圆周展成直线，就得到图 7 - 11(b)所示的直线感应电动机，其中定子与初级对应，转子与次级对应。由图7 - 11演变而来的直线电动机，其初级和次级的长度是相等的。由于初级和次级之间要作相对运动，为保证初级与次级之间的耦合关系保持不变，实际应用中初级和次级的长度是不相等

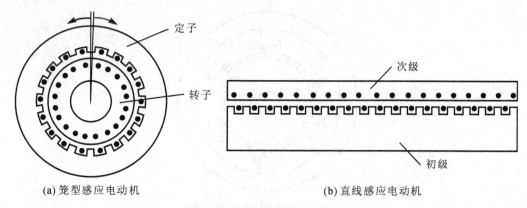

(a) 笼型感应电动机　　　　　　　　(b) 直线感应电动机

图 7-11　直线电动机的演化

的。如图 7-12 所示，如果初级的长度较短，则称为短初级；反之，则称为短次级。由于短初级结构比较简单，成本较低，所以短初级使用较多，只有在特殊情况下才使用短次级。

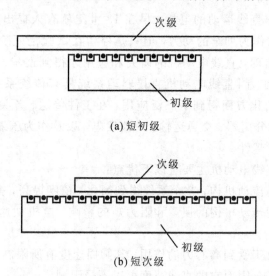

(a) 短初级

(b) 短次级

图 7-12　扁平型单边直线电动机

　　图 7-12 所示的直线电动机仅在次级的一边具有初级，这种结构称为单边型。单边型除了产生切向力外，还会在初、次级之间产生较大的法向力，这对电机的运行是不利的。所以，为了充分利用次级和消除法向力，可以在次级的两侧都装上初级，这种结构称为双边型，如图 7-13 所示。我们知道还有一种实心转子感应电动机，它的定子和普通笼型感应电动机是一样的，转子是实心钢块。实心转子既作为导磁体又作为导电体，气隙磁场也会在钢

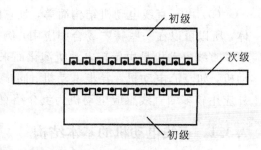

图 7-13　扁平型双边直线电动机

块中感应电流，产生电磁转矩，驱动转子旋转。图 7-12 和图 7-13 所示的直线电动机实际上是由实心转子感应电动机演变而来的，所以图中的次级没有鼠笼导条。

图 7-12 和图 7-13 所示的直线电动机称为扁平型直线感应电动机。如果把扁平型直线电动机的初级和次级按图 7-14(a) 所示箭头方向卷曲，就形成了图 7-14(b) 所示的圆筒型直线电动机。在扁平型直线电动机中，初级线圈是菱形的，这与普通旋转电动机是相同的。菱形线圈端部的作用是使电流从一个极流向另一个极。在圆筒型直线电动机中，把菱形线圈卷曲起来，就不需要线圈的端部，而成为饼式线圈，这样可以大大简化制造工艺。

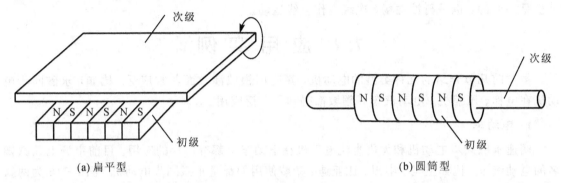

(a) 扁平型　　　　　　　　　　　　　　(b) 圆筒型

图 7-14　圆筒型直线电动机的演化

7.3.2　直线电动机的工作原理

由上所述可知，直线电动机由旋转电动机演变而来，所以当初级的多相绕组中通入多相电流后，也会产生一个气隙磁场，这个磁场的磁通密度波是直线移动的，故称为行波磁场，如图 7-15 所示。显然，行波的移动速度与旋转磁场在定子内圆表面上的线速度是相同的，称为同步速度，即

$$v_s = 2f\tau \tag{7-3}$$

式中，f——电源频率；

　　　τ——极距。

在行波磁场的切割下，次级中的导条将产生感应电动势和电流，所有导条的电流和气隙磁场相互作用，产生切向电磁力（图中只画出一根导条）。如果初级是固定不动的，那么次级就沿着行波磁场行进的方向作直线运动。若次级移动的速度用 v 表示，则滑差率为

$$s = \frac{v_s - v}{v_s} \tag{7-4}$$

次级移动速度为

$$v = (1-s)v_s \tag{7-5}$$

式 (7-3) 表明直线感应电动机的速度与电源频率及电机极距成正比，因此改变极距或电

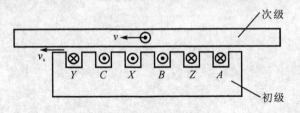

图 7-15　直线电动机原理图

源频率都可改变电机的速度。

与旋转电动机一样，改变直线电动机初级绕组的通电次序，可改变电机运动的方向，因而可使直线电动机作往复直线运动。在实际应用中，我们也可将次级固定不动，而让初级运动。

如果圆筒型直线电动机的初级绕组通以多相交流电，所产生的气隙磁场和扁平型直线电动机是一样的，也是行波磁场，次级也作直线运动。

7.4 应用实例

本章前几节介绍的几种类型的电动机，其应用领域涉及面非常广泛。比如，永磁同步电动机在电梯、压缩机、电动汽车等领域都得到了广泛应用。

1. 电动车

调速永磁同步电动机和无刷直流电动机在电动车上都有广泛的应用。目前市场上几款知名的电动汽车，比如宝马、丰田、比亚迪、荣威使用的都是永磁同步电动机。图 7-16 为两款电动汽车图片。各种款式的电动自行车基本上使用的都是无刷直流电动机。

图 7-16　两款使用永磁同步电动机的电动汽车

2. 压缩机

随着节能减排要求的日益严格，许多行业对设备的高效低耗提出了更高的标准。压缩机行业近年来对高效的永磁同步电动机的需求逐渐增多。图 7-17 为装备永磁同步电动机的压缩机。

图 7-17　装备永磁同步电动机的压缩机

3. 磁悬浮列车

直线电动机主要应用于自动控制系统以及大功率的驱动系统中。比如电动门、航天航空仪器、电磁炮等。磁悬浮列车其本质上也是一台直线电动机，定子在轨道上，列车本身就是转子。图 7-18 为运行于上海浦东机场与龙阳路地铁站之间的磁悬浮列车图片。

图 7-18　上海磁悬浮列车

7.5　自起动永磁同步电动机仿真

本节介绍自起动永磁同步电动机的仿真。

1. 自起动永磁同步电动机的数学模型

为便于分析，在满足工程实际所需的精度要求下作如下假设：

(1) 电机铁芯的导磁系数为无穷大，不考虑铁芯饱和的影响，从而可以利用叠加原理来计算电机各个绕组电流共同作用下的气隙合成磁场。

(2) 定子和转子磁势所产生的磁场沿定子内圆是正弦分布的，即略去磁场中的所有空间谐波。

(3) 各相绕组对称，阻尼绕组（起动鼠笼）的阻尼条及转子导磁体对转子 d、q 轴对称，已折算到 d、q 轴。

(4) 不计涡流和磁滞的影响。

(5) 不考虑频率变化和温度变化对绕组电阻的影响。

自起动永磁同步电动机的物理模型如图 7-19 所示。

图 7-19 中，定子三相绕组轴线 A、B、C 是静止的，三相电压 u_A、u_B、u_C 和三相电流 i_A、i_B、i_C 都是对称的、呈正弦分布，转子以电角速度 ω 旋转。沿永磁体磁场方向的轴线为 d 轴，与 d 轴正交且领先 d 轴 90°方向的是 q 轴，$d-q$ 坐标在空间随转子旋转，d 轴与 A 轴之间的夹角 θ 为变量。

自起动永磁同步电动机的数学模型由电压方程、磁链方程以及转矩和运动方程组成。

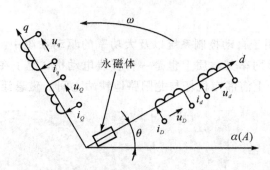

图 7-19 自起动永磁同步电动机的物理模型

（1）电压方程：

$$\left.\begin{array}{l} u_d = R_s i_d + p\psi_d - \omega\psi_q \\ u_q = R_s i_q + p\psi_q + \omega\psi_d \\ 0 = R_D i_D + p\psi_D \\ 0 = R_Q i_Q + p\psi_Q \end{array}\right\} \tag{7-6}$$

（2）磁链方程：

$$\left.\begin{array}{l} \psi_d = L_{sd} i_d + L_{md} i_D + \psi_f \\ \psi_q = L_{sq} i_q + L_{mq} i_Q \\ \psi_D = L_{md} i_d + L_{rD} i_D + \psi_f \\ \psi_Q = L_{mq} i_q + L_{rQ} i_Q \end{array}\right\} \tag{7-7}$$

（3）转矩和运动方程：

$$\left.\begin{array}{l} T_e = n_p(\psi_d i_q - \psi_q i_d) \\ \quad = n_p(\psi_f i_q + (L_{sd} - L_{sq})i_d i_q + (L_{md} i_D i_q - L_{mq} i_d i_Q)) \\ T_e = \dfrac{J}{n_p}\dfrac{d\omega}{dt} + T_L \\ \omega = p\theta \end{array}\right\} \tag{7-8}$$

其中，L_{sd}——等效两相定子绕组 d 轴自感；

L_{sq}——等效两相定子绕组 q 轴自感；

L_{md}——d 轴定子与转子绕组间的互感，相当于同步电动机的 d 轴电枢反应电感；

L_{mq}——q 轴定子与转子绕组间的互感，相当于 q 轴电枢反应电感；

L_{rD}——d 轴阻尼绕组自感；

L_{rQ}——q 轴阻尼绕组自感；

R_s—— 定子绕组相电阻；

R_D、R_Q——阻尼绕组等效到 d、q 轴上的电阻；

ψ_f——永磁体产生的磁链；

d、q、D、Q——作为下标分别表示定子绕组 d、q 轴分量和转子绕组 d、q 轴分量。

2. 自起动永磁同步电动机的仿真模型

由式（7-6）~式（7-8），基于 MATLAB/Simulink 的自起动永磁同步电动机的仿真模型构建如图 7-20 所示。

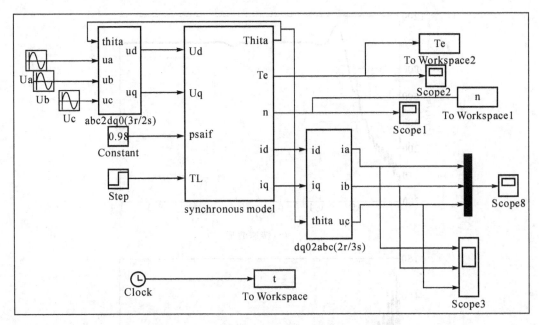

图 7 - 20　自起动永磁同步电动机的仿真模型

3. 自起动永磁同步电动机的仿真实例

一台 6 极 2.2 kW、额定电压为 380 V、Y 接法的三相自起动永磁同步电动机，换算成两相 dq 坐标系下的有关参数为：$R_s = 3.51\ \Omega$，$R_D = R_Q = 5.20\ \Omega$，$L_{md} = 0.0822$ H，$L_{mq} = 0.1362$ H，$L_{sd} = 0.1006$ H，$L_{sq} = 0.1546$ H，$L_{rD} = 0.1003$ H，$L_{rQ} = 0.1543$ H，$J = 0.05$ kg·m²，$\psi_f = 0.98$ Wb。

仿真的有关结果见图 7 - 21，设置的仿真条件为带负载转矩 4.98 Nm 起动，0.8 s 后负载突变为 15.11 Nm。

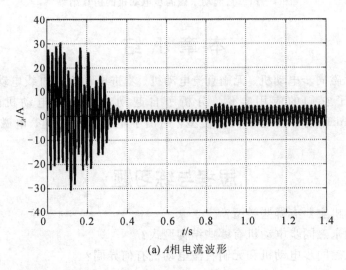

(a) A 相电流波形

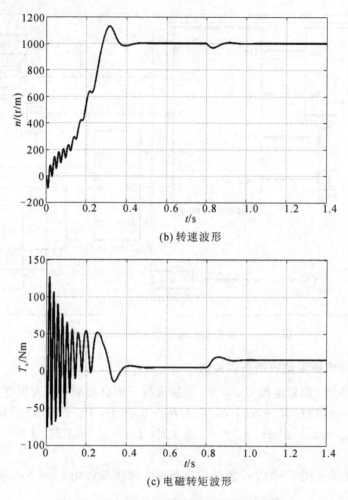

(b) 转速波形

(c) 电磁转矩波形

图 7-21　自起动永磁同步电动机的仿真结果

本 章 小 结

　　本章介绍了永磁同步电动机、无刷直流电动机、步进电动机及直线电动机的基本结构和工作原理，给出了它们的应用实例，分析了自起动永磁同步电动机的数学模型，在MATLAB/Simulink环境下搭建了仿真模型，给出了电动机的转速、电磁转矩和电流的响应波形。

思考与练习题

　　7-1　永磁电机主要有哪些类型？

　　7-2　自起动永磁同步电动机有哪些结构型式？

　　7-3　调速永磁同步电动机和无刷直流电动机有何异同？

　　7-4　直线电动机的基本工作原理是怎样的？

　　7-5　请简述步进电动机的基本工作原理。

第8章 电动机的选择

8.1 电动机选择的主要内容与原则

1. 电动机选择的主要内容

电动机选择的主要内容包括种类、型式、额定转速、额定电压、额定功率(容量)。在确定电流种类(交、直、励磁方式)后,按负载功率大小来预选电动机容量。电动机容量的选择原则是完全满足生产机械对电动机提出的功率、转矩、转速以及起动、调速、制动和过载等要求,电动机在工作过程中能被充分利用,而且还不超过国家标准所规定的温升。然后进行各种校验:

(1) 发热校验,按发热条件检验,应满足 $P \leqslant P_N$,$T \leqslant T_N$,P、T 为电动机输出功率和输出转矩;

(2) 过载能力校验,$T_{L\,max} \leqslant \lambda_m T_N$,对于异步电动机应满足 $T_{L\,max} \leqslant 0.85\lambda_m T_N$;

(3) 起动能力校验,对鼠笼型异步电动机要校验起动能力。

电动机绝缘材料限制了它的最高允许温度,若工作温度超过允许温度,则每升高 $8^{\circ}\!C$,绝缘寿命缩短一半。选电动机时,除选容量外,还要选电动机的型式、电流种类、转速等。电动机电流种类的选择,实质上就是选用交流电动机或直流电动机。

2. 电动机的选择原则

一般电动机的选择原则如下:

(1) 优先选用三相笼型异步电动机。三相笼型异步电动机的缺点是起动和调速性能差。在要求有级调速的生产机械上可采用双速、三速、四速笼型异步电动机。由于晶闸管变频调速及晶闸管调压调速等新技术的发展,三相笼型异步电动机将大量应用在要求无级调速的生产机械上。

(2) 选用绕线式异步电动机。对要求有较大起、制动转矩及一定调速的生产机械,常选用绕线式异步电动机。近几年,使用晶闸管串级调速,大大扩展了绕线式异步电动机的应用范围。

(3) 选用直流电动机。直流电动机可以无级起动和调速,起动和调速的平滑性好,调速范围宽,精度高。对于那些要求在大范围内平滑调速以及有准确的位置控制的生产机械,可使用他励或并励直流电动机。对于那些要求电动机起动转矩大、机械特性软的生产机械,可选用串励直流电动机。

(4) 电动机额定电压的选择。对于交流电动机,其额定电压应与电动机运行场地供电电网的电压相一致。

(5) 电动机额定转速的选择。相同容量的电动机,额定转速越高,其额定转矩就越小,从而电动机的尺寸、重量和成本也越小。

(6) 电动机型式的选择。电动机按其工作方式可分为连续工作制、短时工作制和断续周期工作制三类。原则上,不同工作方式的负载,应选用对应工作制的电动机,但也可选用连续工作制电动机来代替。

按电动机防护型式的不同可将其分为以下几种类型。

① 开启式。这种电动机价格便宜，散热性好，但容易渗透水蒸气、铁屑、灰尘、油垢等，影响电动机的寿命及正常运行。

② 防护式。此种电动机可防滴、防雨、防溅，并能防止外界物体从上面落入电机内部，但不能防止潮气及灰尘的侵入，因此适用于干燥和灰尘不多且没有腐蚀性及爆炸性气体的环境中。

③ 封闭式。封闭式电动机分为自扇冷式、他扇冷式和密封式三种。前两种可用于潮湿、多腐蚀性、灰尘及易受风雨侵蚀等的环境中，第三种常用于浸入水中的机械（如潜水泵）。

8.2 电动机的发热、冷却与工作制

8.2.1 电动机的发热与冷却

电动机在工作时，$\eta < 1$，即存在损耗，其功率损耗为 Δp，损耗 Δp 变成热能，一方面使电动机本身温度升高，同时，在电动机温度高出周围环境温度时要散出热量。

电动机内部的绝缘材料不同，所允许的最高温度也不同。绝缘等级即电动机所用的绝缘材料的耐热程度，国际电工学会规定绝缘材料分为七个等级，我国的电动机中选取其中五个等级，如表 8-1 的示。

表 8-1 绝缘材料温度等级

等 级	A	E	B	F	H
允许最高温度 θ_m /℃	105	120	130	155	180
额定温升 τ_m /℃	65	80	90	115	140

电动机温度超出环境温度的数值称为温升，用 τ 表示，有温升就要散热，温升 τ 越高，散热越快。我国规定，标准环境温度是 40℃，绝缘材料的允许温度减去 40℃ 就等于它的允许温升。

当电动机单位时间发出的热量等于散出的热量时，电动机的温度不再增加，电动机达到稳定温升，电动机处于发热和散热平衡状态。

1. 电动机的温升过程

假设电动机长期连续工作，负载不变，把电动机看成各部分温度相同的均匀整体，周围的环境温度不变。根据热力学的定律——热量平衡基本方程，得

$$\left.\begin{array}{l} Q \mathrm{d}t = C \mathrm{d}\tau + A\tau \mathrm{d}t \quad \dfrac{C}{A} \dfrac{\mathrm{d}\tau}{\mathrm{d}t} + \tau = \dfrac{Q}{A} \\[3mm] T \dfrac{\mathrm{d}\tau}{\mathrm{d}t} + \tau = \tau_\infty \end{array}\right\} \tag{8-1}$$

其中，C 为电动机热容，A 为电动机散热系数，T 为电动机发热时间常数，τ 为电动机温升，τ_∞ 为电动机的稳态温升。根据三要素法，其解为

$$\tau = \tau_\infty + (\tau_s - \tau_\infty)e^{-\frac{t}{T}} \qquad (8-2)$$

只要电动机在运行中稳态温升 τ_∞ 不超过其绝缘材料的允许温升 τ_m，电动机就可以长期工作而不致过热。

设电动机带额定负载时的额定稳态温升 $\tau_{\infty N}$ 为

$$\tau_{\infty N} = \frac{Q_N}{A} = \frac{\Delta p_N}{A} = \frac{P_N}{A}\left(\frac{1-\eta_N}{\eta_N}\right) \qquad (8-3)$$

当 $\tau_m = \tau_{\infty N}$ 时，电动机既不会过热，又可得到充分利用，最为合理，则

$$P_N = \frac{\tau_m A \eta_N}{1 - \eta_N} \qquad (8-4)$$

可知，提高效率 η，增大散热系数 A 及允许温升 τ_m 是提高电动机额定功率的有效途径。

2. 电动机的冷却过程

电动机的冷却有两种情况：其一是负载减小，电动机损耗功率 ΔP 下降时；其二是电动机自电网断开，不再工作，电动机的 ΔP 变为零。

（1）减载：

$$\tau = \tau'_\infty(1 - e^{-\frac{t}{T}}) + \tau_s e^{-\frac{t}{T}} \qquad (8-5)$$

（2）停机：因为 $\tau'_\infty = 0$，所以

$$\tau = \tau_s e^{-\frac{t}{T}} \qquad (8-6)$$

对于断电停车，由于散热系数 A 变坏则 T 变成 $T_0 = (2 \sim 3)T$：

$$\tau = \tau_s e^{-\frac{t}{T_0}} \qquad (8-7)$$

8.2.2　电动机的工作制

正确选择电动机的额定功率十分重要。如果额定功率选小了，电动机经常在过载状态下运行，会使它因过热而过早地损坏，还有可能承受不了冲击负载或造成起动困难。额定功率选得过大也不合理，此时不仅增加了设备投资，而且由于电动机经常在欠载下运行，其效率及功率因数等力能指标变差，浪费了电能，增加了供电设备的容量，使综合经济效益下降。

确定电动机额定功率时主要考虑以下因素：一个是电动机的发热及温升；另一个是电动机的短时过载能力。对于笼型异步电动机还应考虑起动能力。确定电动机额定功率的最基本方法是依据机械负载变化的规律，绘制电动机的负载图，然后根据电动机的负载图计算电动机的发热和温升曲线，从而确定电动机的额定功率。所谓负载图，是指功率或转矩与时间的关系图。

电动机工作方式分三种：连续工作制，短时工作制，断续周期工作制。

1. 连续工作制

该工作制下，电动机的工作时间 $t_g > 4T$（电动机的发热时间常数），电动机长期运行，温升可以达到稳态温升 τ_∞，也称为长期工作制。这类电机工作方式也俗称为热得到头。其负载图和温升曲线如图 8-1 所示。

属于这类工作制的生产机械有水泵、鼓风机、造纸机、机床主轴等。

2. 短时工作制

该工作制下，电动机的工作时间较短，在此时间内温升达不到稳定值，而停车时间又相

当长，电动机的温度可以降到周围介质的温度。其负载图和温升曲线如图 8-2 所示。属此类工作制的生产机械有机床的辅助运动机械、某些冶金辅助机械、水闸闸门启闭机等。

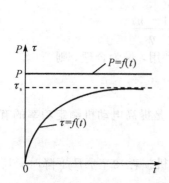 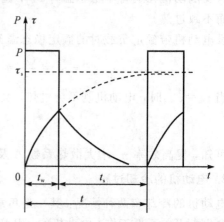

图 8-1 连续工作制电动机的负载图和温升曲线　　图 8-2 短时工作制电动机的负载图和温升曲线

一般根据短时工作制的特点，将工作时间 t_s 结束时的温升设计为接近绝缘材料的允许最高温升，则该电动机在拖动同样负载而连续工作时，稳定温升将大大超过该电动机的最高允许温升，而将电动机烧坏，所以，短时工作制电动机拖动对应的额定负载时，不允许连续运行。

3. 断续周期工作制

该工作制下，电动机的工作时间 t_g 与停歇时间 t_0 相互交替，两段时间都较短。在工作时间内，电动机温升达不到稳定值，停歇时间内电动机温升也降不到零，经过一个周期，温升有所上升，经过若干个周期后，温升在最高温升 τ_{max} 和最低温升 τ_{min} 之间波动。其负载图和温升曲线如图 8-3 所示。

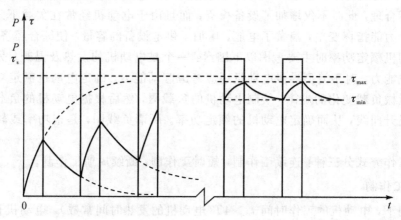

图 8-3 周期性断续工作制电动机的负载图和温升曲线

设计这种工作制的电动机时，应使最高允许温升大于最高温升，即 $\tau_s > \tau_{max}$，显然改变工作时间和停歇时间的比率，会影响 τ_{max} 值的大小，为此提出负载持续率（暂载率）的概念：

$$ZC\% = \frac{t_g}{t_g + t_0} \times 100\% \tag{8-8}$$

在断续周期工作制中，负载工作时间与整个周期之比称为负载持续率 ZC％。标准负载持续率为 15％、25％、40％、60％ 四种。属于断续周期工作制的设备有起重机械、电梯等。

8.3　电动机容量的选择

正确选择电动机容量非常重要。如果电动机的容量选得过大，会使电动机经常在不满负荷的情况下运行，功率得不到充分利用，因而其用电效率和功率因数都不高。相反，如果电动机的容量选得过小，会使电动机负担过重，可能导致长期过载而烧毁电动机，或使电动机过早地损坏，降低使用寿命。

8.3.1　连续工作制电动机容量的选择

1. 连续常值负载电动机容量的选择

通常的做法是在产品目录中选择一台额定容量等于或略大于生产机械所需的容量，且转速又合适的电动机。对于鼠笼型异步电动机还要考虑起动能力问题。

设长期工作制电动机的额定功率为 P_N，额定稳定温升为 $\tau_{\infty N}$，则

$$\tau_{\infty N} = \frac{Q_N}{A} = \frac{\Delta p_N}{A} = \frac{p_0 + p_{CuN}}{A} = \frac{p_{CuN}(\alpha + 1)}{A} \qquad (8-9)$$

其中，额定情况下不变损耗(空载损耗)与可变损耗(铜损耗)之比为 $\alpha = \dfrac{p_0}{p_{CuN}}$。统计资料表明 $\alpha = 0.4 \sim 1.5$，计算时一般取 $\alpha = 0.6$。

设电动机实际环境温度为 θ_0，在此温度下电动机长期工作的最大允许电流为 I，相应的发热量为 Q。在这种情况下，电动机长期工作的实际稳定温升为 τ_∞，则

$$\tau_\infty = \frac{Q}{A} = \frac{p_0 + p_{Cu}}{A} = \frac{p_{CuN}}{A}\left(\frac{p_0}{p_{CuN}} + \frac{p_{Cu}}{p_{CuN}}\right) = \frac{p_{CuN}}{A}\left(\alpha + \frac{I^2}{I_N^2}\right) \qquad (8-10)$$

设电动机最高允许温度为 θ_m，由温升定义得

$$\tau_\infty = \theta_m - \theta_0 = \theta_m - 40℃ + 40℃ - \theta_0 = \tau_{\infty N} + \Delta\tau$$

为了充分利用电动机，取 $\tau_{\infty N} = \tau_m$，则

$$\tau_m + \Delta\tau = \frac{p_{CuN}}{A}\left(\alpha + \frac{I^2}{I_N^2}\right) \qquad (8-11)$$

从上式中解出 I，得

$$I = \sqrt{1 + \frac{\Delta\tau}{\tau_m}(1+\alpha)} \cdot I_N = \beta I_N \qquad (8-12)$$

因为 $P \propto I$，所以

$$P = \sqrt{1 + \frac{\Delta\tau}{\tau_m}(1+\alpha)} \cdot P_N = \beta P_N \qquad (8-13)$$

其中，$\beta = \sqrt{1 + \dfrac{\Delta\tau}{\tau_m}(1+\alpha)}$，为电动机的电流或功率的环境温度变化系数。

当环境温度 $\theta_0 < 40℃$ 时，$\beta > 1$，电动机实际使用的电流或功率比额定值大。当环境温度 $\theta_0 > 40℃$ 时，$\beta < 1$，电动机实际使用的电流或功率比额定值小。

[例题 8-1]　一台电动机为 E 级绝缘，即允许温升 $\tau_m = 80℃$，设 $\alpha = 0.6$。

当 $\theta_0 = +25℃$ 时，$\Delta\tau = 40℃ - \theta_0 = 40℃ - 25℃ = 15℃$，则

$$\beta = \sqrt{1 + \frac{\Delta\tau}{\tau_m}(1+\alpha)} = \sqrt{1 + \frac{15}{80}(1+0.6)} = 1.14 \tag{8-14}$$

即电动机实际使用的功率可以增加14%。

当 $\theta_0 = +45℃$ 时，$\Delta\tau = 40℃ - \theta_0 = 40℃ - 45℃ = -5℃$，则

$$\beta = \sqrt{1 + \frac{\Delta\tau}{\tau_m}(1+\alpha)} = \sqrt{1 + \frac{-5}{80}(1+0.6)} = 0.95 \tag{8-15}$$

即电动机实际使用的功率减少了5%。

选择电动机容量的步骤如下：

(1) 计算负载所需功率 P_L。

(2) 由产品目录查出所需的电动机，要求 $P_N \geqslant P_L$。

(3) 对于鼠笼型异步电动机，若在重载下起动，须校验起动能力。

(4) 若环境温度 θ_0 不为标准温度(40℃)，则需要进行修正。

几种常用的生产机械的功率计算公式：

(1) 直线运动的生产机械：

$$P_L = \frac{Fv}{102\eta} \text{ kW} \quad 或 \quad P_L = \frac{Fv}{\eta} \times 10^{-3} \text{ kW} \tag{8-16}$$

其中，F 为生产机械的静阻力，单位为 N；v 为生产机械的运动速度，单位为 m/s，η 为传动装置的效率。

(2) 旋转运动的生产机械：

$$P_L = \frac{Mn}{975\eta} \text{ kW} \quad 或 \quad P_L = \frac{Mn}{9550\eta} \text{ kW} \tag{8-17}$$

其中，M 为生产机械静态阻转矩，单位为 Nm；n 为生产机械的旋转速度，单位为 r/min。

③ 泵类的生产机械：

$$P_L = \frac{Q\gamma H}{102\eta_1} \text{ kW} \quad 或 \quad P_L = \frac{Q\gamma H}{\eta\,\eta_1} \times 10^{-3} \text{ kW} \tag{8-18}$$

其中，Q 为泵的流量，单位为 m³/s；H 为计算用的馈送高度，单位为 m；γ 为液体的比重，单位为 kg/m³；η 为传动装置的效率，η_1 为泵的效率。

(4) 鼓风机类的生产机械：

$$P_L = \frac{Qh}{102\eta\,\eta_1} \text{ kW} \quad 或 \quad P_L = \frac{Qh}{\eta\,\eta_1} \times 10^{-3} \text{ kW} \tag{8-19}$$

其中，Q 为吸入或压出的气体量，单位为 m³/s；h 为鼓风机的压力，单位为 N/m²。

[例题 8-2] 一台电动机与低压离心式水泵直接相连，水泵的转速 $n=1450$ r/m，流量 $Q=50$ m³/h，总扬程 $H=15$ m，效率 $\eta_1=0.4$，周围环境温度不超过30℃，试选择一台电动机。

解 生产机械的功率

$$P_L = \frac{Q\gamma H}{102\eta_1} = \frac{\frac{50}{3600} \times 1000 \times 15}{102 \times 1 \times 0.4} = 5.106 \text{ kW}$$

查产品目录，应选用 Y132S-4 型电动机，$P_N = 5.5$kW。

设电动机为 B 级绝缘，即 $\tau_m = 90℃$，取 $\alpha = 0.6$，则

$$\beta = \sqrt{1 + \frac{\Delta\tau}{\tau_{m}}(1+\alpha)} = \sqrt{1 + \frac{40-30}{90}(1+0.6)} = 1.085$$

电动机实际可以输出的功率为

$$1.085 \times 5.5 = 5.97 \text{ kW}$$

若选 Y112M－4 型的电动机，P_N＝4.0 kW，实际可以输出的功率为 $1.085 \times 4.0 = 4.34$ kW＜P_L，所以不能用。

2. 连续周期性变化负载电动机容量的选择

在变动的负载下，电动机的发热量取决于负载，所以必须进行发热校验。发热校验指电动机在运行过程中，最高温升 τ_{max} 是否低于其绝缘材料的允许温升 τ_{∞}。

选择连续工作制电动机容量的一般步骤如下：

（1）计算并绘制生产机械负载图，$P_L = f(t)$。

（2）求出平均负载功率，$P_{Ld} = \dfrac{\sum\limits_{i=1}^{n} P_{Li} t_i}{t_r}$。

（3）按 $P_N = (1.1 \sim 1.6)P_{Ld}$ 预选电动机。

（4）计算温升变化曲线，求出 τ_{max}。

（5）校验所选电动机的温升。

（6）校验所选电动机的过载能力。

（7）温升和过载能力中如有一项不合格，则须重选电动机，再进行校验，直到两项都合格为止。

当电动机拖动周期性变化负载时，其温升也必然作周期性的波动。图 8－4 为一个周期的周期性变化负载下连续工作制电动机的负载图及温升曲线。

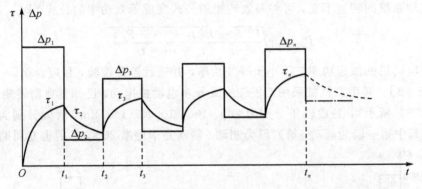

图 8－4 周期性变化负载下连续工作制电动机的负载图及温升曲线

3. 平均损耗的等效法

等效法由于在不同条件下，对损耗 Δp 的等效方式不同而得出不同的等效物理量，因此分为等效电流法、等效转矩法及等效功率法三种。

1）等效电流法

等效电流法的含义是以一个等效不变的电流 I_{eq} 来代替变动负载下的变化电流，使两者损耗相同，电动机的发热量也就一样了。变动负载下，第 i 段的损耗为

$$\Delta p_i = \Delta p_{0i} + I_i^2 r = \Delta p_{0i} + \Delta p_{\text{Cu}i}$$

电动机总的平均损耗用其等效电流 I_{eq} 来表示：

$$\Delta p_d = p_0 + I_{\text{eq}}^2 r$$

将第 i 段的损耗 Δp_i 代入平均损耗 Δp_d 表达式中

$$p_0 + I_{\text{eq}}^2 r = \frac{1}{t_r} \sum_{i=1}^{n} (p_{0i} + p_{\text{Cu}i}) t_i = p_0 + r \frac{1}{t_r} \sum_{i=1}^{n} I_i^2 t_i$$

解得

$$I_{\text{eq}} = \sqrt{\frac{1}{t_r} \sum_{i=1}^{n} I_i^2 t_i}$$

用一个不变的等效电流 I_{eq} 来代替实际变动的负载电流 I_L，在同一周期内，等效电流 I_{eq} 与负载电流 I_L 产生的热量相等。假定电动机的铁损耗和电阻不变，则损耗只和电流的平方成正比：

$$I_{\text{eq}} = \sqrt{\frac{I_1^2 t_1 + I_2^2 t_2 + \cdots + I_n^2 t_n}{t_1 + t_2 + \cdots + t_n}} \tag{8-20}$$

式中，t_n 为对应负载电流为 I_n 的工作时间。求出等效电流后，则所选的电动机，其额定电流应不小于等效电流。若 $I_{\text{eq}} \leqslant I_N$，则所选电动机合格，否则重选电动机。

2）等效转矩法

如果电动机的转矩与电流成正比，可得到等效转矩的公式为

$$T_{\text{eq}} = \sqrt{\frac{T_1^2 t_1 + T_2^2 t_2 + \cdots + T_n^2 t_n}{t_1 + t_2 + \cdots + t_n}} \tag{8-21}$$

求出等效转矩后，则所选的电动机的额定转矩应不小于等效转矩。

3）等效功率法

如果拖动系统的转速不变，可将等效转矩的公式变成等效功率的公式，即

$$P_{\text{eq}} = \sqrt{\frac{P_1^2 t_1 + P_2^2 t_2 + \cdots + P_n^2 t_n}{t_1 + t_2 + \cdots + t_n}} \tag{8-22}$$

选择的电动机的额定功率应不小于等效功率，并进行温升校验，且应合格。

［例题 8-3］ 某生产机械采用四极绕线式异步电动机拖动，已知其典型转矩曲线共分成四段（如图 8-5 所示），各段转矩分别为 200、120、100、-100 Nm，时间分别为 6 s、40 s、50 s、10 s，其中第一段为起动，第四段为制动，制动完毕停歇 20 s，然后重复周期性工作，试

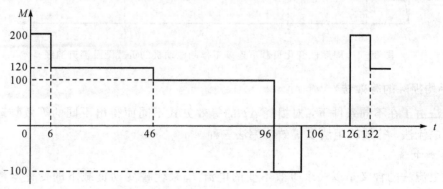

图 8-5 绕线式异步电动机转矩曲线

选择一台合适的电动机。

解　使用等效转矩法：

$$T_{eq} = \sqrt{\frac{T_1^2 t_1 + T_2^2 t_2 + \cdots + T_n^2 t_n}{\alpha t_1 + t_2 + \cdots + t_{n-1} + \alpha t_n + \beta t_0}}$$

$$= \sqrt{\frac{200^2 \times 6 + 120^2 \times 40 + 100^2 \times 50 + (-100)^2 \times 10}{0.5 \times 6 + 40 + 50 + 0.5 \times 10 + 0.25 \times 20}} = 117.25 \text{ Nm}$$

查产品目录，选择 JR71 - 4 型绕线式异步电动机。

校验过载能力：

$$T_{max} = \lambda_m T_N = 2.0 \times 134.5 = 269 \text{ Nm}$$

它大于任何一段转矩，所以校验通过。

8.3.2　短时工作制电动机容量的选择

1. 直接选用短时工作制的电动机

短时工作制电动机的标准工作时间有 15 min、30 min、60 min、90 min 四种。如果短时负载也是变动的，那么应首先求出等效功率，然后选取电动机，最后校验电动机的过载能力。

2. 采用断续周期工作制的电动机

国家规定的标准负载持续率有 15%、25%、40%、60% 四种，短时工作时间与负载持续率之间的换算关系可近似认为 30 min，相当于 ZC% = 15%，60 min 相当于 ZC% = 25%，90 min 相当于 ZC% = 40%。

3. 选用长期工作制的电动机

长期工作制电动机在长期额定负载下工作，其稳定温升为 $\tau_{\infty N} = \dfrac{Q_N}{A} = \dfrac{p_{CuN}(\alpha+1)}{A}$，该电动机用于短时工作，工作时间为 t_g。

假定该电动机允许使用的电流为 I_g，在此电流下电动机的发热量 Q_g 为

$$Q_g = \Delta p_g = p_0 + p_{Cug} = p_{CuN}\left(\alpha + \frac{I_g^2}{I_N^2}\right) \tag{8-23}$$

电动机的温升 τ_g 为

$$\tau_g = \frac{Q_g}{A}\left(1 - e^{\frac{t_g}{T}}\right) = \frac{p_{CuN}}{A}\left(\alpha + \frac{I_g^2}{I_N^2}\right)\left(1 - e^{\frac{t_g}{T}}\right) \tag{8-.24}$$

要使电动机得到充分利用，必须有 $\tau_g = \tau_{\infty N}$，则

$$\frac{p_{CuN}}{A}\left(\alpha + \frac{I_g^2}{I_N^2}\right)\left(1 - e^{\frac{t_g}{T}}\right) = \frac{p_{CuN}(\alpha+1)}{A}$$

解得

$$I_N = \sqrt{\frac{1 - e^{\frac{t_g}{T}}}{1 + \alpha e^{\frac{t_g}{T}}}} \cdot I_g \tag{8-25}$$

因为 $P \propto I$，所以

$$P_N = \sqrt{\frac{1 - e^{\frac{t_g}{T}}}{1 + \alpha e^{\frac{t_g}{T}}}} \cdot P_g \tag{8-26}$$

选择短时工作制电动机容量的一般方法如下：

(1) 已知 P_g、t_g、α 和 T，求出 P_N。

(2) 若 $P_g/P_N < \lambda$，则按 P_N 选择电动机。

(3) 若 $P_g/P_N > \lambda$，则按 P_g/λ 选择电动机。

(4) 对于鼠笼型异步电动机，要校验起动转矩。

8.3.3　断续周期工作制电动机容量的选择

我国规定的标准负载持续率有 15%、25%、40%、60% 四种。同一台电动机在负载持续率 $ZC\%$ 较小时，其输出功率就大，但过载能力低。若负载持续率 $ZC\%$ 与标准相等或相近，可直接按产品目录选择合适的电动机。若负载持续率 $ZC\%$ 与标准相差甚远，应该进行折算，即把实际功率 P_x 换算成邻近标准负载持续率下的功率 P_N，再选择电动机，并进行温升校验。

折算的原则是能量损耗相等，即

$$\Delta p_x t_{gx} = \Delta p_N t_{gN}$$

折算前后的周期时间不变，则

$$\frac{t_{gx}}{t_{gN}} = \frac{ZC_x\%}{ZC\%}$$

因此

$$\frac{t_{gx}}{t_{gN}} = \frac{ZC_x\%}{ZC\%} = \frac{\Delta p_N}{\Delta p_x}$$

$$\Delta p_x ZC_x\% = \Delta p_N ZC\%$$

$$(p_0 + p_{Cux})ZC_x\% = (p_0 + p_{CuN})ZC\%$$

$$p_{CuN}\left[\alpha + \left(\frac{P_x}{P_N}\right)^2\right]ZC_x\% = p_{CuN}(\alpha + 1)ZC\%$$

$$P_N = \frac{P_x}{\sqrt{\dfrac{ZC\%}{ZC_x\%} + \alpha\left(\dfrac{ZC\%}{ZC_x\%} - 1\right)}} \tag{8-27}$$

如果负载持续率很小，即 $ZC\% < 10\%$，则按短时工作方式处理。如果负载持续率很大，即 $ZC\% > 70\%$，则按长期工作方式处理。若在工作时间内负载是变化的，可按平均损耗法或等效法校验其温升。但要注意，不要将停歇时间算进去，因为停歇时间已被考虑在负载持续率的数值里面了。

[例题 8-4]　有一断续周期工作的生产机械，运行时间 $t_w = 90$ s，停机时间 $t_s = 240$ s，需要转速 $n = 700$ r/m 左右的三相绕线型异步电动机拖动，电动机的负载转矩 $T_L = 275$ N·m。试选择电动机的额定功率。

解　(1) 电动机的实际负载持续率为

$$ZC\% = \frac{t_w}{t_w + t_s} \times 100\% = \frac{90}{90 + 240} \times 100\% = 27.27\%$$

(2) 选择 $ZC_N = 25\%$ 工作制的绕线型异步电动机。

(3) 电动机的负载功率为

$$P_L = \frac{2\pi}{60}T_L n = \frac{2 \times 3.14}{60} \times 275 \times 700 \text{ W} = 20.15 \text{ kW}$$

换算到标准负载持续率时的负载功率：

$$P_{LN} = P_L \sqrt{\frac{ZC}{ZC_N}} = 20.15 \times \sqrt{\frac{0.2727}{0.25}} \text{kW} = 21 \text{ kW}$$

（3）选择电动机的额定功率，$P_N \geqslant 21 \text{ kW}$。

[例题 8-5]　试比较 $ZC\% = 15\%$，30 kW 和 $ZC\% = 40\%$，20 kW 两台断续周期工作制的电动机，哪一台的实际功率大些？

解　将 $ZC\% = 15\%$，30 kW 的电动机折算到 $ZC\% = 40\%$ 为标准的暂载率，再进行比较：

$$P'_N = P_N \sqrt{\frac{ZC}{ZC_N}} = 30 \times \sqrt{\frac{0.15}{0.40}} \text{kW} = 18.37 \text{ kW} < 20 \text{ kW}$$

可见，$ZC\% = 40\%$，20 kW 的电动机实际功率大些。

8.4　应　用　实　例

某生产机械拟用一台转速为 1000 r/m 左右的笼型三相异步电动机拖动。其负载曲线如图 8-6 所示。其中 $P_{L1} = 18 \text{ kW}$，$t_1 = 40 \text{ s}$，$P_{L2} = 24 \text{ kW}$，$t_2 = 80 \text{ s}$，$P_{L3} = 14 \text{ kW}$，$t_3 = 60 \text{ s}$，$P_{L4} = 16 \text{ kW}$，$t_4 = 70 \text{ s}$。起动时的负载转矩 $T_{Lst} = 300 \text{ N·m}$，采用直接起动，起动电流的影响可不考虑。试选择电动机的额定功率。

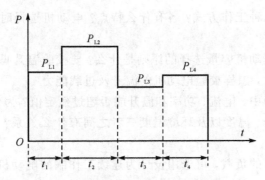

图 8-6　笼型异步电动机负载功率曲线

解　（1）平均负载功率为

$$P_L = \frac{P_{L1}t_1 + P_{L2}t_2 + P_{L3}t_3 + P_{L4}t_4}{t_1 + t_2 + t_3 + t_4}$$

$$= \frac{18 \times 40 + 24 \times 80 + 14 \times 60 + 16 \times 70}{40 + 80 + 60 + 70} \text{ kW}$$

$$= 18.4 \text{ kW}$$

（2）查电机手册，预选 Y200L2-6 型三相异步电动机，该电动机的 $P_N = 22 \text{ kW}$，$n_N = 970 \text{ r/m}$，$K_T = 1.8$，$\lambda = 2.0$。

（3）进行发热量校验（用等效功率法）：

$$P_L = \sqrt{\frac{P_{L1}^2 t_1 + P_{L2}^2 t_2 + P_{L3}^2 t_3 + P_{L4}^2 t_4}{t_1 + t_2 + t_3 + t_4}}$$

$$= \sqrt{\frac{18^2 \times 40 + 24^2 \times 80 + 14^2 \times 60 + 16^2 \times 70}{40 + 80 + 60 + 70}} \text{ kW}$$

$$= 18.84 \text{ kW}$$

由于 $P_L < P_N$，发热量校验合格。

（4）校验过载能力。由于 n 基本不变，$P \propto T$，因此直接用最大电磁功率 P_M 校验。

因为 $P_M = \lambda_m P_N = 2 \times 22 \text{ kW} = 44 \text{ kW}$，$P_{Lmax} = 24 \text{ kW}$，所以 $P_M > P_{Lmax}$，过载能力合格。

（5）校验起动能力：

$$T_N = \frac{2\pi}{60} \frac{P_N}{n_N} = \frac{60}{2 \times 3.14} \times \frac{22 \times 10^3}{970} \text{ Nm} = 216.7 \text{ Nm}$$

$$T_{st} = K_T T_N = 1.8 \times 216.7 \text{ Nm} = 390 \text{ Nm}$$

因为要求 $T_{st} > (1.1 \sim 1.2) T_{Lst} = (1.1 \sim 1.2) \times 300 \text{ Nm} = 330 \sim 360 \text{ Nm}$

所以，起动能力校验合格。

本 章 小 结

本章阐明了如何为生产机械正确地选择电动机，讨论了电动机电流种类、型式、额定电压与额定转速的选择方法。首先介绍电动机发热与冷却过程，以及电动机的绝缘等级与工作制分类，再分析连续、短时及断续周期三种工作制电动机的选择问题。

思考与练习题

8-1 电动机有哪几种工作方式？各有什么特点？电动机选择时为什么要区分这些工作方式？

8-2 常值负载下电动机容量选择的原则是什么？要校验温升吗？

8-3 当负载变化时，怎样校验电动机的温升及过载能力？

8-4 电动机在使用中，电流、功率和温升能否超过额定值？为什么？

8-5 电动机的温升、温度以及环境温度三者之间有什么关系？电动机铭牌上的温升值的含义是什么？

8-6 对于短时工作的负载，可选用设计为连续工作制的电动机吗？若可选用，怎样确定电动机的容量？

8-7 在选择周期性断续工作方式的电动机时，若工作时间内负载是变化的，为什么停车时间不计入计算等效转矩的时间之内？

8-8 负载的持续率 $ZC\%$ 的意义是什么？当 $ZC\% = 15\%$ 时，能否让电动机周期性地工作 15 min、休息 85 min？为什么？

8-9 有一台电动机拟用以拖动一短时工作制负载，负载功率为 $P_N = 18 \text{ kW}$，现有下列两台电动机可供选用：

电动机 1：$P_N = 10 \text{ kW}$，$n_N = 1460 \text{ r/m}$，$K_T = 2.5$，起动转矩倍数 $K_{st} = 2$；

电动机 2：$P_N = 14 \text{ kW}$，$n_N = 1460 \text{ r/m}$，$K_T = 2.8$，起动转矩倍数 $K_{st} = 2$。

试校验过载能力及起动能力，以决定哪一台电动机适用。

附　录

附录1　交流电机绕组常用电气线路图

1. 单层交叉式绕组电气线路图（18槽、2P、1路并联）

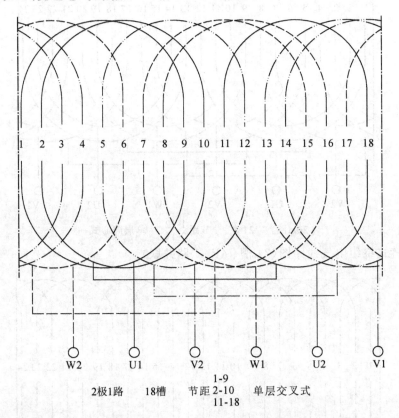

2. 单层同心式绕组电气线路图（24 槽、2P、1 路并联）

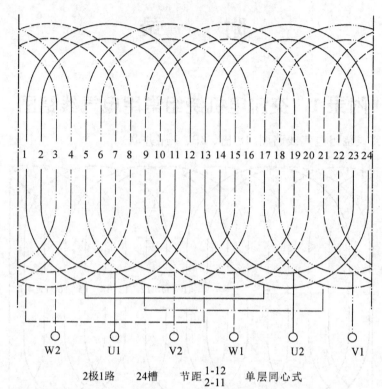

2极1路　　24槽　　节距$\frac{1\text{-}12}{2\text{-}11}$　单层同心式

3. 单层链式绕组电气线路图（24 槽、4P、1 路并联）

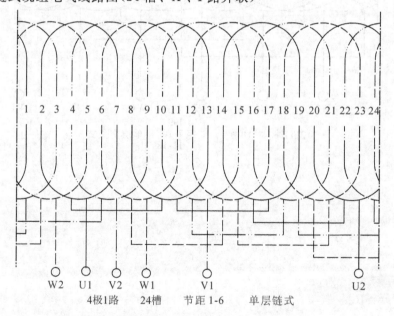

4极1路　　24槽　　节距 1-6　　单层链式

4. 单层链式绕组电气线路图（36 槽、6P、1 路并联）

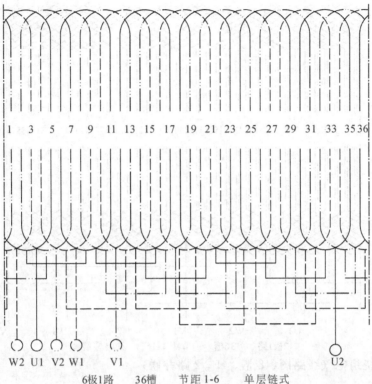

6极1路　　36槽　　节距1-6　　单层链式

5. 单层链式绕组电气线路图（48 槽、8P、1 路并联）

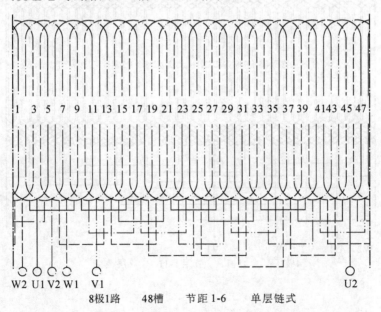

8极1路　　48槽　　节距1-6　　单层链式

6. 双层叠绕组电气线路图（36 槽、2P、1 路并联）

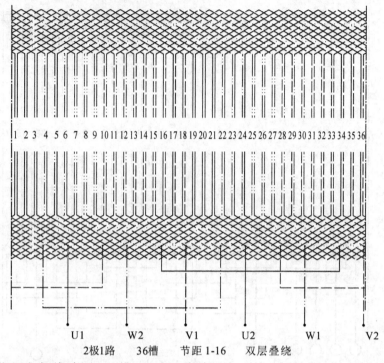

2极1路　　36槽　　节距 1-16　　双层叠绕

7. 双层叠绕组电气线路图（48 槽、4P、2 路并联）

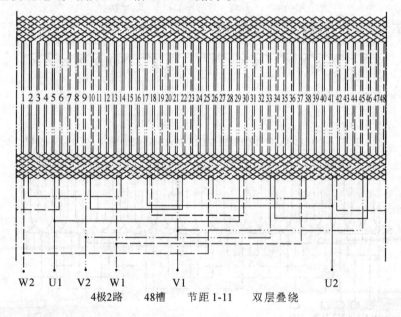

4极2路　　48槽　　节距 1-11　　双层叠绕

附录2　Y2系列三相异步电动机的技术数据

型号	功率/kW	电压/V	频率/Hz	电流/A	转速/(r/min)	效率	功率因数	堵转电流/倍	堵转转矩/倍	最大转矩/倍
Y2-631-2	0.18	220	50	0.51	2731	66.69%	0.801	3.87	2.31	2.63
Y2-632-2	0.25	220	50	0.67	2730	69.44%	0.811	4.06	2.43	2.65
Y2-631-4	0.12	220	50	0.43	1320	58.97%	0.722	2.90	2.13	2.45
Y2-632-4	0.18	220	50	0.61	1319	61.31%	0.734	2.94	2.11	2.38
Y2-711-2	0.37	220	50	0.98	2756	69.99%	0.818	4.15	2.26	2.53
Y2-712-2	0.55	220	50	1.33	2793	76.02%	0.823	5.23	2.97	2.98
Y2-711-4	0.25	220	50	0.75	1348	67.35%	0.746	3.43	2.32	2.52
Y2-712-4	0.37	220	50	1.07	1341	68.95%	0.759	3.45	2.33	2.41
Y2-711-6	0.18	220	50	0.71	865	57.05%	0.673	2.58	2.15	2.45
Y2-712-6	0.25	220	50	0.92	864	59.77%	0.686	2.61	2.12	2.38
Y2-801-2	0.75	220	50	1.78	2850	76.58%	0.835	5.33	2.21	2.69
Y2-802-2	1.1	220	50	2.49	2844	78.52%	0.853	5.48	2.28	2.55
Y2-801-4	0.55	220	50	1.54	1393	71.85%	0.752	4.16	2.35	2.50
Y2-802-4	0.75	220	50	1.99	1385	73.87%	0.772	4.21	2.41	2.37
Y2-801-6	0.37	220	50	1.27	887	62.67%	0.707	2.87	2.00	2.29
Y2-802-6	0.55	220	50	1.74	885	66.05%	0.724	2.96	2.02	2.21
Y2-801-8	0.18	220	50	0.86	645	52.04%	0.609	2.17	1.93	2.42
Y2-802-8	0.25	220	50	1.14	648	54.62%	0.609	2.21	1.93	2.40
Y2-90s-2	1.5	220	50	3.32	2844	79.39%	0.862	5.39	2.16	2.46
Y2-90L-2	2.2	220	50	4.67	2846	81.99%	0.871	5.93	2.49	2.48
Y2-90S-4	1.1	220	50	2.80	1386	75.08%	0.794	4.36	2.40	2.23
Y2-90L-4	1.5	220	50	3.64	1394	78.27%	0.797	4.85	2.74	2.32
Y2-90S-6	0.75	220	50	2.22	912	70.41%	0.726	3.48	2.15	2.34
Y2-90L-6	1.1	220	50	3.03	913	74.28%	0.741	3.65	2.20	2.27
Y2-90S-8	0.37	220	50	1.47	678	63.08%	0.607	2.57	1.85	2.50
Y2-90L-8	0.55	220	50	2.10	675	64.12%	0.618	2.58	1.86	2.38
Y2-100L-2	3	220	50	6.14	2866	83.57%	0.886	6.65	2.67	2.91
Y2-100L1-4	2.2	220	50	5.04	1416	80.79%	0.818	5.19	2.39	2.57
Y2-100L2-4	3	220	50	6.64	1416	82.32%	0.831	5.47	2.56	2.58
Y2-100L-6	1.5	220	50	3.89	924	76.31%	0.765	4.29	2.48	2.24

型 号	功率/kW	电压/V	频率/Hz	电流/A	转速/(r/min)	效率	功率因数	堵转电流/倍	堵转转矩/倍	最大转矩/倍
Y2-100L1-8	0.75	220	50	2.34	690	70.95%	0.685	3.55	2.34	2.65
Y2-100L2-8	1.1	220	50	3.20	685	72.42%	0.719	3.47	2.19	2.41
Y2-112M-2	4	380	50	4.52	2884	85.57%	0.908	6.79	2.30	2.99
Y2-112M-4	4	380	50	4.98	1436	85.17%	0.828	5.83	2.32	2.60
Y2-112M-6	2.2	220	50	5.45	940	79.76%	0.767	4.60	2.27	2.21
Y2-112M-8	1.5	220	50	4.40	695	75.41%	0.686	3.75	2.40	2.66
Y2-132S1-2	5.5	380	50	6.18	2913	87.61%	0.892	7.43	2.25	3.28
Y2-132S2-2	7.5	380	50	8.22	2904	88.25%	0.907	7.05	2.15	2.96
Y2-132S-4	5.5	380	50	6.63	1446	86.62%	0.840	6.09	2.13	2.51
Y2-132M-4	7.5	380	50	8.84	1449	87.81%	0.848	6.67	2.36	2.58
Y2-132S-6	3	220	50	7.08	964	83.42%	0.769	5.99	2.54	2.83
Y2-132M1-6	4	380	50	5.36	967	84.73%	0.773	6.41	2.70	2.91
Y2-132M2-6	5.5	380	50	7.20	966	85.65%	0.783	6.57	2.79	2.86
Y2-132S-8	2.2	220	50	5.97	709	78.01%	0.716	4.34	2.18	2.63
Y2-132M-8	3	220	50	7.63	707	79.70%	0.748	4.26	2.03	2.43
Y2-160M1-2	11	380	50	12.08	2935	89.00%	0.898	6.61	2.21	3.03
Y2-160M2-2	15	380	50	16.13	2933	90.10%	0.905	6.63	2.30	2.91
Y2-160L-2	18.5	380	50	19.55	2935	90.96%	0.913	6.94	2.47	2.95
Y2-160M-4	11	380	50	12.85	1459	89.35%	0.841	6.26	2.05	2.52
Y2-160L-4	15	380	50	17.22	1460	90.32%	0.846	6.70	2.28	2.57
Y2-160M-6	7.5	380	50	9.63	970	87.50%	0.781	6.46	2.84	2.78
Y2-160L-6	11	380	50	13.65	970	88.81%	0.796	6.59	2.88	2.68
Y2-160M1-8	4	380	50	5.77	718	82.78%	0.735	4.92	2.18	2.60
Y2-160M2-8	5.5	380	50	7.70	720	84.65%	0.740	5.23	2.32	2.66
Y2-160L-8	7.5	380	50	10.26	721	85.68%	0.748	5.36	2.33	2.65
Y2-180M-2	22	380	50	23.38	2947	90.57%	0.912	6.93	2.09	3.19
Y2-180M-4	18.5	380	50	20.82	1467	90.98%	0.857	6.71	2.27	2.94
Y2-180L-4	22	380	50	24.62	1467	91.35%	0.858	6.79	2.35	2.94
Y2-180L-6	15	380	50	17.71	977	89.76%	0.828	6.37	2.38	2.74
Y2-180L-8	11	380	50	14.38	724	87.83%	0.764	5.45	2.06	2.54
Y2-200L1-2	30	380	50	31.90	2953	91.57%	0.901	7.04	2.24	3.12
Y2-200L2-2	37	380	50	38.44	2950	92.23%	0.916	6.81	2.20	2.92

型　号	功率/kW	电压/V	频率/Hz	电流/A	转速/(r/min)	效率	功率因数	堵转电流/倍	堵转转矩/倍	最大转矩/倍
Y2-200L-4	30	380	50	33.00	1470	92.18%	0.865	6.69	2.47	2.91
Y2-200L1-6	18.5	380	50	21.80	978	90.32%	0.824	6.56	2.57	2.75
Y2-200L2-6	22	380	50	25.51	977	90.60%	0.835	6.37	2.49	2.62
Y2-200L-8	15	380	50	19.21	731	89.89%	0.762	5.79	2.15	2.55
Y2-225M-2	45	380	50	46.72	2960	92.79%	0.911	6.69	2.01	2.99
Y2-225S-4	37	380	50	40.13	1478	92.63%	0.873	6.32	2.11	2.49
Y2-225M-4	45	380	50	48.63	1478	93.21%	0.871	6.76	2.38	2.60
Y2-225M-6	30	380	50	33.71	984	92.58%	0.843	6.25	2.25	2.27
Y2-225S-8	18.5	380	50	23.10	734	90.88%	0.773	6.30	1.99	2.57
Y2-225M-8	22	380	50	27.00	733	91.18%	0.784	6.15	1.91	2.46
Y2-250M-2	55	380	50	57.47	2967	93.29%	0.900	6.24	1.74	3.00
Y2-250M-4	55	380	50	59.38	1478	93.30%	0.871	6.30	2.17	2.55
Y2-250M-6	37	380	50	40.62	981	92.26%	0.866	6.74	2.34	2.90
Y2-250M-8	30	380	50	36.27	734	91.52%	0.793	5.57	2.20	2.70
Y2-280S-2	75	380	50	77.00	2971	93.45%	0.914	6.90	2.00	2.95
Y2-280M-2	90	380	50	91.34	2971	93.97%	0.920	7.00	2.12	2.91
Y2-280S-4	75	380	50	79.65	1483	93.73%	0.881	6.20	2.27	2.49
Y2-280M-4	90	380	50	95.61	1485	94.32%	0.876	7.18	2.81	2.82
Y2-280S-6	45	380	50	49.00	986	92.71%	0.869	6.55	2.23	2.68
Y2-280M-6	55	380	50	59.34	985	93.15%	0.873	6.65	2.33	2.67
Y2-280S-8	37	380	50	43.59	737	92.14%	0.808	5.14	1.96	2.34
Y2-280M-8	45	380	50	53.31	738	92.50%	0.800	5.57	2.22	2.51
Y2-315S-2	110	380	50	112.57	2979	94.08%	0.911	6.48	1.81	2.96
Y2-315M-2	132	380	50	133.69	2978	94.55%	0.916	6.32	1.82	2.82
Y2-315L1-2	160	380	50	161.40	2977	94.63%	0.919	6.16	1.83	2.70
Y2-315L2-2	200	380	50	200.29	2976	95.06%	0.921	5.97	1.84	2.55
Y2-315S-4	110	380	50	115.61	1486	94.69%	0.881	5.96	2.21	2.54
Y2-315M-4	132	380	50	138.08	1485	94.95%	0.883	5.89	2.23	2.47
Y2-315L1-4	160	380	50	166.29	1485	94.94%	0.889	5.71	2.20	2.36
Y2-315L2-4	200	380	50	206.94	1484	95.20%	0.891	5.64	2.22	2.29
Y2-315S-6	75	380	50	80.96	989	94.14%	0.863	5.80	2.00	2.43
Y2-315M-6	90	380	50	96.45	989	94.47%	0.866	5.91	2.09	2.42

型 号	功率/kW	电压/V	频率/Hz	电流/A	转速/(r/min)	效率	功率因数	堵转电流/倍	堵转转矩/倍	最大转矩/倍
Y2-315L1-6	110	380	50	116.80	989	94.78%	0.872	5.99	2.15	2.41
Y2-315L2-6	132	380	50	139.87	989	94.96%	0.872	6.10	2.24	2.42
Y2-315S-8	55	380	50	63.73	740	93.25%	0.812	5.54	1.96	2.32
Y2-315M-8	75	380	50	85.56	740	93.75%	0.820	5.56	1.99	2.26
Y2-315L1-8	90	380	50	102.58	740	94.00%	0.819	5.80	2.13	2.32
Y2-315L2-8	110	380	50	124.69	740	94.16%	0.822	5.75	2.14	2.27
Y2-315S-10	45	380	50	54.96	592	92.99%	0.772	4.33	1.71	2.05
Y2-315M-10	55	380	50	67.35	592	93.29%	0.768	4.59	1.87	2.14
Y2-315L1-10	75	380	50	90.25	592	93.70%	0.778	4.46	1.81	2.04
Y2-315L2-10	90	380	50	108.06	592	93.89%	0.778	4.52	1.86	2.05
Y2-355M-2	250	380	50	247.57	2981	95.59%	0.927	5.75	1.65	2.44
Y2-355L-2	315	380	50	310.42	2981	95.85%	0.929	5.80	1.74	2.40
Y2-355M-4	250	380	50	252.23	1489	95.67%	0.909	6.65	2.20	2.37
Y2-355L-4	315	380	50	315.57	1489	95.97%	0.912	6.77	2.33	2.35
Y2-355M1-6	160	380	50	165.90	991	95.02%	0.890	6.62	2.11	2.59
Y2-355M2-6	200	380	50	206.47	991	95.30%	0.892	6.72	2.21	2.57
Y2-355L-6	250	380	50	256.41	991	95.55%	0.895	6.87	2.31	2.58
Y2-355L-6N	250	380	50	259.08	991	95.56%	0.886	6.61	2.33	2.38
Y2-355L-62	280	380	50	287.08	991	95.55%	0.895	6.73	2.29	2.50
Y2-355M1-8	132	380	50	148.00	743	94.59%	0.827	5.46	2.09	2.24
Y2-355M2-8	160	380	50	177.39	743	94.81%	0.835	5.12	1.95	2.07
Y2-355L-8	200	380	50	220.77	743	95.06%	0.836	5.19	2.02	2.07
Y2-355M1-10	110	380	50	129.59	593	93.89%	0.793	4.44	1.37	2.06
Y2-355M2-10	132	380	50	155.65	593	94.20%	0.790	4.66	1.48	2.14
Y2-355L-10	160	380	50	185.97	593	94.39%	0.800	4.45	1.38	2.03

附录3　Y2 系列三相异步电动机的安装尺寸及外形尺寸

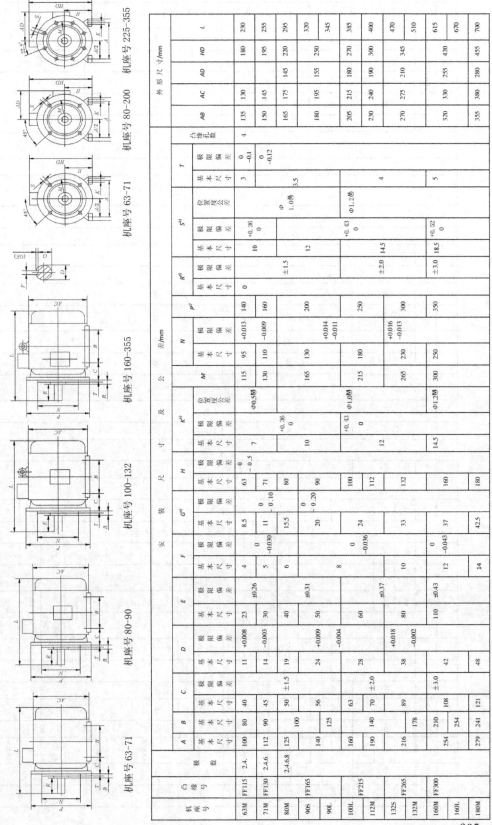

机座号 225-355　机座号 80-200　机座号 63-71

机座号 160-355　机座号 100-132　机座号 80-90　机座号 63-71

机座号	凸缘号	极数	A	B	C	D	E	F	G	H	K	M	N	P	S	T	凸缘孔数	AB	AC	AD	HD	L
63M	FF115	2,4	100	80	40	11	23	4	8.5	63	7	115	95	140	10	3	4	135	130		180	230
71M	FF130	2,4,6	112	90	45	14	30	5	11	71	7	130	110	160	12	3.5	4	150	145	145	195	255
80M	FF165	2,4,6,8	125	100	50	19	40	6	15.5	80	10	165	130	200	12	3.5	4	165	175	145	220	295
90S	FF165		140	100	56	24	50	8	20	90	10	165	130	200	12	3.5	4	180	195	155	250	320
90L			140	125	56	24	50	8	20	90	10	165	130	200	12	3.5	4	180	195	155	250	345
100L	FF215		160	140	63	28	60	8	24	100	12	215	180	250	14.5	4	4	205	215	180	270	385
112M			190	140	70	28	60	8	24	112	12	215	180	250	14.5	4	4	230	240	190	300	400
132S	FF265		216	140	89	38	80	10	33	132	14.5	265	230	300	14.5	4	4	270	275	210	345	470
132M			216	178	89	38	80	10	33	132	14.5	265	230	300	14.5	4	4	270	275	210	345	510
160M	FF300		254	210	108	42	110	12	37	160	14.5	300	250	350	18.5	5	4	320	330	255	420	615
160L			254	254	108	42	110	12	37	160	14.5	300	250	350	18.5	5	4	355	380	255	420	670
180M			279	241	121	48	110	14	42.5	180	14.5	300	250	350	18.5	5	4	355	380	280	455	700

外形尺寸/mm　安　装　尺　寸/mm

180L				279																																740
200L	FF350		318	305	133	±4.0	55	+0.030 +0.011			16		49		200		18.5	+0.52 0		350	300	±0.016	400									395	420	305	505	770
225S	FF400	4.8	356	286	149		60		140	±0.50	18		53		225					400	350	±0.018	450		±4.0						8	435	470	335	560	820
225M		2		311			55		110	±0.43	16		49																							815
		4.6.8					60		140	±0.50	18		53																							845
250M	FF500	2	406	349	168										250		24		Φ2.0Ⓜ	500	450	±0.020	550									490	510	370	615	910
		4.6.8					65						58																							
280S		2	457	368	190										280	0 −1.0																550	580	410	680	985
		4.6.8					75				20	0 −0.052	67.5																							
280M		2		419			65				18	0 −0.043	58																							1035
		4.6.8					75				20	0 −0.052	67.5																							
315S	FF600	2	508	406	216		65				18	0 −0.043	58		315		28			600	550	±0.022	660			24		Φ2.0Ⓜ	6	0 −0.15		635	645	530	845	1160
		4.6.8.10					80		170		22	0 −0.052	71																							1270
315M		2		457			65		140		18	0 −0.043	58																							1190
		4.6.8.10					80		170		22	0 0.052	71																							1300
315L		2		508			65		140		18	0 −0.043	58																							1190
		4.6.8.10					80		170		22		71																							1300
355M	FF740	2	610	560	254		75		140		20		67.5		355					740	680	±0.025	800									730	710	655	1010	1500
		4.6.8.10					95	+0.030 +0.013	170		25	0 −0.052	86																							1530
355L		2		630			75	+0.030 +0.011	140		20		67.5																							1500
		4.6.8.10					95	+0.035 +0.013	170		25		86																							1530

附录4　常用钕铁硼磁钢技术数据

牌号	剩磁		矫顽力		最大磁能积		居里温度	最高工作温度
	B_r		H_c		$(BH)_{max}$		T_C	T_W
	T	kG	kA/m	kOe	kJ/m³	MGOe	℃	℃
N-33	1.13～1.17	11.3～11.7	795～880	10.0～11.1	245～260	31～33	310	80～100
N-35	1.18～1.22	11.8～12.2	875～915	11.0～11.5	260～285	33～36	310	80～100
N-38	1.22～1.26	12.2～12.6	860～915	10.8～11.5	285～303	36～38	310	80～100
N-40	1.26～1.29	12.6～12.9	836～876	10.5～11.0	303～318	38～40	310	80～100
N-42	1.29～1.33	12.9～13.3	836～876	10.5～11.5	318～342	40～42	310	80～100
N-45	1.33～1.37	13.3～13.7	836～876	10.5～11.0	342～358	42～45	310	80～100
N-48	1.37～1.43	13.7～14.3	916～1114	11.5～14.0	358～364	46～49	310	80～100
N-27H	1.02～1.10	10.2～11.0	765～835	9.6～10.5	195～220	25～28	340	120
N-30H	1.08～1.15	10.8～11.5	810～850	10.2～10.7	220～245	28～31	340	120
N-33H	1.14～1.17	11.4～11.7	820～876	10.3～11.0	247～263	31～33	340	120
N-35H	1.17～1.21	11.7～12.1	860～915	10.8～11.5	263～279	33～35	340	120
N-38H	1.22～1.26	12.2～12.6	915～955	11.5～12.0	287～303	36～38	340	120
N-40H	1.26～1.29	12.6～12.9	915～955	11.5～12.0	303～318	38～40	340	120
N-42H	1.28～1.32	12.8～13.2	955～995	12～12.5	318～342	40～43	340	120
N-45H	1.32～1.36	13.2～13.6	955～1034	12.5～13	342～366	43～46	340	120
N-27SH	1.02～1.10	10.2～11.0	765～835	9.6～10.5	195～220	25～28	350	150
N-30SH	1.08～1.12	10.8～11.2	812～852	10.2～10.7	216～246	27～30	350	150
N-33SH	1.14～1.17	11.4～11.7	740～876	10.3～11.0	247～263	31～33	350	150
N-35SH	1.17～1.21	11.7～12.1	860～915	10.8～11.0	263～279	33～35	350	150
N-38SH	1.21～1.25	12.1～12.5	907～947	11.4～11.9	287～302	36～38	350	150
N-40SH	1.24～1.28	12.4～12.8	948～928	11.8～12.3	302～306	38～41	350	150
N-42SH	1.30～1.35	13.0～13.5	955～995	12.0～12.5	410～342	39～43	350	150
N-25UH	0.98～1.02	9.8～10.2	732～764	9.2～9.6	183～199	23～25	350	180
N-28UH	1.04～1.08	10.4～10.8	780～812	9.8～10.8	183～223	23～25	350	180
N-30UH	1.08～1.12	10.8～11.2	804～844	10.1～10.6	223～239	28～30	350	180
N-33UH	1.14～1.17	11.4～11.7	740～876	10.3～11.0	247～263	31～33	350	180
N-35UH	1.18～1.20	11.8～12.0	860～907	10.8～11.4	263～279	33～35	350	180
N-38UH	1.22～1.25	12.2～12.5	876～939	11.0～11.8	287～302	36～38	350	180
N-40UH	1.26～1.29	12.6～12.9	876～939	11.0～11.8	302～318	38～40	350	180
N-25EH	0.98～1.02	9.8～10.2	732～764	9.2～9.6	183～199	23～25	350	200
N-28EH	1.04～1.08	10.4～10.8	780～812	9.8～10.2	207～223	26～28	350	200
N-30EH	1.08～1.13	10.8～11.3	811～851	10.2～10.7	223～247	28～31	350	200
N-33EH	1.14～1.18	11.4～11.8	835～875	10.5～11	247～270	31～34	350	200

参 考 文 献

[1] 李发海，王岩. 电机与拖动基础. 4 版. 北京：清华大学出版社，2012.

[2] 辜承林，陈乔夫，熊永前. 电机学. 3 版. 武汉：华中科技大学出版社，2010.

[3] 张广溢，郭前岗. 电机学. 3 版. 重庆：重庆大学出版社，2012.

[4] 叶东. 电机学. 天津：天津科学技术出版社，1995.

[5] 刘子林，张焕丽. 电机与电气控制. 2 版. 北京：电子工业出版社，2008.

[6] 潘晓晟，郝世勇. MATLAB 电机仿真精华 50 例. 北京：电子工业出版社，2007.

[7] 刘凤春，孙建忠，牟宪民. 电机与拖动 MATLAB 仿真与学习指导. 北京：机械工业出版社，2008.

[8] 戴文进，肖倩华. 电机与电力拖动基础. 北京：清华大学出版社，2012.

[9] 黄坚，等. 实用电机设计计算手册. 2 版. 上海：上海科学技术出版社，2014.

[10] 陈伯时. 电力拖动自动控制系统：运动控制系统. 4 版. 北京：机械工业出版社，2010.

[11] 叶云岳. 直线电机原理与应用. 北京：机械工业出版社，2000.

[12] 顾春雷，陈中. 电力拖动自动控制系统与 MATLAB 仿真. 北京：清华大学出版社，2011.